U0180019

国 家 出 版 基 金 资 助 项 目
“十三五”国家重点图书出版规划项目
智能制造与机器人理论及技术研究丛书
总主编　丁 汉　孙容磊

金属3D打印技术

杨永强　王 迪　宋长辉◎编著

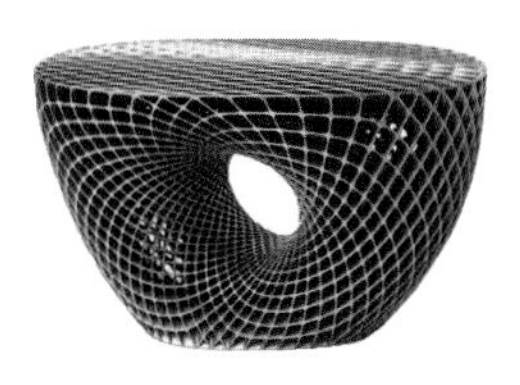

JINSHU 3D DAYIN JISHU

中国 · 武汉

内容简介

本书详细介绍了当下主流金属3D打印技术的原理及成形特点，重点对激光选区熔化技术、激光熔覆成形技术、电子束选区熔化技术、电子束熔丝沉积成形技术、喷墨黏结成形技术、增减材复合金属3D打印技术、等离子体金属3D打印技术、电弧3D打印技术、金属微滴喷射成形技术等进行了系统论述；从设计约束、自由设计两个方面出发分析了金属3D打印的创新设计方法；从尺寸精度、表面粗糙度、成形零件致密度、力学性能、无损检测与过程监控等几个方面介绍了金属3D打印质量评价体系与在线过程监控系统；从后处理工艺、后处理流程两个方面出发分析了金属3D打印的后处理对改善零件质量的作用；最后结合制造业、医学应用实例介绍了金属3D打印的前沿应用与发展趋势。

本书可帮助制造业企业的管理人员和技术人员、高校工科专业的师生了解金属3D打印技术的原理、工艺装备、技术特点及现状和前沿发展，建立对金属3D打印技术的基本认识，利用金属3D打印的优势突破传统加工瓶颈。本书对我国制造业推广和应用金属3D打印技术、提升先进制造能力有着一定的指导意义。

图书在版编目(CIP)数据

金属3D打印技术/杨永强，王迪，宋长辉编著．—武汉：华中科技大学出版社，2020．8
(智能制造与机器人理论及技术研究丛书)
ISBN 978-7-5680-6185-8

Ⅰ．①金…　Ⅱ．①杨…　②王…　③宋…　Ⅲ．①立体印刷-印刷术-应用-金属材料
Ⅳ．①TS853

中国版本图书馆CIP数据核字(2020)第136577号

金属3D打印技术
Jinshu 3D Dayin Jishu

杨永强　王　迪　宋长辉　编著

策划编辑：俞道凯
责任编辑：姚同梅
封面设计：原色设计
责任监印：周治超
出版发行：华中科技大学出版社(中国·武汉)　　电话：(027)81321913
　　　　　武汉市东湖新技术开发区华工科技园　　邮编：430223
录　　排：武汉市洪山区佳年华文印部
印　　刷：湖北新华印务有限公司
开　　本：710mm×1000mm　1/16
印　　张：15
字　　数：253千字
版　　次：2020年8月第1版第1次印刷
定　　价：98.00元

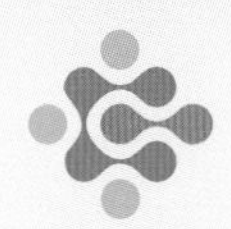

智能制造与机器人理论及技术研究丛书

作者简介

杨永强 华南理工大学教授，博士生导师。主要从事增材制造(3D打印)、激光材料加工、焊接装备与工艺等方面的研究工作，成功研制出国内第一台激光选区熔化(SLM)快速成形机，并成功将以数字化、网络化、个性化、定制化为特点的金属3D打印技术应用在医学、模具等工业领域中。现任中国机械工程学会增材制造(3D打印)技术分会常务理事兼增材制造设计专委会主任，广东省增材制造协会会长、广东省3D打印标准化技术委员会主任、广东省激光行业协会监事长，美国激光协会(LIA)高级会员等。自2013年以来承担了包括科技部国际合作项目、国家自然基金项目、广东省重大专项等在内的30个项目。发表有关学术论文280余篇，获发明专利授权45项、实用新型专利授权130项。

王 迪 华南理工大学教授，机电系副书记，英国伯明翰大学访问学者，研究方向为粉末床激光熔融技术。现任广东省金属增材制造工程技术研究中心副主任，全国特种加工机床标准化技术委员会委员，全国增材制造青年科学家论坛共同主席，中国机械工程学会特种加工分会和增材制造分会青年委员。主持国家自然科学基金项目，以及广东省重点领域研发计划项目、广东省基础与应用基础研究基金联合基金重点项目等项目10多项。以第一作者或通讯作者身份发表SCI/EI论文50多篇；获发明专利授权35项（作为第一发明人的有12项）、实用新型专利授权60项，获颁软件著作权5项；参与制定国家标准2项、主持撰写团体标准5项。获2016年度广东省科技进步二等奖、广州市科技进步二等奖。入选广东省高层次人才、广州市创业领军团队第一核心成员，并获得“广州市珠江科技新星”等荣誉称号。

作者简介

宋长辉　华南理工大学机械电子工程系副主任，副研究员，硕士生导师。主要研究方向包括激光选区熔化金属3D打印及增材制造医学应用。现任全国增材制造标准化技术委员会专用材料工作组委员兼副秘书长，广东省增材制造协会专家委员会委员兼副秘书长。近五年发表SCI/EI论文39篇，获专利授权102项，其中发明专利9项、实用新型专利6项转让企事业单位，完成成果转化。参与主编了《广东省增材制造（3D打印）产业技术路线图》、《先进激光制造设备》等书。2017年入选广州市产业领军人才，2019年入选广东省特支计划“科技创新青年拔尖人才”。

总序

近年来，“智能制造＋共融机器人”特别引人瞩目，呈现出“万物感知、万物互联、万物智能”的时代特征。智能制造与共融机器人产业将成为优先发展的战略性新兴产业，也是中国制造2049创新驱动发展的巨大引擎。值得注意的是，智能汽车与无人机、水下机器人等一起所形成的规模宏大的共融机器人产业，将是今后30年各国争夺的战略高地，并将对世界经济发展、社会进步、战争形态产生重大影响。与之相关的制造科学和机器人学属于综合性学科，是联系和涵盖物质科学、信息科学、生命科学的大科学。与其他工程科学、技术科学一样，它也是将认识世界和改造世界融合为一体的大科学。20世纪中叶，*Cybernetics* 与 *Engineering Cybernetics* 等专著的发表开创了工程科学的新纪元。21世纪以来，制造科学、机器人学和人工智能等领域异常活跃，影响深远，是“智能制造＋共融机器人”原始创新的源泉。

华中科技大学出版社紧跟时代潮流，瞄准智能制造和机器人的科技前沿，组织策划了本套“智能制造与机器人理论及技术研究丛书”。丛书涉及的内容十分广泛。热烈欢迎各位专家从不同的视野、不同的角度、不同的领域著书立说。选题要点包括但不限于：智能制造的各个环节，如研究、开发、设计、加工、成形和装配等；智能制造的各个学科领域，如智能控制、智能感知、智能装备、智能系统、智能物流和智能自动化等；各类机器人，如工业机器人、服务机器人、极端机器人、海陆空机器人、仿生/类生/拟人机器人、软体机器人和微纳机器人等的发展和应用；与机器人学有关的机构学与力学、机动性与操作性、运动规划与运动控制、智能驾驶与智能网联、人机交互与人机共融等；人工智能、认知科学、大数据、云制造、物联网和互联网等。

本套丛书将成为有关领域专家、学者学术交流与合作的平台，青年科学家茁壮成长的园地，科学家展示研究成果的国际舞台。华中科技大学出版社将与施普林格(Springer)出版集团等国际学术出版机构一起,针对本套丛书进行全球联合出版发行,同时该社也与有关国际学术会议、国际学术期刊建立了密切联系,为提升本套丛书的学术水平和实用价值、扩大丛书的国际影响营造了良好的学术生态环境。

近年来,高校师生、各领域专家和科技工作者等各界人士对智能制造和机器人的热情与日俱增。这套丛书将成为有关领域专家学者、高校师生与工程技术人员之间的纽带,增强作者与读者之间的联系,加快发现知识、传授知识、增长知识和更新知识的进程,为经济建设、社会进步、科技发展做出贡献。

最后,衷心感谢为本套丛书做出贡献的作者和读者,感谢他们为创新驱动发展增添正能量、聚集正能量、发挥正能量。感谢华中科技大学出版社相关人员在组织、策划过程中的辛勤劳动。

华中科技大学教授

中国科学院院士

熊有伦

2017年9月

前言

近年来，由于航空航天、汽车电子、工业模具和生物医疗等领域的应用需求，金属3D打印技术得到了广泛重视和大量研究。3D打印技术最大的优势是直接获得功能零件，成形制件只需要经过简单的表面处理(喷砂、喷丸等)便可以直接应用于实际生产中，被称为当今制造业的一场革命技术。

本书依托国家自然科学基金项目“面向免组装机构的数字化设计与激光快速制造基础研究”、广东省重大科技专项“广东省增材制造(3D打印)产业技术路线图”、广东省科技计划项目“多种材料激光选区熔化增材制造装备研发及其产业化”撰写而成，阐述了先进制造技术中金属3D打印技术的特点及其未来发展应用前景，通过实例分析了面向金属3D打印的创新设计方法、核心工艺及后处理过程，提出了金属3D打印技术在工业、医学中的设计应用准则。

本书对金属3D打印技术的原理方法、装备、材料、设计及应用等进行了全面系统的论述。全书具体内容如下。

第1章：绪论。主要介绍了3D打印技术的发展历史和金属3D打印技术目前的发展现状，特别是对金属3D打印技术的边界和类别做了系统论述。

第2章：激光金属3D打印技术。主要介绍了激光选区熔化技术和激光熔覆成形技术，包括成形原理、装备、材料、工艺、成形组织性能以及典型应用。

第3章：电子束金属3D打印技术。主要对两种利用电子束进行3D打印的技术——电子束选区熔化技术和电子束熔丝沉积成形技术做了详细介绍。

第4章：间接金属3D打印技术。主要介绍了喷墨黏结成形技术和FDM金属3D打印技术，包括成形原理、装备、工艺、材料、组织性能和这两种技术的应用与发展。

第 5 章:增减材复合金属 3D 打印技术。主要介绍了增减材复合金属 3D 打印技术原理,尤其是铺粉式增减材复合制造和送粉式增减材复合制造技术的实现方式,国内外商业化的金属增减材复合制造装备,以及增减材复合金属 3D 打印技术面临的挑战与发展趋势。

第 6 章:其他金属 3D 打印技术。主要介绍了等离子体金属 3D 打印、基于 CMT 的电弧 3D 打印、基于 TIG/MIG 的电弧 3D 打印,以及金属微滴喷射成形的基本原理、装备、材料、工艺和应用。

第 7 章:金属 3D 打印自由设计。分设计约束、自由设计两个部分论述了面向金属 3D 打印技术的创新设计原理与方法,并给出了具体设计案例。

第 8 章:金属 3D 打印质量评价和过程监控。主要介绍了制件力学性能、残余应力、表面粗糙度、尺寸精度、硬度和致密度等方面的金属 3D 打印质量评价体系以及 3D 打印过程的在线监测,包括过程监控与无损检测技术在 3D 打印中的应用。

第 9 章:金属 3D 打印成形制件后处理。主要介绍了金属 3D 打印技术所涉及的后处理技术,包括热等静压、真空淬火/回火、真空退火/正火、真空渗碳/渗氮、喷砂、电解抛光以及气相沉积技术。

第 10 章:金属 3D 打印在制造业中的应用。主要介绍了金属 3D 打印技术在航空航天、工业模具、珠宝首饰、船舶海工、汽车等行业中的应用。

第 11 章:金属 3D 打印在医学领域中的应用。主要介绍了各类医疗器械,包括一类医疗器械外科手术刀,二类医疗器械个性化手术导板、个性化舌侧托槽,三类医疗器械个性化全膝关节假体、个性化多孔下颌骨假体的金属 3D 打印。

第 12 章:金属 3D 打印技术的发展前沿与趋势。主要介绍了多材料金属 3D 打印、纳米颗粒喷射成形、微纳金属 3D 打印技术、在线监测与闭环控制、4D 打印技术。

华南理工大学于 2002 年开始开展金属 3D 打印技术的研究开发工作,是中国最早开展此项技术研究的单位之一。截至目前,已研发激光选区熔化成形设备 DiMetal-280、DiMetal-100 和 DiMetal-50 等,并实现产业化。同时在金属 3D 打印装备关键技术、系统软件、不同材料(不锈钢、钛合金、钴铬合金、铝合金、铜合金等）成形工艺及控制等方面进行了深入的研究。获发明专利授权 49 项，实用新型专利授权 120 余项，自主研发了 2 套扫描路径规划软件，获得 2016 年度广东省、广州市科技进步奖二等奖各 1 项，获得 2013 年新加坡国际 3D 打印设计大赛特等奖。

本书由华南理工大学杨永强教授带领华南理工大学增材制造（3D 打印）实验室团队成员撰写。为了顺利完成本书，作者在梳理团队过去研究工作的基础上，参阅了大量国内外的相关资料，因此书中既有最新的研究成果，又有大量的应用实例。由于本书内容广泛，作者的学术水平和知识面有限，加之作者对该技术的认识尚处在不断深化的过程中，对一些问题的理解还不够深入。书中若有疏漏与不妥之处，敬请同行专家和读者批评指正。

作者

2020 年 3 月

目录

第1章 绪论

1.1 3D打印技术历史与发展

3D打印是近年来迅速发展起来的高端数字化制造技术，又称增材制造(additive manufacturing，AM)。3D打印是利用材料逐层累加来制造实体零件的方法，相对于传统的材料去除——切削加工方法，它是一种"自下而上"的制造方法，通过逐点、逐线、逐层在三维空间增加材料，像燕筑巢似地直接构建满足几何结构要求的材料部件[1]。这一过程融材料制备与零部件制造于一体，省去了烦琐复杂的后续机加工步骤。据美国材料与试验协会(ASTM)给出的定义，3D打印内涵比较宽泛，指所有依据3D数字化信息直接将材料黏结成部件的过程，这些过程通常以层构增材的方式实现，与传统的减材制造(subtractive manufacturing，SM)方式相反。其定义为：基于先进的"离散-叠加"原理，以数字模型文件(CAD/CAM)为基础，用粉末状金属、陶瓷以及高分子材料等，在热源熔化、烧结作用下通过"模型分层、逐层增材"方式构造实体部件。

3D打印的发展最早可以追溯到19世纪，但直到20世纪80年代后期，3D打印技术才真正开始趋于成熟并被广泛应用。1986年，查尔斯·赫尔(Charles Hull)成立了世界上第一家生产3D打印设备的公司：3D Systems公司。1988年，3D Systems公司推出了世界上第一台基于立体光固化(stereo lithography，SL)技术的工业级3D打印机SLA-250。同年，斯科特·克伦普(Scott Crump)发明了另一种可使成本更低的3D打印技术——熔融沉积成形(fused deposition modeling，FDM)，并于1989年成立了Stratasys公司。

3D打印技术从1984年至2015年的发展历程如图1-1所示。

2016年，通用电气(GE)公司收购了两大3D打印行业巨头——德国Concept Laser公司和瑞典Arcam AB公司，以色列XJet公司发布了纳米颗粒喷射成形金属打印设备，哈佛大学研发出3D打印肾小管，Carbon公司推出首

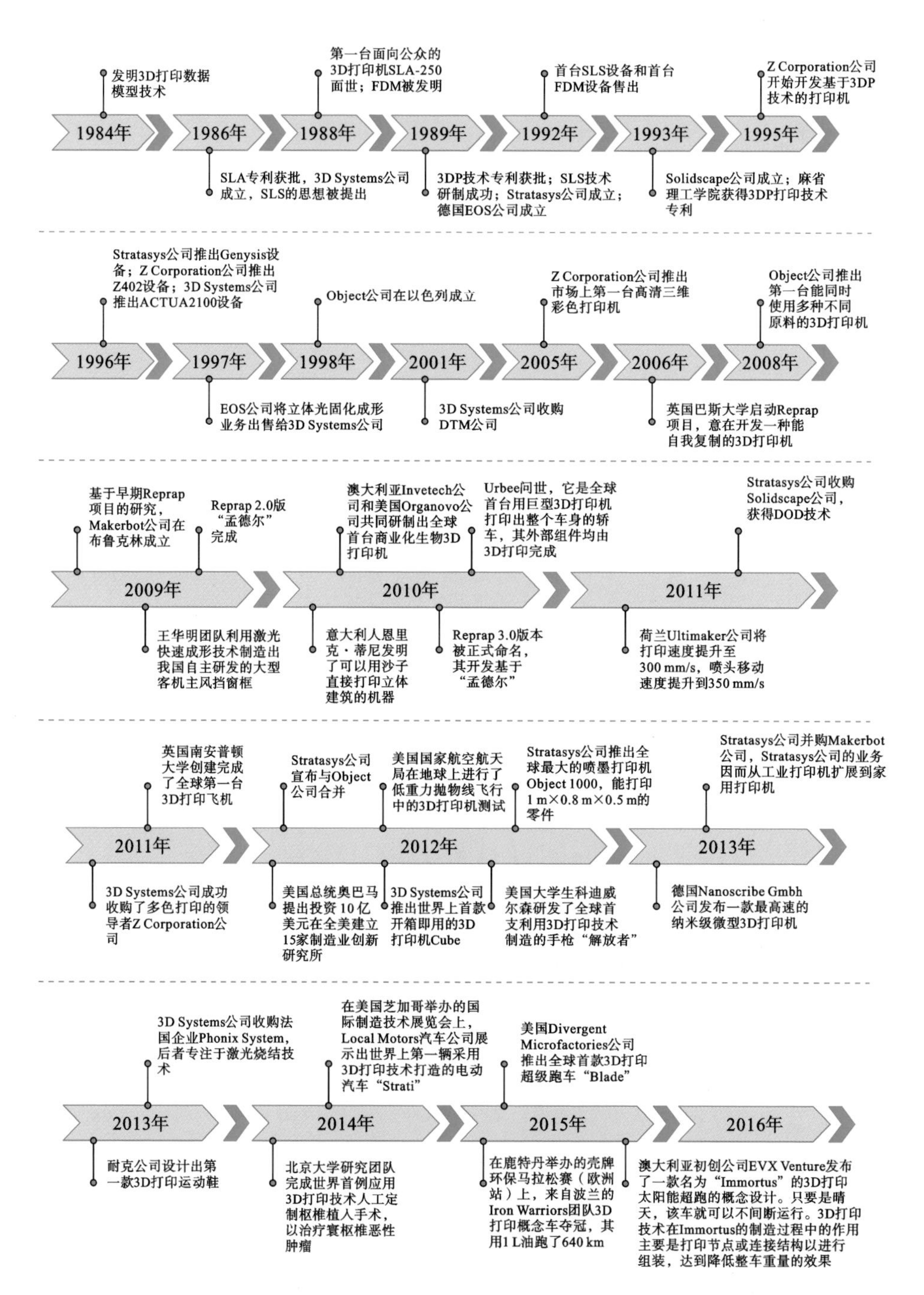

图 1-1　3D 打印技术的发展历程

款基于连续液态界面制造(continuous liquid interface production,CLIP)技术的3D打印机,医疗行业巨头强生公司宣布其将与Carbon公司合作进军3D打印手术器械市场;2017年,英国的市场研究机构CONTEXT发布报告,称2016年3D打印机的全球出货量为21万台。

2018年9月,西门子公司表示,世界上第一台用于工业燃气轮机的3D打印燃烧室(见图1-2)已成功运行一年。与此同时,惠普(HP)公司宣布推出基于黏结剂喷射的金属打印系统,该系统能够实现金属部件高效率、低成本、高品质制造,并能推动金属3D打印技术用于大规模批量化生产。同年10月,GE航空集团第30000个3D打印的燃油喷嘴头成功出货。

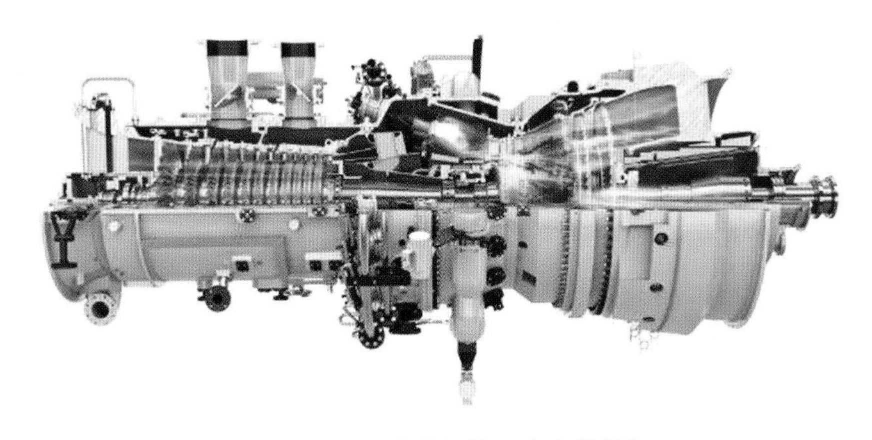

图1-2 用于燃气轮机的3D打印燃烧室

2018年11月,美国国家航空航天局(NASA)与Autodesk公司合作,借助人工智能(AI)和3D打印两项先进技术打造了史上最复杂的行星着陆器"Spider",使行星着陆器外部结构质量减少35%,性能提高30%。同月,波士顿动力公司为机器狗SpotMini安装了仿生手臂,该手臂采用仿生学设计,利用3D打印制造而成,采用微处理器和伺服电动机控制每根手指的运动,像人的手臂一样灵活,具有较强的实际操作的能力。同样是在2018年11月,美国将3D打印列为限制性出口技术。

国产金属FDM打印机及材料研发也在2018年相继获得突破性进展。2018年5月,载有众多3D打印零部件的嫦娥四号中继星发射成功,中国实现了3D打印在轨应用;同年11月,国家统计局发布《战略性新兴产业分类(2018)》,3D打印被列为战略性新兴产业。

3D打印技术可分为金属3D打印技术与非金属3D打印技术两类，如表1-1所示。

表1-1　3D打印技术分类

分类	技术名称	基本材料
非金属3D打印	熔融沉积成形(fused deposition modeling,FDM)	热塑性塑料
	立体光固化成形(stereo lithography apparatus,SLA)	光硬化树脂
	分层实体制造(laminated object manufacturing,LOM)	金属膜、塑料膜
	三维打印黏结成形(three dimensional printing,3DP)	黏结剂、石膏粉
	连续液态界面打印(continuous liquid interface production,CLIP)	树脂材料
金属3D打印	激光选区烧结(selective laser sintering,SLS)	陶瓷、尼龙等
	激光选区熔化(selective laser melting,SLM)	金属(粉床)
	激光熔覆成形(laser metal deposition,LMD)	金属/合金(同轴送粉)
	电子束选区熔化(electron beam selective melting,EBSM)	金属(粉床)
	电子束熔丝沉积(electron beam fabrication,EBF)成形	金属(送丝)
	电弧3D打印(wire-arc additive manufacture,WAAM)	金属(送粉)

1.2　金属3D打印技术现状与发展

金属3D打印技术作为整个3D打印体系中最为前沿和最有潜力的技术，是先进制造技术的重要发展方向。表1-2所示为主要的金属3D打印工艺对比。

表1-2　主要的金属3D打印工艺对比

工艺		成形原理	优缺点	应用方向
熔融沉积	等离子弧送丝	等离子弧熔融金属丝材成形	优点：成本低，效率高 缺点：精度低，难以成形复杂零件	高效率成形，适合于大型零件的近净成形
	电子束送丝	用电子束在腔内熔融丝材沉积成形	优点：效率高 缺点：精度低，成本高	高效率成形，适合于大型零件的近净成形
	激光送丝	用激光束在腔内熔融丝材沉积成形	优点：效率高 缺点：精度低，成本高	高效率成形，适合于大型零件的近净成形
	等离子弧送粉	等离子弧熔融金属粉末成形	优点：成本低，效率高 缺点：精度低	高效率成形，适合于大型零件的近净成形
	激光送粉	用等离子激光束在腔内熔融粉材沉积成形	优点：精度比较高，效率比较高 缺点：成本高	较高精度的网状结构和包覆结构成形

续表

工艺		成形原理	优缺点	应用方向
粉末床	激光选区熔化	激光束选择性地将粉末融合在腔内而生产零件	优点:精度高 缺点:效率低,成本高	超高精度的零件成形
	电子束铺粉	电子束选择性地将粉末融合在腔内而生产零件	优点:效率高,精度较高 缺点:成本高	超高精度的零件成形

目前可用于直接制造金属功能零件的快速成形方法主要有:激光选区熔化(SLM)、电子束选区熔化(EBSM)、激光近净成形(laser engineered net shaping,LENS)等[2]。

1. 激光选区熔化技术

SLM是在激光选区烧结(SLS)技术的基础上发展起来的。美国德克萨斯大学奥斯汀分校的C. R. Dechard于1986年发明了SLS技术(采用塑料粉末),并于1989年第一次提出SLS实用化专利申请。2002年,SLM技术由德国弗劳恩霍夫激光技术研究所(Fraunhofer Institute for Laser Technology,ILT)成功研发,后取得了德国专利。

SLM成形材料多为单一组分金属粉末,包括奥氏体不锈钢、镍基合金、钛基合金、钴铬合金、铝合金和贵重金属等的粉末。SLM利用激光束快速熔化金属粉末并获得连续的熔道,以直接获得几乎任意形状、完全冶金结合、高精度的致密金属零件,是极具发展前景的金属3D打印技术。其应用范围已经扩展到航空航天、微电子、模具、医疗器械、珠宝首饰等行业。SLM工艺有多达50余个影响因素,作者根据经验,总结了对成形效果具有重要影响的六大类因素:材料属性、激光与光路系统、扫描策略、成形氛围、成形几何特征和设备[3]。目前,国内外研究人员主要是在针对以上几个影响因素进行工艺和应用研究,以避免零件在成形过程中出现缺陷,提高成形零件的表面质量和力学性能。

SLM成形的重要工艺参数有激光功率、扫描速度、铺粉层厚、扫描间距和扫描方式等,可通过组合不同的工艺参数,使成形质量最优[4]。SLM成形制件的主要缺陷为球化和翘曲变形。球化是成形过程中上下两层熔化不充分造成的。由于表面张力的作用,熔化的液滴会迅速卷成球形,从而导致球化现象。为了避免球化,应该适当地增大输入能量。而翘曲变形之所以会产生,是因为SLM成形过程中存在的热应力超过材料的强度,使材料产生了塑性变形。由于残余应力的测量比较困难,目前对SLM成形制件翘曲变形的研究主要是采用有限元方法进行，然后通过实验验证模拟结果的可靠性。

国外已经将 SLM 工艺应用于航空制造，有研究人员采用 SLM 成形了高纵横比的镍钛微电子机械系统（MEMS）并投入应用。SLM 成形的梯度化 TC4（Ti-6Al-4V）合金多孔牙科种植体，经过显微组织分析、力学性能分析和表面处理，与人体组织具有良好的相容性。Ciocca 等人[5]采用 SLM 工艺成形了用于萎缩性上颌骨的引导骨再生的定制化钛合金网格假体，术前和术后颊腭的高度误差为 2.57 mm，宽度误差为 3.41 mm，已满足临床要求。

在国外，对 SLM 工艺进行了研究的国家主要有德国、英国、日本、法国等。其中，德国是开展 SLM 技术研究最早与对其研究最深入的国家。第一台 SLM 设备是 1999 年由德国 Fockele & Schwarze(F&S)公司与德国弗劳恩霍夫激光技术研究所一起研发的基于不锈钢粉末的 SLM 成形设备。目前国外已有多家 SLM 设备制造商，如 EOS 公司、SLM Solutions 公司和 Concept Laser 公司。在国内，华南理工大学于 2003 年开发出第一套 SLM 设备 DiMetal-240，并于 2007 年开发出 DiMetal-280，于 2012 年开发出 DiMetal-100，其中 DiMetal-100 设备已经进入商业化应用阶段。

2. 电子束选区熔化

EBSM 技术是 20 世纪 90 年代中期发展起来的一种金属 3D 打印技术，其与 SLM 系统的差别主要是热源不同，二者的成形原理则基本相似。与以激光为能量源的金属 3D 打印技术相比，EBSM 工艺具有能量利用率高、无反射、功率密度高、聚焦方便等许多优点。

国外对 EBSM 工艺理论研究相对较早，瑞典的 Arcam AB 公司研发了商品化的 EBM S12 系列 EBSM 设备，而国内对 EBSM 工艺的研究相对较晚。Hernandez[6]采用 Ti-Al 制备了一系列的开放式蜂巢结构，通过改变预设置弹性模量 E，可以得到大小不同的孔隙，降低结构的密度，获得轻量化的结构。Ramirez 等人[7]采用 Cu_2O 制备了新型定向微结构，在制备过程中，出现柱状 Cu_2O 沉淀在高纯铜中的现象。刘海涛等人[8]研究了工艺参数对电子束选区熔化工艺过程的影响，结果表明扫描线宽与电子束电流、加速电压和扫描速度成明显的线性关系，通过调节搭接率和扫描路径可以获得较好的层面质量。锁红波等人[9]研究了 EBSM 制备的 TC4 钛合金试件的硬度和拉伸强度等力学性能，结果表明成形过程中铝元素损失明显，试件的氧含量及铝含量有利于增强试件塑性；硬度在同一层面内和沿沉积高度方向没有明显差别，高于退火轧制板的硬度水平。

3. 激光近净成形

LENS技术是在激光熔覆技术的基础上发展起来的一种金属3D打印技术,通常采用中、大功率激光熔化同步供给的金属粉末。国外研究人员研究了利用LENS工艺制备的奥氏体不锈钢试件的硬度分布,结果表明随着加工层数的增加,试件的维氏硬度降低。用LENS工艺制备载重植入体的多孔和功能梯度结构,所用的材料为镍、钛等与人体具有良好相容性的合金,制备的植入体的孔隙率最高能达到70%,使用寿命达到7~12年。Krishna等人[10]采用TC4和Co-Cr-Mo合金制备了多孔生物植入体,研究了植入体的力学性能,他们发现:当孔隙率为10%时,制备的植入体杨氏模量达到90 GPa;当孔隙率为70%时,植入体杨氏模量急剧降到2 GPa。因此可以通过改变孔隙率,让植入体的力学性能与生物体适配。

近年来,我国在大型钛合金构件的LENS成形研究方面取得重大突破,解决了其在变形控制、几何尺寸控制、冶金质量控制、系统装备等方面的一系列难题,如:试制成功C919大飞机翼肋TC4上、下缘条构件,零件尺寸达450 mm×350 mm×3000 mm,成形后长时间放置,大变形量小于1 mm,静载力学性能的稳定性优于1%,疲劳性能也优于同类锻件。专用于先进飞机结构件修复的激光成形修复装备,可修复尺寸达5000 mm×600 mm×3000 mm的零件。在装备建设方面也取得重大突破,实现了国产商用LENS装备制造的零突破。

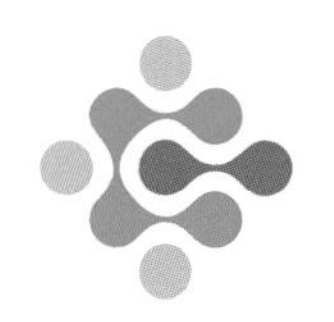

第 2 章 激光金属 3D 打印技术

2.1 激光选区熔化技术

2.1.1 成形原理与装备

SLM 成形原理如图 2-1 所示：经过成形腔气氛准备后（初始氧含量通常低于 0.01%（质量分数），合金和金属钨材料成形则需要更低的氧含量），工作平台下降，粉料缸上升（或者采用粉料斗靠粉末重力落粉），自动铺粉装置利用陶瓷或者橡胶刮刀在工作平台基板上铺设金属粉末（厚度为 20～100 μm），然后利用高能热源（激光束光斑直径为 50～100 μm）在高速振镜配合下按照计算机切片形状和外形轨迹快速扫描，松散状态的粉末薄层中受激光辐照区域发生熔

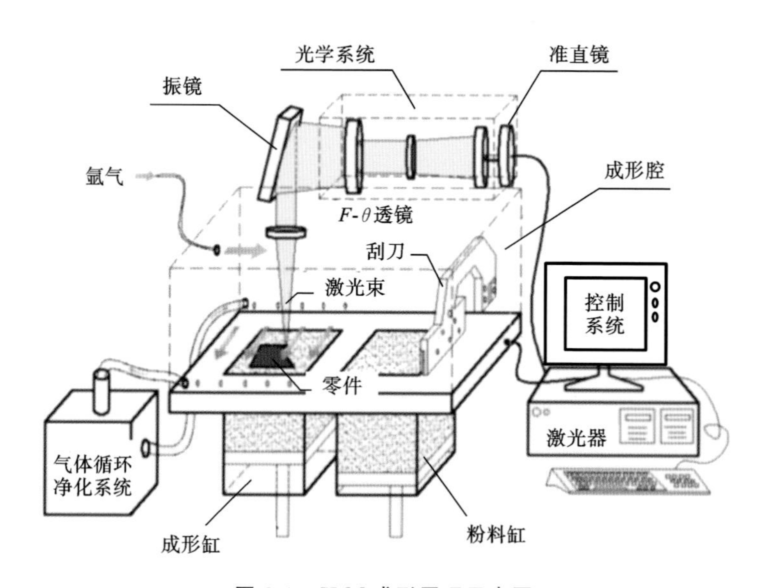

图 2-1　SLM 成形原理示意图

化/凝固，其他区域粉末仍保持未熔状态并起到一定的后续支持作用。通过重复逐层铺粉、逐层熔化凝固的方式，成形复杂形状三维零件。

近几年，美国、德国等发达国家先后开发出新型 SLM 成形设备，大幅提高激光扫描的速度，缩短成形时间，成形零件性能与锻件相当。目前 SLM 成形商业化设备最大加工体积可达到 750 mm×500 mm×500 mm。国内在激光 3D 打印成形硬件系统、工艺特性和制件质量等方面部分达到或接近国际先进水平，形成了与国外齐头并进的局面(打印尺寸达到 500 mm×500 mm×500 mm)；在设计理念、材料基础工艺研究、表面精度、支撑设计、成形效率等方面仍处于起步阶段，与美、欧发达国家有较大差距[11]。

表 2-1　国内外商用化 SLM 设备主要参数

制造商	设备机型	激光类型及能量	成形尺寸	设备示例
EOS	Precious M080	100 W 光纤激光	ϕ80 mm×95 mm	
	EOS M100	200 W 光纤激光	ϕ100 mm×95 mm	
	EOS M290	400 W 光纤激光	250 mm×250 mm×325 mm	
	EOS M400	4×400 W 光纤激光	400 mm×400 mm×400 mm	
SLM Solutions	SLM® 125	400 W 光纤激光	125 mm×125 mm×125 mm	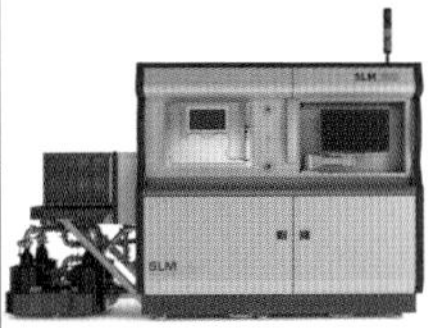
	SLM® 280	400 W/700W 光纤激光	280 mm×280 mm×365 mm	
	SLM® 500	2×700 W 光纤激光	500 mm×280 mm×365 mm	
	SLM® 800	4×700 W IPG 光纤激光	500 mm×280 mm×850 mm	
Concept Laser	Mlab cusing	100 W 光纤激光	70 mm×70 mm×80 mm	
	M1	200 W 光纤激光	250 mm×250 mm×250 mm	
	M2	400 W 光纤激光	250 mm×250 mm×350 mm	
	X LINE 2000R	2×1 kW 光纤激光	800 mm×400 mm×500 mm	

续表

制造商	设备机型	激光类型及能量	成形尺寸	设备示例
Realizer GmbH	SLM 50	100 W 光纤激光	70 mm × 70 mm × 80 mm	
	SLM 100	200 W 光纤激光	125 mm × 125 mm × 200 mm	
	SLM 300	400 W 光纤激光	250 mm × 250 mm × 300 mm	
	SLM 125	400 W 光纤激光	125 mm × 125 mm × 200 mm	
Renishaw	AM 250	SPI 400W 脉冲激光	250 mm × 250 mm × 300 mm	
	AM 500	4×500W 光纤激光	250 mm × 250 mm × 350 mm	
3D Systems	DMP Flex 100	100 W 光纤激光	100 mm × 100 mm × 80 mm	
	ProX®DMP 200	300 W 光纤激光	140 mm × 140 mm × 100 mm	
	ProX®DMP 300	500 W 光纤激光	250 mm × 250 mm × 300 mm	
	DMP Flex 350	500 W 光纤激光	275 mm × 275 mm × 380 mm	
西安铂力特	BLT-A100	200 W 光纤激光	100 mm × 100 mm × 100 mm	
	BLT-A300	500 W 光纤激光	250 mm × 250 mm × 300 mm	
	BLT-S310	500 W 光纤激光	250 mm × 250 mm × 400 mm	
	BLT-S400	2×500 W 光纤激光	400 mm × 250 mm × 400 mm	

续表

制造商	设备机型	激光类型及能量	成形尺寸	设备示例
华曙高科	FS121M	200 W 光纤激光	120 mm×120 mm×100 mm	
	FS271M	500 W 光纤激光	275 mm×275 mm×320 mm	
	FS421M	500 W 光纤激光	425 mm×425 mm×420 mm	
易加三维	EP-M100T	100 W 光纤激光	120 mm×120 mm×80 mm	
	EP-M150	200 W 光纤激光	ϕ150 mm×120 mm	
	EP-M250	500 W 光纤激光	262 mm×262 mm×350 mm	
广州雷佳增材	DiMetal-50	75 W 光纤激光	ϕ50 mm×50 mm	
	DiMetal-100	200 W 光纤激光	105 mm×105 mm×100 mm	
	DiMetal-100D	500 W 光纤激光	105 mm×105 mm×100 mm	
	DiMetal-280	400 W 光纤激光	270 mm×270 mm×280 mm	
	DiMetal-300	500 W 光纤激光	270 mm×270 mm×300 mm	
	DiMetal-500	2×500 W 光纤激光	500 mm×250 mm×300 mm	

国外已将拓扑优化设计与轻量化技术应用于 SLM，实现了由“制造引导设计、制造性优先设计、经验设计”的传统设计理念向“设计引导制造、功能性优先设计、拓扑优化设计”的 3D 打印设计理念的转变，国内这项工作还未规模开展。以顶立科技有限公司为代表的军品配套企业，基于拓扑优化和轻量化设计，成功实现全尺寸雷达支架(见图 2-2)整体 3D 打印快速制造，减重 42%。

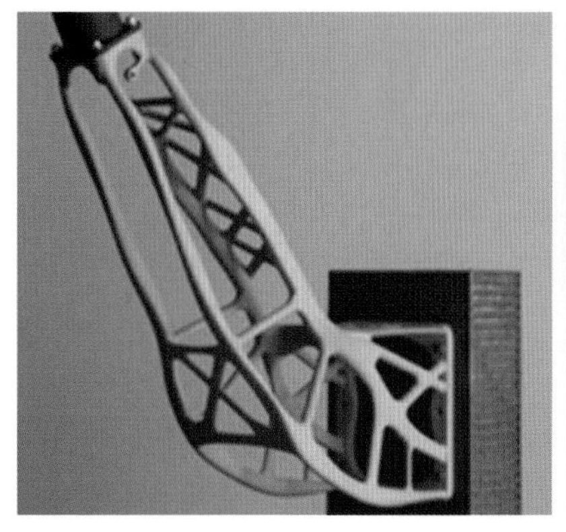
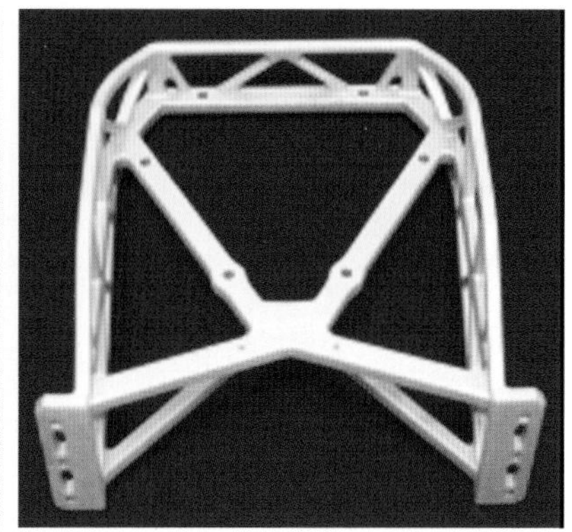

图2-2　3D打印全尺寸雷达支架

目前，SLM技术大规模应用最大的瓶颈仍然是多品种材料基础工艺数据库的建立。同时，在技术领域还需要开展以下工作：研究构件成形工艺参数的优化，进行构件的工艺技术研发，建立激光成形构件的工艺规程；研究高能束功率密度、扫描间距、扫描速度、基底/粉末温度等参数对吹粉、球化现象的影响；研究熔池快速移动冷却凝固及多重热循环条件下构件熔凝及连续冷却组织演变规律，通过成形路径规划、工艺优化，实现构件的组织性能综合调控。

2.1.2　成形材料与工艺

1. SLM常用金属粉末与制法

世界3D打印行业专家根据SLM工艺给出了SLM金属粉末通用标准：尺寸在15～60 μm的金属粉末，尽可能同时满足纯度高、少无空心，卫星粉少（实心最佳）、粒度分布窄、球形度高、氧含量低、流动性好和松装密度高等要求。理想的SLM专用粉末如图2-3所示。国外在19世纪末就实现了超细粉末的规模化工业生产，通过近30年的发展，成功采用真空感应气体雾化（VIGA）法、无坩埚电极感应熔化气体雾化（EIGA）法、等离子旋转雾化（PREP）法以及等离子火炬（PA）法等方法制备SLM专用粉末材料[12]，已经具备成熟稳定的批量供货能力。

国内制备高性能SLM专用粉末材料（见图2-4）的方法主要有两种，一种是高速等离子旋转电极法，一种是气体雾化法。现阶段，国内基本具备利用这两种工艺制备球形金属粉末材料的硬件能力，但是材料种类偏少、产能较低、批次稳定性差。国内权威机构对国产金属粉末与国外进口粉末进行了初步比较，二

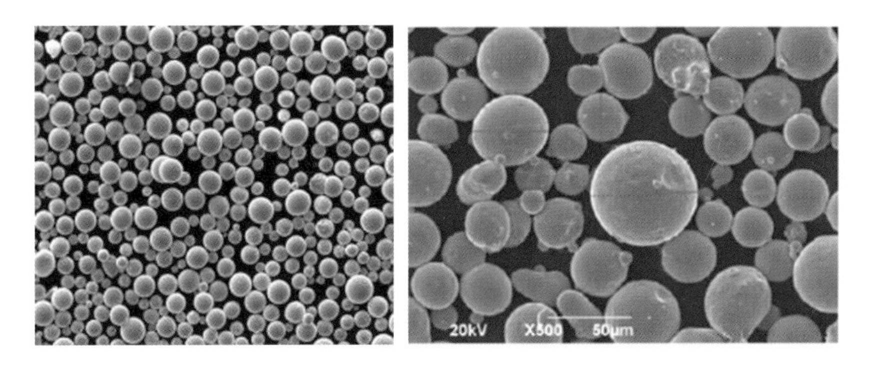

图 2-3　德国某厂家生产的 3D 打印不锈钢粉末微结构

者在粉末形貌、卫星粉、空心粉等部分指标上基本相当，但是国产金属粉末细粉(325 目)出粉率不高(EIGA 细粉出粉率在 28%左右，PREP 细粉出粉率为 10%～15%)，试用后反馈氧含量控制不稳定，成形试样力学性能不理想。目前，国内军用钛合金、铝合金等 3D 打印专用球形粉末全部来自国外，其中铝合金粉末只有常规的 AlSi7Mg、AlSi12、AlSi10Mg，而 2 系铝合金(2A12、2A14)、7 系铝合金(7A04)粉末等军工常用材料只能定制生产。

图 2-4　国内某厂家生产的 3D 打印不锈钢粉末微结构

目前，粉末制备方法按照制备工艺主要可分为还原法、电解法、羰基分解法、研磨法、雾化法等。其中，还原法、电解法和雾化法生产的粉末作为原料应用到粉末冶金工业的情况较为普遍。但电解法和还原法仅用于单质金属粉末的生产，对于合金粉末这些方法均不适用。雾化法可以用于合金粉末的生产，同时现代雾化工艺对粉末的形状也能够予以控制，不断发展的雾化腔结构大幅提高了雾化效率，使得雾化法逐渐发展成为主要的粉末生产方法。雾化法生产的金属粉末能满足 3D 打印的特殊要求。雾化法是指通过机械方法使金属熔液粉碎成尺寸小于 150 μm 的颗粒的方法[13]。按照粉碎金属熔融液的方式分类，雾化法包括二流雾化法、离心雾化法、超声雾化法、真空雾化法等。这些方法具有各自特点，都已成功应用于工业生产。其中水气雾化法具有生产设备及工艺简单、能耗低、可批量生产等优点，成为金属粉末的主要工业化生产方法[14]。

常见金属 3D 打印用材料有以下几种。

1）钛合金

TC4 是最早应用于 SLM 工业生产的一种钛合金，对该合金的研究主要集中于揭示材料疲劳性能、裂纹生长行为与微观组织之间的关系。有学者在循环载荷作用下研究 TC4 合金 SLM 件的微观结构与组织缺陷之间的关系，用机械测试、热等静压等方法，通过电子显微镜和计算机断层扫描观察到微米级别的孔隙是影响疲劳强度的主要原因，其中残余应力对疲劳裂纹增长的影响尤为显著。张升等人[15]通过激光交替扫描策略制备出 TC4 合金试样，揭示 SLM 成形 TC4 合金过程中的裂纹主要为冷裂纹，含有典型的穿晶断裂特征。这是由于 SLM 成形过程中激光熔化金属粉末产生高温梯度，导致零件内部存在较高的残余应力，同时抗裂强度低的马氏体组织在残余应力的作用下产生裂纹，大的裂纹最终分解为较小的裂纹而终止扩展。

开发新型钛基合金是钛合金 SLM 应用研究的主要方向。由于钛以及钛合金的应变硬化指数低（近似为 0.15），塑性剪切变形能力和耐磨性差，因而其制件在高温和腐蚀磨损条件下的使用受到限制。铼(Re)的熔点很高，一般用于超高温和强热振工作环境，美国 Ultramet 公司采用金属有机化学气相沉积法(MOCVD)制备的铼基复合喷管已经成功应用于航空发动机燃烧室，工作温度可达 2200 ℃。因此，铼钛合金的制备在航空航天、核能源和电子领域具有重大意义。镍具有磁性和良好的可塑性，因此镍钛合金是常用的一种形状记忆合金。镍钛合金具有伪弹性、高弹性模量、阻尼特性、生物相容性和耐蚀性等性能。另外，对钛合金多孔结构人造骨的研究日益增多，日本京都大学通过 3D 打印技术给 4 位颈椎间盘突出患者制作出不同的人造骨并成功移植，所采用人造骨材料即为镍钛合金。

2）铝合金

铝合金具有优良的物理、化学和力学性能，在许多领域获得了广泛的应用，但是铝合金自身的特性（如易氧化、高反射性和导热性等）增加了 SLM 制造的难度。目前 SLM 成形用铝合金存在易氧化、制件有残余应力、孔隙缺陷及制件致密度不足等问题，这些问题主要可通过采用严格的保护气氛、增加激光功率(最小为180 W)、降低扫描速度等来改善。目前SLM成形用铝合金材料主要为Al-Si-Mg系合金。Kempen等人[16]对两种不同的AlSi10Mg粉末进行了SLM成形试验。研究发现，通过不断优化工艺参数，可获得99%致密度和表面粗糙度Ra约为20 μm的SLM成形制件。经分析得出，粉末形状、颗粒直径及化学成分是影响成形质量的主要因素。Louvis等人[17]对SLM成形铝合金过程中氧化铝薄膜的产生机理进行了分析，得到了氧化铝薄膜对熔池与熔池层间润湿特性的影响规律。主流观点认为SLM成形铝合金制件过程中产生的结晶球化现象是铝合金对光的反射性较强造成的。

3）不锈钢

不锈钢具有耐化学腐蚀、耐高温和力学性能良好等特性，其粉末成形性好、制备工艺简单且成本低廉，是最早应用于3D金属打印的材料。如华中科技大学、南京航空航天大学、华南理工大学等院校在不锈钢3D打印方面研究比较深入。现研究主要集中在降低孔隙率、增加强度以及熔化过程中金属粉末球化的机制等方面。李瑞迪等人[18]采用不同的工艺参数，用304L不锈钢粉末进行了SLM成形试验，得出304L不锈钢致密度经验公式，总结出晶粒生长机制。潘琰峰[19]分析和探讨了316L不锈钢成形过程中球化产生机理和影响球化的因素，认为在激光功率和粉末层厚一定时，提高扫描速度可减轻球化现象，而当扫描速度和粉末层厚固定时，随着激光功率的增大，球化现象将加重。姜炜[20]采用一系列的不锈钢(主要为316L不锈钢)粉末，分别研究了粉末特性和工艺参数对SLM成形质量的影响，结果表明，粉末材料的特殊性能和工艺参数对SLM成形的影响主要表现在对SLM成形过程中熔池质量的影响上，工艺参数(激光功率、扫描速度)主要影响熔池的深度和宽度，从而影响SLM成形制件的质量。

4）高温合金

高温合金是指以铁、镍、钴为基，在600 ℃以上的高温及一定应力环境下长期工作的一类金属材料，其具有较高的高温强度、良好的耐热腐蚀和抗氧化性能，以及良好的塑性和韧性。高温合金按合金基体种类大致可分为铁基高温合金、镍基高温合金和钴基高温合金三类。高温合金主要用于高性能发动机，比如现代先进的航空发动机中，高温合金材料的使用量占发动机总质量的40%～60%。现代高性能航空发动机的发展对高温合金的使用温度和性能的要求越来越高。传统的铸锭冶金工艺冷却速度慢，铸锭中某些元素和第二相偏析严重，加工性能差，组织不均匀，性能不稳定。3D 打印成为解决高温合金成形中技术瓶颈的新方法。Inconel 718 合金是镍基高温合金中应用最早的一种，也是目前航空发动机中使用最多的一种合金。张颖等人[21]通过研究 Inconel 718 合金 SLM 激光工艺参数，发现随着激光能量密度的增加，试样的微观组织经历了由粗大柱状晶到聚集的枝晶，再到细长且均匀分布的柱状枝晶的变化过程。在优化工艺参数的前提下，获得致密度达 100%的试样。

5）钴铬合金

钴铬合金是指以钴和铬为主要成分的高温合金，它的耐蚀性和力学性能都非常优异，用其制作的零件强度高、耐高温，且有优异的生物相容性，最早用于制作人体关节，现在已广泛应用到口腔领域。由于其不含对人体有害的镍元素与铍元素，3D 打印个性化定制的钴铬合金烤瓷牙已成为非贵金属烤瓷牙的首选。利用传统铸造工艺生产的钴铬合金产品收缩率大，与初始模型相比误差较大，而采用 3D 打印技术制造的钴铬合金零部件强度高、尺寸精确，能制作的最小尺寸可达 1 mm，故其零部件力学性能比锻造工艺制成的产品好很多。铸造的钴铬合金假体可以作为金属球头与超高分子量聚乙烯进行配副，制成人工髋关节假体等，也可以独自成形为金属植入体。按照 ASTM F75 标准的要求，铸造钴铬合金已经广泛用于义齿、血管支架植入体等的制造。其弹性模量不随抗拉强度的变化而变化，是医用钛合金材料的两倍，是皮质骨的数倍[22]。麦淑珍[23]发现 SLM 成形的钴铬合金烤瓷牙比铸造成形的具有更高的硬度，通过脱氧和搪瓷烧制过程，合金与搪瓷实现完美结合，烤瓷牙释放的钴铬离子含量符合 ISO 安全标准。

金属 3D 打印技术目前已取得了一定成果，材料瓶颈势必影响 3D 打印技术的推广，3D 打印技术对材料提出了更高的要求。现适用于工业用 3D 打印的金属材料种类繁多，只是只有专用粉末材料才能满足工业生产要求。3D 打印金属材料的研究方向主要有以下三个：

（1）在现有使用材料的基础上加强材料结构和属性之间的关系研究，根据材料的性质进一步优化工艺参数，提高打印速度，降低孔隙率和氧含量，改善表面质量；

（2）研发适用于 3D 打印的新材料，开发耐蚀、耐高温、综合力学性能优异的新材料；

（3）修订并完善 3D 打印粉末材料技术标准体系，实现金属材料打印技术标准的制度化和常态化。

2. SLM 成形工艺

1）SLM 成形工艺参数及其影响

针对 SLM 过程中工艺参数（如激光功率、扫描速度、扫描间距、扫描方式等）对成形及缺陷的影响规律开展研究，具有一定理论意义和应用价值。通过研究激光功率、扫描速度、扫描间距、金属粉末层厚等对金属制件整体成形质量的影响，研究人员发现：随着激光功率的增加，成形的金属制件的抗拉强度增强了，但是表面粗糙度和尺寸精度却变差了；随着扫描速度的增加，抗拉强度减弱，但尺寸精度和表面粗糙度却得到了改善；在相同的扫描速度和激光功率下，随着扫描间距的增加，金属制件的抗拉强度减弱了，表面粗糙度变差了，但尺寸精度却有所改善；在相同的扫描速度和激光功率下，随着金属粉末层厚度的增大，金属制件的抗拉强度减弱了，表面粗糙度变差了，但尺寸精度的变化不大。

制件致密度、表面质量受扫描速度影响最大。以致密度为指标，扫描速度极差值达 14.9%，扫描速度对致密度的影响最显著。随着扫描速度减小，制件的致密度逐渐增加，这是因为扫描速度小，激光停留在粉末表面的时间相对延长，使得熔化的粉末有充足的时间与周围的粉体发生热交换，在表面张力和毛细管力的作用下填充固相间的孔隙，从而提高样品致密度。但扫描速度过小易使局部液相过多，产生根瘤现象，而且样品表面粗糙度会随着扫描速度的降低而变差，所以，在实际的成形过程中要综合考虑成形致密度与表面质量的要求，选择合适的扫描速度。

扫描间距主要影响制件成形过程中的温度分布，扫描间距越小，内应力越大，温度梯度越大，越容易导致制件的翘曲变形。层间结合强度主要取决于粉末层厚度与激光功率，粉末层薄，前一层重熔量相对较多，粉末熔化后浸润已熔化层，使熔化层随前一道扫描线生长，不易发生球化现象。而粉末层厚度增加会导致球化倾向增加，零件的尺寸精度增大，表面粗糙度降低。激光功率大，穿透能力强，使得层与层之间结合好。激光功率小容易使部分粉末不完全熔化，层与层间连接率低，从而降低制件强度。因此，适当增加激光功率可使粉末充分熔化，在毛细管力作用下填补孔隙，提高致密度。

2）SLM 成形工艺不稳定因素

由于 SLM 成形过程中熔池的温度场、流场会随时间、空间的变化而不断变换，始终处于非稳定状态，同时还因为气体滞留和缺少外部压力，SLM 成形制件的缺陷不可避免。在零件使用过程中，随机分布的缺陷将成为应力集中点而显著降低材料力学性能，因此需深入研究 SLM 成形的缺陷机制和缺陷分布规律，通过优化工艺抑制缺陷，提高制件成形质量。球化问题是造成 SLM 成形制件缺陷的主要原因之一。除此之外，在流体的不稳定作用下，熔道搭接空隙、熔道收缩断裂等现象也会使制件产生随机缺陷。

SLM 成形伴随着复杂的物理过程：金属粉末吸收激光能量迅速熔化而释放大量表面能；熔池对周围松散粉末粒子和基底产生复杂润湿行为；温度梯度和表面张力梯度引发熔池复杂热毛细对流；熔池在激光反冲压力、金属蒸气和表面张力共同作用下发生振荡；保护气体流动引起气液界面剪切力；等等。上述因素导致 SLM 熔池行为高度动态、难以控制，会不可避免地形成缺陷。

如图 2-5 所示，SLM 的随机缺陷主要与熔体流动的瑞利不稳定现象有关。根据缺陷形态三维重构数据，首先讨论液膜流动不稳定的扰动源：主要是表面张力驱动的振荡、粗糙表面和气液界面剪切力等。熔池的热毛细对流和振荡，将促使不均匀和多褶皱的粗糙凝固表面形成，而形成的粗糙表面将作为新的扰动源继续降低熔体流动稳定性，造成更大的表面粗糙度和更严重的液膜流动失稳，进而形成搭接空隙或导致熔道断裂，造成缺陷。

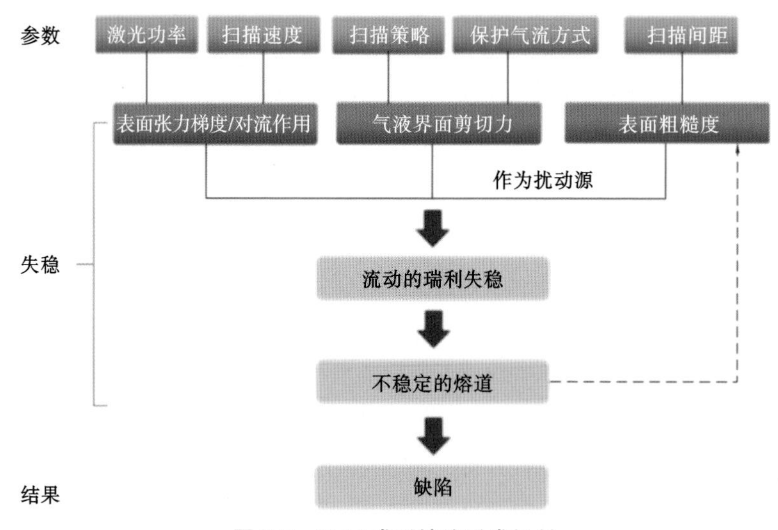

图 2-5　SLM 成形缺陷形成机制

2.1.3　成形组织性能

瑞典斯德哥尔摩大学沈志坚课题组长期关注 SLM 成形材料的跨尺度组织结构和不同结构单元间的界面问题（熔池界面、层间界面、晶界、胞状内晶界面、纳米弥散相界面等），报道了钴铬钼合金、316L 不锈钢、双相不锈钢在 SLM 中出现的独特亚晶粒胞状结构和胞状亚晶界的元素偏析现象，如图 2-6 所示。他们研究了 316L 不锈钢 SLM 成形中出现的弥散分布纳米氧化物小球现象，认为制造过程中亲氧和氮的微量合金元素可能在界面产生氧化和氮化反应而改变界面化学成分及结构。基于上述现象，其团队提出 SLM 所形成的不同尺度微观结构对缺陷扩展具有较强抵抗力，因而通过一系列微观组织结构调控，可使 SLM 成形制件具有优良的力学性能[24]。此外，通过激光微区熔化-凝固技术使难熔金属钨体材料获得了用常规方法难以达到的低气孔率并使三维织构化成为可能。

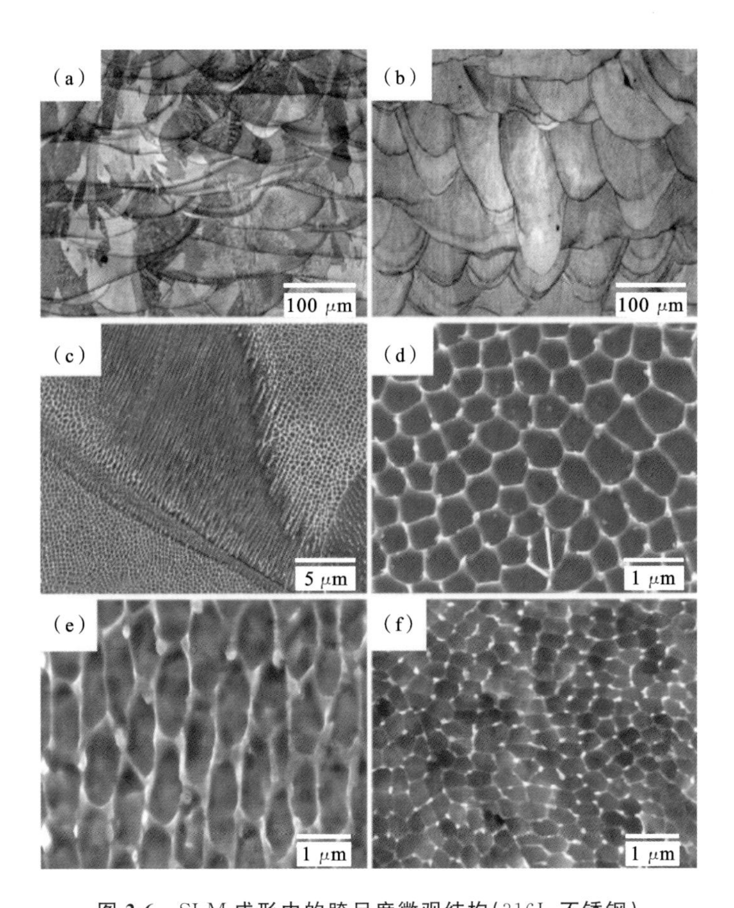

图 2-6　SLM 成形中的跨尺度微观结构(316L 不锈钢)

(a)(b) 光学显微镜下的组织；(c)(d) 扫描电子显微镜下的亚晶粒胞状组织；

(e)(f) 拉伸试验后的胞状组织

激光光束以 X-Y 模式扫描，凝固界面可以形成明显的二维有序结构，三维梯度排布也呈现一定的规律，进而可形成定向柱状或者织构化的微观组织。由于成形过程中存在独特的热、动力学因素，析出沉淀物或相变过程可以发生在熔池中心或熔池之间的过渡区域，分别如图 2-7(a)和(b)所示。另外该研究组在多种材料(Cu，Co29Cr6Mo，Inconel 625，Inconel 718，17-4PH)SLM 和 EBSM 过程中发现了柱状晶定向生长形态，沉淀物在母相内规则分布，生成跨尺度的分级结构(multiscale hierarchical structure)，有助于提高材料性能。

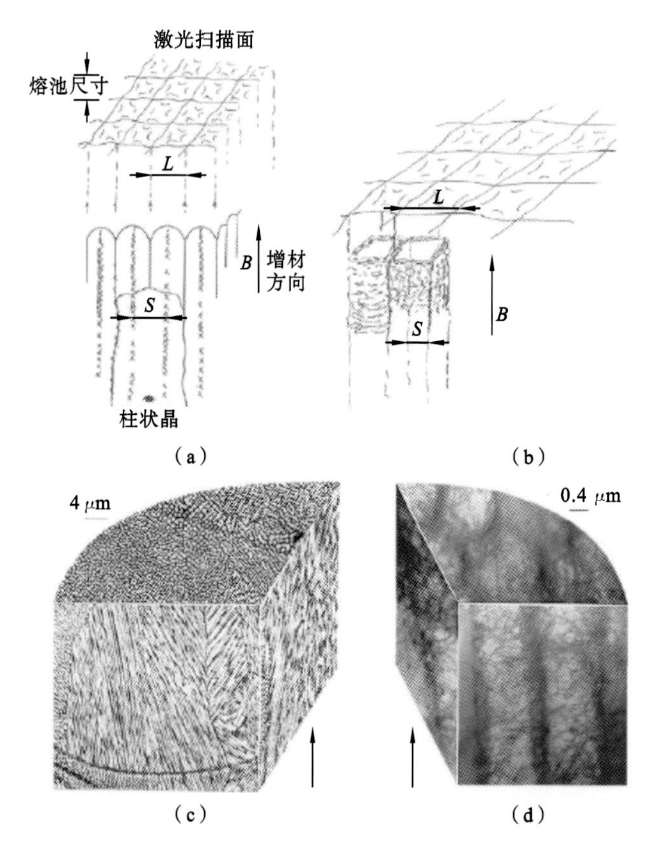

图 2-7　基于 SLM 的 3D 材料微观组织

(a) 柱状定向凝固组织形成，析出物位于熔池中心；(b) 熔池边缘形成的柱状组织和析出物；
(c) SLM 成形 Inconel 625 3D 光学显微镜照片，显示出柱状 NiCr 晶粒；
(d) 3D 扫描隧道显微镜照片，显示高密度位错和片状排列的显微析出物 γ″-Ni3Nb，间距约为 2 μm

2.1.4　应用与发展

1. 免组装金属零部件

在金属零件快速成形方面，SLM 工艺有着十分独特的优势。采用 SLM 工艺成形免组装机械手，可一体成形，不用组装，并且制造出的零件具有完全冶金结合组织和较高成形精度，成形零件结构特征几乎不受限制。SLM 技术十分适合用来直接成形要求配合精度较高的免组装金属部件，图 2-8 所示为 SLM 成形的免组装滚子轴承。

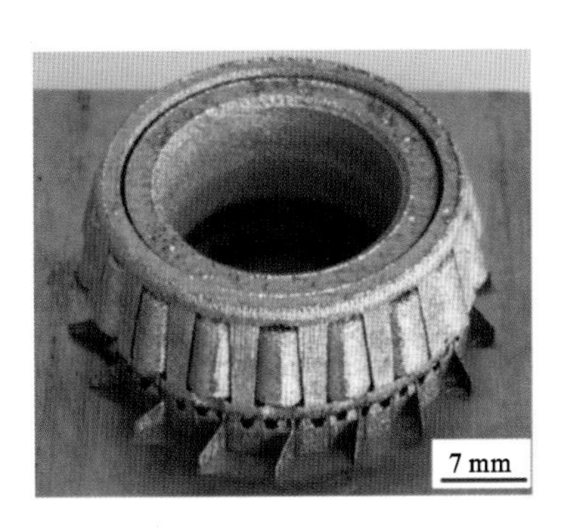

图 2-8　SLM 成形的免组装滚子轴承

2. 偏滤器部件

受控核聚变能提供一种潜在的、取之不尽的清洁能源，目前认为是可以最终解决人类能源及环境问题的最重要途径之一。托卡马克(Tokamak)核聚变是目前最有可能实现受控热核聚变的方法。偏滤器是托卡马克装置中最为核心的部件之一，通过产生特殊的磁场位形，能达到控制杂质、及时导出粒子流和热流、排出氦灰的目的，而偏滤器装置成功研发是聚变能应用跨越工程可行性门槛的标志之一。偏滤器部件研制的困难主要在于其面对的苛刻服役环境，包括稳态运行时能注量率为 5～10 MW/m^2 的表面高热流，粒子注量率达 10^{22}～10^{24} m^{-2}/s 数量级的粒子流，以及粒子注量率达 10^{18} m^{-2}/s 数量级的高能中子流作用等。目前偏滤器模块采用以钨作为装甲材料的钨铜水冷部件(W-PFC)，包括钨铜穿管型部件和钨铜平板型部件(见图 2-9)。利用激光 3D 打印技术进行纯钨偏滤器模块成形是可行的技术方案，但是目前对于高熔点、高热导率、高熔体表面张力、高熔体黏度金属钨的致密成形仍存在较大困难，表面球化现象显著且制件致密度较低，需要进一步从材料物性出发并重点研究熔滴润湿、铺展、凝固全过程，揭示球化机制并加以有效抑制。

3. 医疗植入体

自然界的结构往往是具有分级尺度的，不仅具有较高程度的复杂性，而且具有完全不同层次的复杂性。例如生物骨，可以视为一种自组织的分层材料，

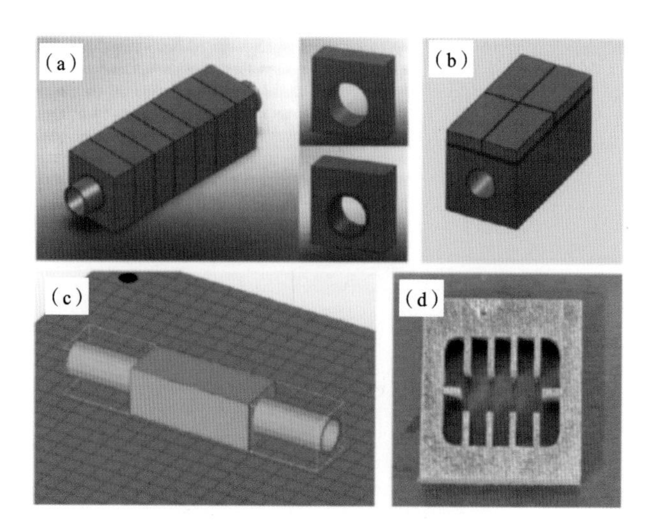

图 2-9 偏滤器三维结构示意图

特征为由 3 μm 胶原薄膜束组成的胶合板结构和大量针状、片状骨小梁相互连接而成的多孔隙网架结构，因而具有非常优异的力学性能。在自然界和生物科学领域这样的例子不胜枚举。出于不同的性能需要，生物材料往往会趋向于形成具有不同尺度的微观组织结构。如多孔金属(porous metals)可以视为一种具有分级尺度、复杂结构的仿生材料，常用于医疗植入体[25]。医疗植入体一般要满足如下要求：① 具有与缺损部位相符的解剖外形，能替代原有硬组织并恢复功能；② 生物相容性和力学性能(弹性模量)与原有组织相近，无毒性，具备优异的耐蚀性和耐磨性；③ 有精确设计的内部多孔(仿生)结构，结构不仅要考虑生物力学性能的要求，还要考虑制造的可行性；④ 植入体外形个性化。图 2-10 所示为 3D 打印成形的仿生医疗植入体；图 2-11 所示为 SLM 成形的个性化舌侧托槽。

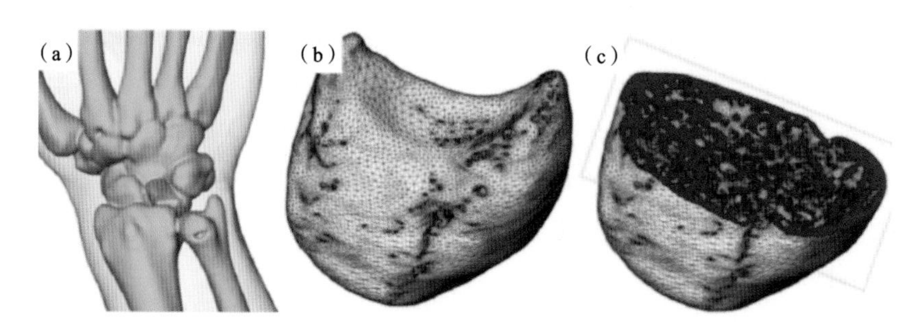

图 2-10 打印 3D 成形的仿生医疗植入体

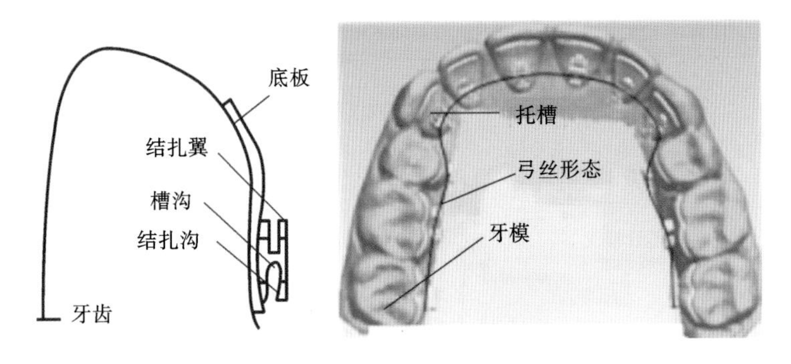

图 2-11 SLM 成形的个性化舌侧托槽

2.2 激光熔覆成形技术

2.2.1 成形原理与装备

激光熔覆成形(laser cladding forming,LCF)是一种能够制造全致密金属零件的 3D 打印工艺,典型成形工艺有激光近净成形、直接金属沉积(direct metal deposition,DMD)等,相对于 SLM、电子束熔融成形(electron beam melting,EBM)等工艺,激光熔覆成形可以制造出更复杂、更大的零件。

激光熔覆成形技术是在计算机控制下,根据零件的三维数据模型,利用高能激光束将粉末材料通过"离散+堆积"的制造方法实现零件的成形与制造。由于其独特的成形方式,能够解决传统加工中难以解决的问题,同时还能实现各种复杂结构零件的快速、无模具、高性能、全致密近净成形,因此被广泛应用于各领域,是一项有着广泛应用前景的高新技术[26]。

激光熔覆成形利用大功率激光作为移动热源,在金属基体上熔出熔池的同时将金属粉末送入,随着热源的离去金属熔融液凝固形成一条熔覆轨迹。多条熔覆轨迹间相互搭接构成一个分层平面,分层平面逐层堆积直至完成整个零件。最终得到的零件只需少量精加工或不需精加工便可以投入使用。图 2-12 为激光熔覆成形原理[27]。图 2-13 所示为激光熔覆成形系统组件。

激光熔覆成形技术是在快速成形制造技术的基础上发展起来的集机械、光电、材料、计算机、控制等诸多技术于一体的一项新兴综合技术。激光熔覆成形方法与传统制造方法相比,具有成形速度快、材料适用范围广、不需传统夹具与模具、制造柔性高等特点,能够制造出传统加工方式下难以加工的零件,因此广

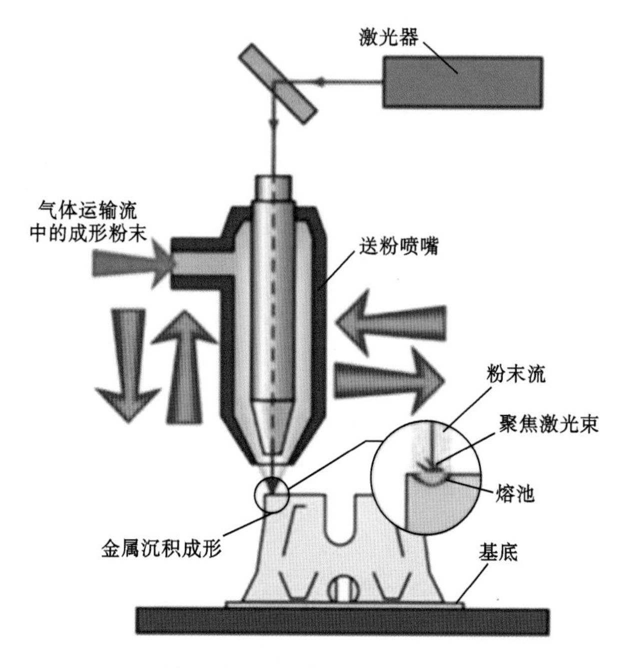

图 2-12　激光熔覆成形原理图

图 2-13　HWF20 激光熔覆成形系统组件

泛应用于汽车、模具制造、航空航天、电子电气、石油化工等行业。

激光熔覆成形技术在国外的发展起步较早，在 20 世纪 70 年代，美国联合技术公司联合技术研究中心就利用激光多层熔覆镍基高温合金粉末的方法直接制备出了满足力学性能要求的镍基高温合金零件，且还取得了相关专利，激光熔覆成形技术由此迅速成为制造装备业的研究热点。美国率先采用了这项技术，并于 1989 年正式推出第一台商业化激光熔覆成形设备。此后，各国纷纷投入此项新技术的研究。美国、日本、德国等传统工业技术强国耗费巨大的人力、物力、财力对该技术进行研究与开发，使得激光熔覆成形技术的发展明显加快，研究内容也日益系统化，在激光熔覆成形理论模型、金属粉末材料制备工艺、成形装备自动化和柔性化、成形过程实时监测与闭环控制等方面取得了重大进展。国内许多高校和科研机构也对激光熔覆成形技术展开了积极研究。但由于我国激光熔覆成形技术发展起步较晚，以及在一些关键技术方面受到限制，因此从总体上来看，我国在激光熔覆成形数控装备设计与精密制造技术、大功率固体激光器应用技术、激光熔覆成形工艺与成形质量控制、复杂 CAD 模型的切片处理与成形路径规划以及成形设备的商品化、产业化等方面都与国外先进水平存在较大差距。在激光熔覆成形的核心技术上取得进步和发展，对我国制造业及经济社会的发展具有十分重要的意义。

1）激光熔覆成形设备系统

先进的设备系统是支撑激光熔覆成形技术的基础。激光熔覆成形设备系统主要包含激光器、数控系统、送粉系统、监测与控制系统、气氛控制系统。

激光器作为高能热源，其性能将直接影响成形效率和质量，目前常用的激光器主要是 YAG 激光器、CO_2 激光器和光纤激光器，其中光纤激光器克服了 CO_2 激光器能量利用率低和 YAG 激光器成形精度差的缺点，有利于成形质量的提高。

数控系统除了具备最基本的速度精度和位置精度要求之外，还需对成形路径进行合理规划，选取零件成形的最佳工艺路径。

送粉系统要能将粉末材料连续、均匀、稳定、准确地送入熔池，同时还要能适应扫描路径的变化，如果送粉过程出现波动，将影响成形精度和质量，严重时将会导致成形过程不能继续。

监测与控制系统承担着收集成形过程中的成形信息和保障成形过程处于稳定状态的任务。其主要监测成形高度、熔池形貌和温度等参数，通过将采集的信息与所期望得到的信息进行对比，达到闭环控制的目的，从而保障成形质量和精度。

气氛控制系统可以有效防止成形过程中的氧化效应，避免成形过程中氧化效应给制件带来缺陷和损伤。

2）激光熔覆成形工艺参数

激光熔覆成形过程涉及多个工艺参数，主要包括粉末和基体的材料特性、环境条件、加工工艺参数等。

粉末和基体的材料特性包括粉末材料与基体材料的热物理参数的匹配性和对激光的吸收率，粉末材料与基体材料之间的润湿性和粉末材料在基体材料中的固溶度，粉末材料的形状、粒度与流动性等。

环境条件包括粉末材料与基体材料的预热及冷却条件、成形保护气体等。

加工工艺参数主要包括激光功率、扫描速度、送粉速率、激光光斑尺寸、多道搭接率、Z 轴单层抬升量等。对于固定的激光熔覆成形系统，如果成形材料、环境都已经确定，则只有加工工艺参数的变化才会对成形过程产生影响。加工工艺参数对成形的影响具体体现在两方面：从宏观上来看表现为成形形状、成形表面平整度、气孔、裂纹等特征；从微观上来看即显微组织形态、是否存在缺陷等情况[28]。

2.2.2 成形材料与工艺

在激光熔覆材料中，铁基材料和镍基材料是常用的两种材料。但相对镍基材料而言，铁基材料不仅可缓解在激光熔覆成本上的压力，而且具有与镍基材料同样优越的性能。

现今激光熔覆粉末材料还未形成完整统一的体系，但随着在合金成分中加入各微量元素和稀土元素的探索出现进展，熔覆粉末技术也在不断进步。国内外合金粉末研制公司对本公司生产的粉末材料都有特定的命名和成分配比。目前，国内也拥有使用成熟和具有统一牌号的合金粉末材料，并已在激光熔覆、热喷涂、3D 打印等领域得到广泛应用[29]。

技术工艺的材料适用性决定了其能否在某一工程领域得到应用。结合工程应用领域的需求和激光熔覆成形技术的优势，目前，激光熔覆成形技术面向的材料除金属材料如钛合金、镍基高温合金、铁基合金外等，还有 TiC/Ni 功能梯度材料、WC-Co 金属陶瓷、三元及多元储氢合金等特殊性能材料。钛合金因具有密度低、比强度高、耐蚀性优异等特点，在航空制造（如航空发动机、飞机机体的制造）领域和生物医学等领域应用广泛。传统制造技术工序长、工艺复杂、材料利用率低、生产成本高，采用激光熔覆成形技术进行钛合金材料成形可以有效解决上述问题。国内外学者们进行了钛合金材料激光熔覆成形技术的研究工作，采用的具体材料有 TC4、TA15、TC11、TC15、TC21 等，参与研究的单位主要有英国伯明翰大学、美国德克萨斯大学、美国伍斯特理工学院、北京航空航天大学、西北工业大学等。

学者们对应用于飞机制造领域的钛合金激光熔覆成形工艺进行深入研究，

结果表明制备的样件性能略低于锻件，经过优化工艺或者热处理等方法，样件性能可以达到锻件水平。美国德克萨斯大学 Murr 等人[30]进行生物医学领域激光熔覆成形 TC4 钛合金工艺的研究，成功制造出人体膝关节，测试结果表明激光熔覆成形样件的拉伸强度比锻件提高了 50%。早在 20 世纪末，美国 Los Alamos 国家实验室就对 Inconel 690 镍基高温合金进行了激光熔覆成形的研究，制备的零件高度达 356 mm 且零件表面精度良好。由于镍基高温合金具有良好的高温性能，在核工业、航空工业等领域具有广泛的应用，激光熔覆成形镍基高温合金一直是学者们研究的热点[31]。主要研究材料有：Inconel 625、Inconel 718、Inconel 738、Inconel 939、FGH95 等。

南京航空航天大学机电学院激光快速成形研究团队对激光熔覆成形镍基高温合金进行了系统的研究，研究内容包括激光熔覆成形工艺、缺陷控制、仿真软件等。经研究他们得出结论：激光熔覆成形过程中镍基高温合金为不完全液相烧结，材料在凝固过程中存在均匀形核现象，熔覆层组织中除了枝晶组织外还有大量等轴晶组织。成形的制件存在微观孔隙、裂纹等缺陷，通过合理控制工艺能对缺陷的消除起到一定作用。

在铁基合金激光熔覆成形材料应用领域，从事 316L 不锈钢材料研究工作的学者比较多，这主要是因为 316L 不锈钢的耐蚀、耐热性能较好，应用范围广泛。美国 Los Alamos 国家实验室、英国曼彻斯特大学、华中科技大学、西北工业大学、上海交通大学等单位都进行了 316L 不锈钢材料激光熔覆成形工艺研究。通过研究熔覆层开裂机理人们发现，裂纹主要沿着枝晶晶界产生，经过改进工艺设备和进行工艺控制，能够有效抑制裂纹等缺陷的产生，使得激光熔覆成形的 316L 不锈钢零件具有良好的精度和性能。力学性能测试证明，激光熔覆成形 316L 不锈钢零件的力学性能优于锻造后退火的零件和精密锻造的零件。

稀土元素有“工业维生素”的美誉，当前科学家们发现的稀土元素共 17 种，其中钇(Y)、铈(Ce)、镧(La)三种元素较为常见。稀土元素的电负性低，且具有某些特殊的化学活性，在金属材料中掺入稀土元素可以改善其性能。和辅助工艺不同，稀土强化激光熔覆层是从熔覆材料的角度来解决熔覆层存在的问题。在熔覆粉末中掺入适量稀土元素，有利于减少熔覆层中气孔、裂纹等缺陷，提高熔覆层性能。汪新衡等人[32]研究分析了 CeO_2 对镍基金属陶瓷熔覆层组织和耐蚀、耐磨性能的影响，CeO_2 质量分数在 0.6% 时熔覆层中气孔、裂纹和夹杂物较少，组织中晶粒较细，同时熔覆层耐蚀性能比未添加 CeO_2 时提高 1.5 倍，耐磨性能提高 1 倍。马兴伟等人[33]研究了稀土氧化物 La_2O_3 对激光熔覆铁铝基合金组织和摩擦性能的影响，结果表明稀土氧化物的掺入（La_2O_3 质量分数为 1%）减少甚至消除了合金熔覆层中的孔洞，降低了熔覆层的摩擦系数。还有研究人员在 Inconel 738 镍基合金粉末中加入不同比例的稀土氧化物 Y_2O_3，研究稀土在控制熔覆层裂纹方面的作用。经对比分析得出，Y_2O_3 质量分数为 0.1% 时熔覆层中几乎没有裂纹，熔覆层表面光滑平整。稀土元素在熔覆层中主要以稀土氧化物、晶界固溶物和金属间化合物三种形式存在，强烈地富集于晶界处，起到了微合金化和去除晶界杂质的作用。熔覆层中形成的金属间化合物能够改善金属表面的抗氧化性能。稀土元素能够改善液态金属的流动性和润湿性，从而减少气孔和裂纹等缺陷，细化晶粒，提高熔覆层表面质量，增强耐磨和耐蚀等性能。

高频感应辅助、超声振动辅助和掺加稀土元素三种方法在解决激光熔覆层存在的问题方面都具有一定的优缺点。高频感应和超声振动辅助工艺利于实现与激光熔覆成形技术的耦合。在激光熔覆进行的过程中引入第二能量场——电场和超声波能量场，能够改善材料凝固过程中熔覆层能量分布，材料在多场耦合的环境中结晶。第二能量场可对熔池及熔覆层起到一定的搅拌作用，从而使熔覆层组织生长均匀、晶粒细化，同时能够减少气孔、裂纹等缺陷。但是这两种辅助工艺对激光熔覆层的强化深度有限，使熔覆层性能的提升略显不足，并且电场和超声波场的控制难度较大，设备系统比较复杂。稀土元素对材料有变质、净化、强化等作用，在熔覆粉末中添加适量的稀土元素可以引导粉末有序结晶、细化熔覆层组织同时使其趋于均匀化，从而提高熔覆层耐磨、耐蚀、抗氧化等性能，在不添加辅助工艺的情况下，达到激光熔覆层晶粒细化、缺陷控制等目的，降低激光熔覆成形工艺的复杂性。这种方法不受熔覆层尺寸的影响，可以实现整个熔覆层的强化。然而，稀土元素较为昂贵，采用这种方法将提高生产成本，且该方法不易实现在工业中的应用。同时粉末材料和稀土元素的匹配情况比较复杂，增加了这项技术的工艺难度。

2.2.3 成形组织性能

从宏观上来看，激光熔覆成形制件的尺寸精度和形状精度还达不到理想要求，往往存在着气孔和表面不平整情况；从微观上来看，制件微观组织性能难以控制，易产生裂纹及脆性断裂。这些问题关系着激光熔覆成形制件能否达到所需性能要求，究其原因在于：① 熔覆成形过程涉及的因素很多，包括加工工艺因素、金属粉末特性、环境因素等，这些因素在熔覆成形的极端工艺条件下表现较为复杂，且存在着多参数的相互耦合，因此对其理论建模十分困难；② 熔覆成形过程涉及金属粉末快速熔化和凝固过程，熔池内部高温和熔融金属液的剧烈流动使得熔覆组织性能很难控制。决定金属零件成形质量的关键因素就是单道熔覆层的高度、宽度以及表面成形质量。单道熔覆层质量的好坏直接决定着整个熔覆件的质量和成形效率。研究激光熔覆工艺参数对单道熔覆层高度、宽度以及制件表面质量的影响对最终控制成形质量有决定性的意义[34]。从图 2-14 可发现，随着扫描速度的增大，熔覆层表面的亮度变得越来越低，表面粗糙程度增大。这是因为扫描速度快、能量吸收不足，部分未熔化的粉末在表面形成了半熔化的黏结堆积点。

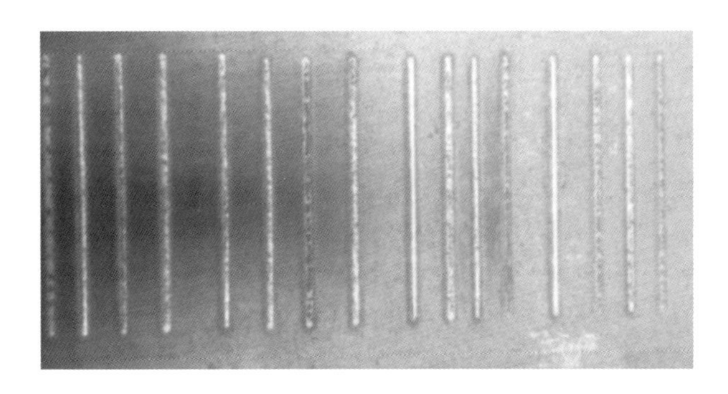

图 2-14　正交试验单道熔覆层形貌

在其他条件确定不变的情况下，熔覆层的高度、宽度均随扫描速度的增加而降低（见图 2-15）。分析原因可知，扫描速度的增加，使得单位时间内落入熔池的粉末量相对减少。同时，激光束与粉末接触时间变短，粉末没有充足的时间来吸收必要的能量。随着激光功率的不断增加，单道熔覆层的高度、宽度整体随之增大，增加幅度较为明显。因为功率较低时，基体与熔覆材料均不能得到充足的能量，熔池面积不足，导致单道熔覆层宽度和高度均较低。在这种情况下，少部分未熔化的粉末残留在表面，以致单道熔覆层表面不太光滑。随着送粉速率的增大，单道熔覆层的高度逐渐增大，且增加趋势较平稳。在一定范围内单道熔覆层宽度也平稳增加，随后减小。随着离焦量的增大，单道熔覆层高度越来越小，而宽度则先增大后减小，且变化不太明显。这是因为：在正离焦情况下，随着离焦量增大，光斑逐渐变小，成形宽度也就自然随之减小。但是光斑直径变小，光束的能量密度便增大，就会使成形时单位时间内熔融金属液体积有所增加，因而表现为高度增加。当离焦量进入负离焦区域时光斑直径将会

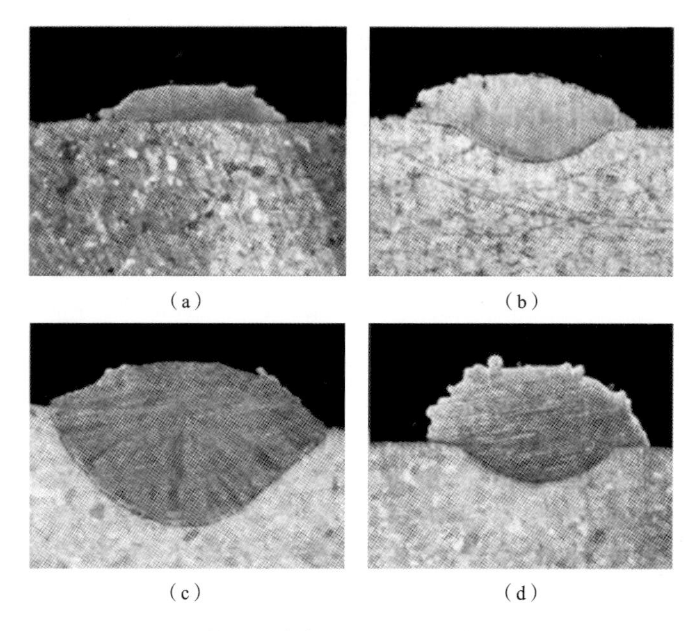

图 2-15　熔覆层的高度、宽度随扫描速度的变化

(a) v=3 mm/s,未形成熔池;(b) v=2.5 mm/s,未形成有效熔池;

(c) v=2 mm/s,熔池太深;(d) v=1.5 mm/s,未形成有效熔池

随离焦量的增大而变大,激光束能量密度开始降低。虽然光斑开始变大,进入熔池的粉末量增加,但是由于能量密度降低,部分粉末不能完全熔化,从而减少了单位时间内成形的体积,因此单道熔覆层高度和宽度此时略有下降。

激光熔覆成形过程中熔覆层的显微组织形貌及其性能随着工艺参数的变化而发生变化,工艺参数选择不当,会产生裂纹、气孔、脆性断裂等缺陷,影响成形件的宏观力学性能[35],因此研究工艺参数对成形组织与性能的影响十分重要。张霜银等人[36]研究了激光功率、扫描速度、搭接率和 Z 轴单层抬升量对 TC4 钛合金组织及成形质量的影响规律,获得了具有致密冶金结合组织、力学性能达到锻件水平的制件,探讨了工艺参数对单道熔覆层晶粒类型和形貌的影响规律,通过多道搭接试验和多层堆积试验分别确定了最优搭接率和最优 Z 轴单层抬升量。张庆茂等人[37]研究了镍基合金覆层质量与工艺参数之间的关系,解释了扫描速度和送粉速率对熔覆层稀释率的影响规律,对不同工艺参数下熔覆层宏观形貌做了测量,得出了激光能量与送粉量之间的匹配关系,为工艺参数优化提供了理论与实验基础;从镍合金熔覆层金相组织及残余应力角度分析了熔覆层裂纹产生的原因，提出了裂纹控制策略，通过对合金成分进行调节和对熔池引入超声振动，优化工艺参数，获得了良好的成形组织，在提高熔覆层的塑性和韧性的同时使得熔覆层残余拉应力减小，因而达到减少或消除裂纹的目的。Kaul 等人[38]通过在奥氏体不锈钢表面熔覆镍基合金涂层，确定了工艺参数与熔覆层稀释率大小的关系，并尝试通过调整工艺参数来达到控制加热和冷却速率的目的，从而抑制或消除熔覆层裂纹。

综上所述，熔覆层质量控制一直是一个难题，大量学者在这方面做出了不懈的努力，可以总结为：确定工艺参数与熔覆层组织及质量的关系，据此优化工艺参数；在熔覆粉末中添加稀土氧化物以及韧性相（添加稀土氧化物可以起到晶粒细化和组织净化的效果，添加韧性相可使熔覆层韧性提高）有利于抑制裂纹的产生和扩张；成形前对基体材料进行预热以降低熔池的温度梯度，成形后对制件进行热处理，可以修复熔覆层组织。

2.2.4 应用与发展

利用激光熔覆成形技术不仅可在无模具的情况下生产出性能较好的复杂结构金属零件，同时还可在低成本钢板上涂覆具有特殊性能的合金，替代整体合金，起到节约贵重、稀有金属材料的作用。在金属零部件修复方面，该技术也可应用于消除某些具有特殊、复杂形状和较大体积零件的制造缺陷，以及修复误加工导致的零件损伤。激光熔覆成形的材料体系包括钨基合金、钛合金、不锈钢、镍基合金等。在航空航天工业领域，应用钛合金的激光熔覆成形技术已经相当成熟，已经在向实际工程应用阶段转换；而在其他工业领域，应用不锈钢、镍基合金等传统材料的激光熔覆成形技术还需要克服在材料特性、组织性能调控、成形缺陷控制等方面的一些问题。

1. 制备钛合金表面复合材料层

李福泉等人对 TC4 表面进行了丝粉同步激光熔覆制备金属基表面复合材料层研究[39]。选取 TC4 ELI 丝材及单晶 WC 颗粒，通过同轴送入 WC 颗粒、旁轴添加与基材同质丝材的方式制备复合材料层。丝粉同步添加可以调节钛基体与 WC 增强相之间的比例，提高 TC4 的耐磨损性能。典型的激光熔覆成形（采用送粉方式）再制造零件包括坦克凸轮轴、重载汽车发动机铸铁缸盖及渗碳齿轮、中锰抗冲击耐磨件、高速列车车轴、大型压缩机叶轮及轴件等[40]。

最具代表性的是美国 Aero Met 公司利用其开发的商品化的 Lasform SM 系统，为美国的 F-22 战斗机、F/A-18E/F 战斗机、C-17 运输机等生产了各类激光熔覆成形的钛合金构件，这些构件不仅在性能上优于传统加工工艺条件下制造的构件，而且其制造成本降低了 40%，生产期缩短 80%。

目前我国各科研单位在这方面也取得了不错的成果，如北京航空航天大学王华明教授所带领的团队，利用激光熔覆成形工艺制备出的飞机钛合金次承力结构件性能达到模锻件水平，在许多关键技术的应用上取得巨大突破，成功实现飞机上的装机应用，我国因而成为继美国之后世界上第二个实现激光熔覆成形钛合金结构件在飞机上实际装机应用的国家。另外，西北工业大学、北京有色金属研究总院、中国科学院沈阳自动化研究所等一大批科研单位也为激光熔覆成形关键技术的攻关做出了巨大贡献。

图 2-16 所示为美国 Sandia 国家实验室激光熔覆成形制件。

图 2-16　美国 Sandia 国家实验室的激光熔覆成形制件

2. 制备梯度功能材料

梯度功能材料是一种化学成分和组织性能呈梯度过渡变化的材料，可根据不同性能要求在不同部位获得所需要的组织和成分。美国 Los Alamos 国家实验室利用其自行开发的激光熔覆成形系统（该系统采用五轴数控机床，可以同时输送四种不同粉末），通过控制不同粉末成分比例实现了功能梯度材料和悬臂零件的制造，样件精度达到 0.12 mm，表面粗糙度达 10 μm。Mazumde 等人利用激光熔覆成形技术制造出 Cu/Ni、Ni/Cr 梯度功能件。西北工业大学利用激光熔覆成形技术制备出具备梯度功能的涡轮发动机叶轮，大大提高了涡轮发动机叶轮的使用寿命，并分别制备了 Ti60-Ti2Al-Nb 和 Ti-Ti2Al-Nb 功能梯度材料，研究了不同材料组织与相演变的关系。

3. 制造模具

模具的大部分冷却通道都在模具内部，形状比较复杂，采用传统的加工方法加工效率低，制造成本高并且加工质量难以保证，而激光熔覆成形技术则克服了这些缺点，可以制造出内部具有复杂冷却通道的模具，加快模具散热，减小零件的变形，同时也可提高零件的生产效率，为模具的快速制造提供了新的思路[41]。

此外，激光熔覆成形技术由于其独特的成形原理，能够实现个性化设计和生产，能够制备出致密和/或多孔的制件，在生物医用器械、人工肢体及骨骼、关节功能替代植入体制造方面有巨大的应用潜力[42]。

第3章 电子束金属3D打印技术

3.1 电子束选区熔化技术

3.1.1 成形原理与装备

对于高熔点的材料，3D打印需要依赖高能量密度的热源。目前用于3D打印的热源主要为激光和电子束。相对于目前使用较多的激光，电子束的热能转换效率更高，材料对电子束能的吸收率更高、反射更小。因此，电子束可以形成更高的熔池温度，成形一些高熔点材料甚至陶瓷。并且，电子束的穿透能力更强，可以完全熔化更厚的粉末层。在EBSM工艺中，粉末层厚度可超过75 μm，甚至达到200 μm，而且EBSM工艺在保持高沉积效率的同时，依然能够保证良好的层间结合质量。同时，EBSM技术对粉末的粒径要求较低，可成形的金属粉末粒径范围为45～105 μm甚至更大，降低了粉末耗材成本[43]。

基于粉末层的EBSM是一种新型的3D打印技术，电子束的作用深度较大，在真空环境下可有效地高速扫描和加热熔化预置合金粉末层，能够按照零件的截面轮廓，通过不断地逐层熔化和凝固，使金属粉末叠加，最终直接成形内部组织致密的三维零部件。而且整个成形过程灵活度较高，可制造外形轮廓和结构复杂的零部件、多孔结构。

随着近年来EBSM工艺在医疗、航空航天等领域得到广泛认可和应用，EBSM装备的开发也逐渐被国内外研究机构（主要有瑞典Arcam AB公司以及国内的清华大学、西北有色金属研究院、上海交通大学等）高度关注。

瑞典Arcam AB公司是首家将EBSM成形装备商业化的企业[44]。瑞典Arcam AB公司于2001年申请了利用电子束在粉末床上逐层制造三维零件的专利，并于2002年研发出相应的原型机，2003年推出第一台EBSM商业化装备EBM S12。随后又相继推出A1、A2、A2X、A2XX、Q10、Q20等多个型号的商业化 EBSM 装备，并同时向用户提供 TC4、TC4 ELI、Ti Grade-2 和 ASTM F75 Co-Cr 等四种标准配置的球形粉末材料。目前，全球有超过 100 台该公司的装备投入使用，主要应用在医疗植入体和航天航空领域。Arcam AB 公司研发的 EBSM 装备性能稳定，但对标准配置材料以外的其他材料的兼容性不足。

图 3-1 所示即 Arcam AB 公司生产的商业化 EBSM 成形设备。如图 3-2 所示，该设备的工作原理是：在真空环境下，取粉器铺放一层预设厚度（通常为 30～70 μm）的粉末在成形平台上；电子束按照 CAD 文件规划的路径扫描并选择性熔化粉末材料；扫描且完成上一层成形后，成形平台下降一个粉末层厚的高度，取粉器重新铺放一层粉末，电子束继续选择性熔化三维模型的下一个截面，使之与上一个截面结合。这个逐层铺粉—熔化的过程反复进行，直到零件成形完毕。EBSM 技术的主要特点有[45]：属于近净成形，尺寸精度能达到 ±0.02 mm；可制造形状复杂的零件和空腔、网格结构；成形在真空环境中进行，可避免材料氧化；成形环境温度高（700 ℃以上），零件残余应力小；表面质量较高，表面粗糙度 *Ra* 为 25～35 μm；成形效率较高，达到 55～80 cm^3/h；成形过后的剩余粉末可以回收再利用；成形腔尺寸受限制，目前最大尺寸为 ϕ350 mm ×380 mm；成形过程中铝元素含量有损失，可通过调节粉末成分弥补；成形材料显微组织与力学性能具有各向异性。

图 3-1 Arcam AB **公司商业化** EBSM **成形设备**

EBSM 工艺利用磁偏转线圈产生变化的磁场驱使电子束在粉末层上快速移动、扫描。在熔化粉末层之前，电子束可以快速扫描、预热粉床，温度

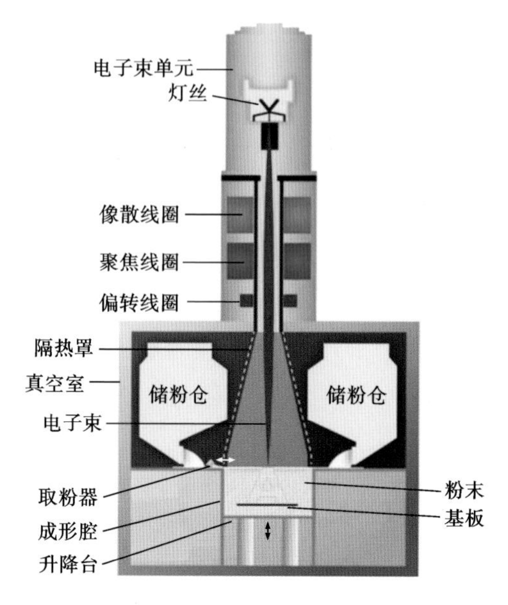

图 3-2　EBSM 设备结构图

均匀上升至较高温度(大于 700 ℃),从而可减小热应力集中,降低成形过程中制件翘曲变形的风险;制件的残余应力小,可以省去后续的热处理工序。

综上所述,以能量密度更高的电子束为热源的 EBSM 工艺可以提高金属零件的质量和成形效率,降低成形成本。另外,EBSM 是在高真空环境下制造零件的,可以保护材料不受氮、氢、氧等的污染,甚至有去除杂质提纯的作用。

清华大学激光快速成形中心从 2004 年至今,对粉末铺设系统、电子束扫描控制系统等在内的 EBSM 成形装备关键技术展开深入研究,于国内率先取得 EBSM 设备专利,研制了具有自主知识产权 EBSM-150 和 EBSM-250 实验系统(见图 3-3)。系统的电子束功率为 3 kW,电子束束斑直径为 200 μm,具有 250 mm×250 mm×250 mm 和 100 mm×100 mm×100 mm 两种尺寸的成形缸。系统采用主动式送粉方式、高柔性铺粉方法,系统的稳定性和容错性好,可以兼容多种金属材料和工艺参数,适用于新材料的 3D 打印成形工艺研究和金属零件的小批量生产。此外,EBSM-250 系统不仅可用一种粉末材料制造单一成分的零件,还具备双金属粉末 EBSM 成形能力,可利用两种金属粉末材料制造 Z 方向材料成分变化的梯度结构,实现“材料可设计性”。2015 年,该技术依托清华大学天津高端装备研究院实现了产业化,进一步推动了我国在 EBSM 领域的技术进步和产业发展。

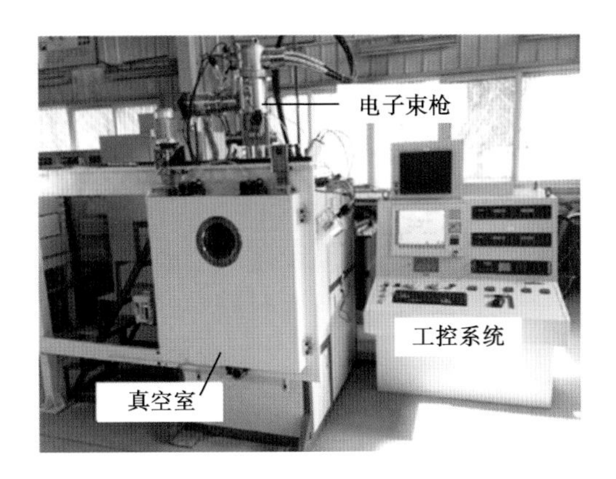

图 3-3 清华大学研制的 EBSM 系统

3.1.2 成形材料与工艺

目前文献报道的 EBSM 成形材料涵盖了不锈钢、钛及钛合金、钴铬钼合金、钛铝基合金、镍基高温合金、铝合金、铜合金和铌合金等多种金属及合金材料[46]。其中 EBSM 成形用钛合金是研究最多的合金,关于其力学性能的报道较多。表 3-1 给出了瑞典 Arcam AB 公司 EBSM 成形用 TC4 钛合金的室温力学性能。

表 3-1 EBSM 成形用 TC4 钛合金的室温力学性能

材料	方向	$R_{p0.2}$/MPa	R_m/MPa	A/(%)	Z/(%)	K_{IC}/(MPa·$m^{\frac{1}{2}}$)	S/MPa
沉积态	Z	879±110	953±84	14±0.1	46±0	78.8±1.9	382 ~ 398
	X、Y	870±70	971±30	12±0.4	35±1	97.9±1.0	442 ~ 458
热等静压态	Z	868±25	942±24	13±0.1	44±1	83.7±0.8	532 ~ 568
	X、Y	867±55	959±79	14±0.1	37±1	99.8±1.1	531 ~ 549
锻造退火标准状态	—	825	895	8~10	25	50	—

由表 3-1 可以看出,无论是沉积态,还是热等静压态,EBSM 成形 TC4 制件的室温抗拉强度、塑性、断裂韧度和高周疲劳强度等主要力学性能指标均能达

到锻件标准，但是沉积态制件力学性能存在明显的各向异性，且分散性较大。经热等静压处理后，虽然抗拉强度有所降低，但断裂韧度和疲劳强度等动载力学性能却得到明显改善，且制件各向异性基本消失。生物医用钴铬钼合金，经过热处理之后其静态力学性能能够达到医用标准要求，并且热等静压处理后其高周疲劳强度达到 400～500 MPa（循环 10^7 次），此外，Sun 等人[47]在研究中还发现，EBSM 成形钴铬钼合金制件经时效处理后，高温（700 ℃）抗拉强度高达 806 MPa。对于目前在航空航天领域广受关注的 γ-钛铝金属间化合物，Biamino 等人[48]的研究表明，EBSM 成形 Ti-48Al-2Cr-2Nb 合金制件（见图 3-4）在热处理（双态组织）或热等静压处理（等轴组织）后具有与铸件相当的力学性能。同时，意大利 Avio 公司的研究进一步指出，EBSM 成形钛铝合金制件的室温和高温疲劳强度同样能够达到现有铸件技术水平，并且表现出比铸件优异的裂纹扩展抗力和与镍基高温合金相当的高温蠕变性能[49]。

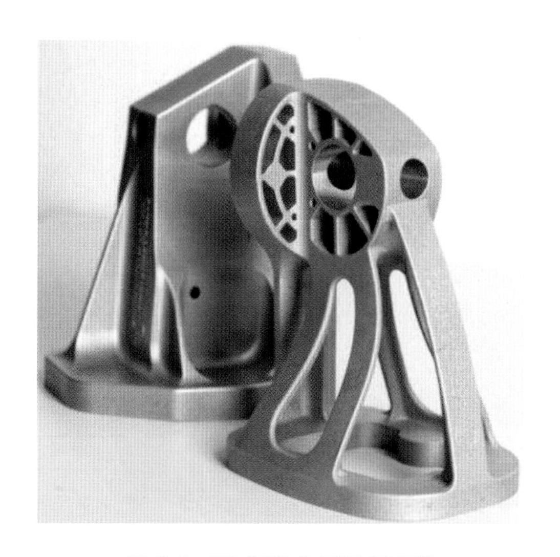

图 3-4　3D 打印金属机翼支架

对于在航空航天领域备受关注的镍基高温合金，Murr 等人[50]的研究结果表明，EBSM 成形 Inconel 625 合金制件的力学性能与锻件还存在一定的差距。令人鼓舞的是，在 2014 年瑞典 Arcam AB 公司用户年会上，美国橡树岭国家实验室（ORNL）的研究人员报道，采用航空航天领域应用最为广泛的 Inconel 718 合金进行 EBSM 成形所得到的制件的静态力学性能已经基本达到锻件的性能水平。

总之，目前 EBSM 成形制件的力学性能已经达到或超过传统的铸件，且部分材料制件的力学性能达到锻件水平。部分制件如镍基高温合金制件性能与锻件还存在一定的差距，这与 EBSM 成形材料存在气孔、裂纹等冶金缺陷有关；还有部分原因在于传统材料的合金成分和热处理工艺均根据铸造或锻造等传统技术设计，不能充分发挥 EBSM 技术的优势。

3.1.3 成形组织性能

目前报道的 EBSM 成形材料，包括钛铝金属间化合物，均具有如图 3-5(a) 所示的柱状晶组织。Al-Bermani 等人[51]通过对两种典型工艺条件下电子束熔池形状和凝固条件的计算指出，在 EBSM 成形过程中，电子束熔化粉末形成的微小熔池具有单方向散热的传热特征。凝固是熔池中的液态金属从固相基体向外生长的过程，对于 TC4 合金，凝固界面处温度梯度和凝固速度的比值较大，如图 3-6 所示。熔池中的凝固组织大部分落在柱状晶生长范围内，因此

(a)

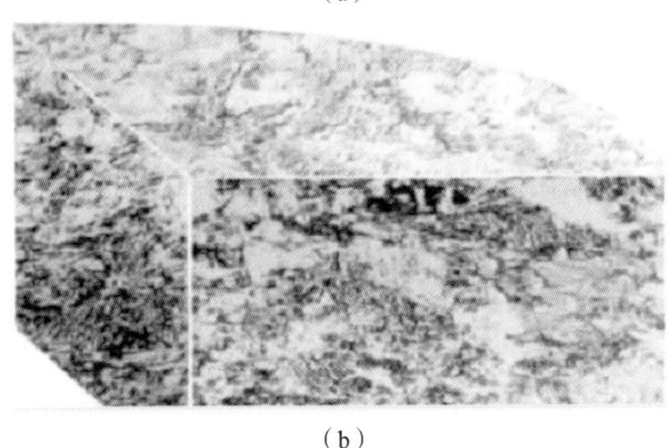

(b)

图 3-5 熔池中的凝固组织柱状晶生长

(a) TC4 合金；(b) 钛铝合金

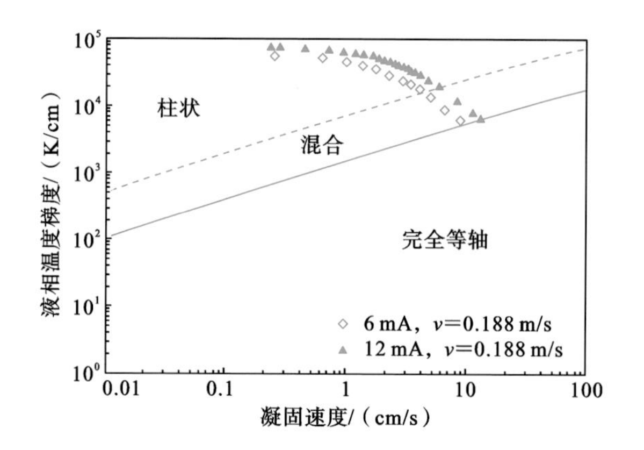

图 3-6　两种典型 EBSM 工艺条件下的 TC4 合金凝固图

EBSM成形中 TC4 合金呈现出强制性凝固柱状生长的特点，导致 EBSM 成形制件力学性能表现出一定的各向异性。目前国内外还没有关于 EBSM 成形钛铝合金制件过程中电子束熔池凝固条件计算的报道。EBSM 成形钛铝合金会得到非柱状晶组织，其原因之一是成形过程中，为减少变形开裂现象的发生，常需要较高的预热温度，熔池凝固界面温度梯度较小；另一个原因是，铝合金中第二组元含量高，熔池凝固过程是高溶质含量体系的包晶凝固过程。

1. EBSM 成形过程分析

EBSM 技术出现十余年来，研究者们不断通过实验或模拟的手段来加深对 EBSM 工艺的认识，不断提高工艺控制的水平。如图 3-7 所示，在 EBSM 成形过程中，各个物理场相互叠加影响，产生了一系列复杂的物理现象。由于各个

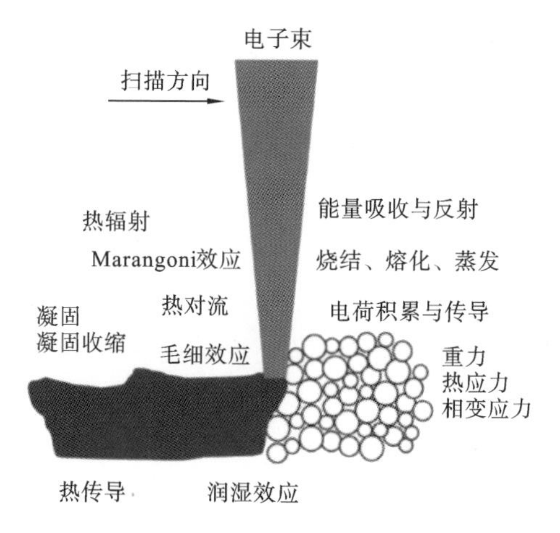

图 3-7　EBSM 成形过程中的物理现象[52]

因素的综合作用,电子束形成的熔池虽然寿命极短(毫秒数量级),却呈现高度动态性,最终影响材料的沉积过程以及导致缺陷的形成。

1) 预置粉末层的溃散

在 EBSM 工艺中,预置的粉末层会在电子束的作用下溃散,离开预先的铺设位置,产生“吹粉”现象。“吹粉”现象会导致制件孔隙缺陷,甚至导致成形中断或失败。德国的 Milberg 等人[53]利用高速摄影技术观测了“吹粉”现象(见图 3-8),针对可能导致“吹粉”现象的因素进行了理论计算,认为导电性能差的粉末颗粒在电子束作用下带上静电是粉末层溃散的主要原因。由于粉末颗粒上积累了一定的电荷,粉末颗粒之间、粉末颗粒与底板之间以及粉末颗粒与入射电子之间均存在电荷斥力,当电荷斥力超过一定值时,粉末在被电子束熔化之前就会离开原位置,从而产生“吹粉”现象。清华大学韩建栋等人[54]研究发现,与粉末层溃散相关的因素主要有粉末材料流动性、电子束功率、电子束扫描速度。粉末材料流动性越好,电子束功率越大,扫描速度越快,粉末层越容易溃散。“吹粉”现象的深层机理以及定量化的判断准则目前尚不明确,有待进一步研究。

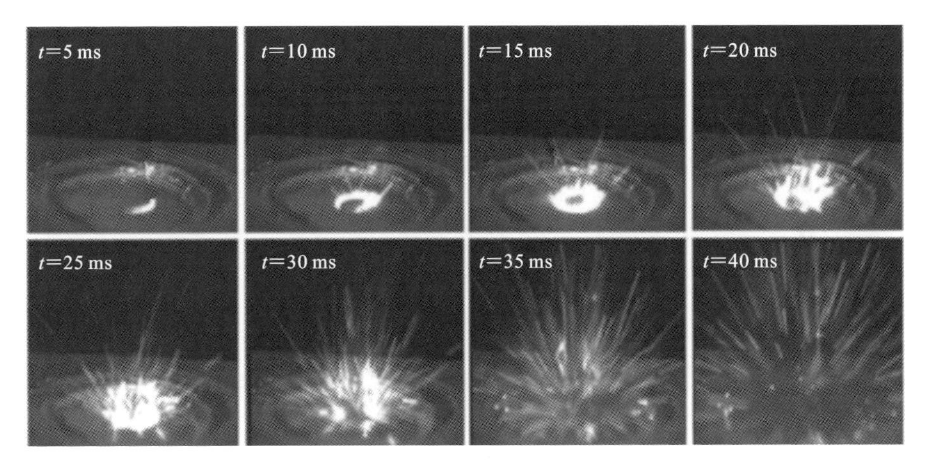

图 3-8 高速摄影拍摄的“吹粉”现象

为防止粉末层溃散,部分研究者从粉末材料的形状入手进行研究。将球形粉末与非球形粉末按一定比例混合,降低粉末流动性,有效地防止了成形过程中的粉末层溃散。研究者们还从成形工艺入手开展研究,提出采用沉积前电子束预热底板、电子束光栅式扫描预热粉末层等方法来防止粉末层的溃散。通过底板预热和粉末层预热,粉床被轻微烧结,这样一方面提高了电导率,减小了电荷积累,另一方面,微烧结的粉床具有一定强度,可抵消电荷斥力,避免粉末被电子束“吹走”。

2）孔隙缺陷的形成

内部孔隙是 EBSM 成形制件的主要缺陷形式，对制件的力学性能有不利影响。球化效应是激光选区熔化或 EBSM 工艺中经常出现的现象，常导致孔隙缺陷的形成。球化效应是指粉末材料被电子束熔化后形成的扫描道不连续，分离为一连串球形颗粒。Rayleigh 等人[55]建立了简化的液柱模型，用液柱的毛细不稳定性解释了球化效应。当液柱所受扰动的波长超过液柱的周长时，液柱倾向于分裂为一连串球形液滴，获得最低的表面能。EBSM 工艺过程中熔池的流体动力学现象要比简化的液柱模型复杂得多，更好地解释了孔隙缺陷形成的原因。Körner 等人[56]建立了电子束熔化粉末层的细观模型，通过对粉末进行建模，考虑了包括热对流、热传导、毛细作用、润湿效应等多个物理现象，模拟了球化效应的发生以及孔隙缺陷的形成和扩展过程。图 3-9 所示是能量输入不足时多层沉积的模拟结果，从图中可以看到大量不规则的孔隙，孔隙中有未熔化的粉末颗粒，部分大尺寸孔隙贯穿多层[57]。在相对优化的成形参数下，采用 EBSM工艺可以得到高度致密的制件，致密度超过 99%，制件中仍有一些小的孔隙缺陷。缺陷可能有两种：① 在工艺过程中引入的缺陷。这是由于局部能量输入不足，引发了层间结合不佳。② 粉末原材料引入的缺陷。制粉工艺中部分粉末颗粒中卷入了气体，造成空心粉末，这些气孔残留在制件中。通过对制件进行热等静压后处理，可以使部分孔隙闭合。

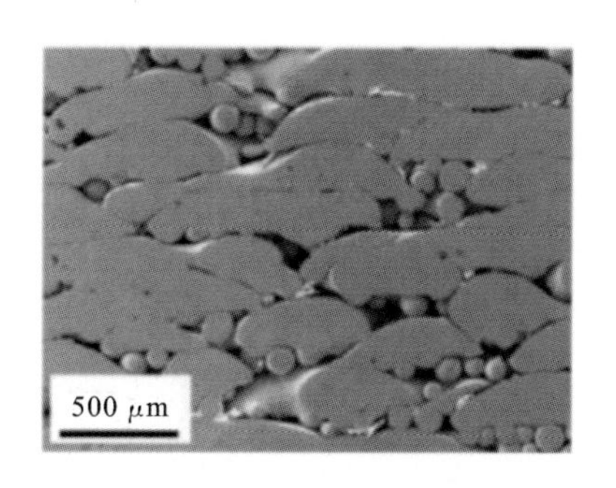

图 3-9　内部孔隙

电子束形成的高温熔池与粉床基础温度存在较大温差，会导致热应力的产生。熔池在粉床表面快速移动，粉料被快速加热、熔化及冷却，在应力（包括热应力及一定的凝固收缩应力和相变应力）水平超过材料的许用强度时，将导致零件翘曲（见图 3-10）甚至开裂。提高温度场的均匀性是避免 EBSM 成形制件翘曲和开裂的有效方法之一[58]。在 EBSM 工艺中，电子束在扫描截面之前，可以快速扫描、大面积加热粉床，使其温度上升至一定值，以减小截面熔化时粉床基础温度与熔池之间的温度差，从而避免热应力导致的翘曲或开裂。对于一些脆性材料，粉床温度甚至可以达到 1000 ℃以上。

图 3-10　EBSM 成形中的翘曲现象

也可以通过合理的扫描路径规划达到控制翘曲开裂的目的。电子束在磁场驱动下可以快速跳转，实现多点熔化。相对于单点熔化，多点熔化的温度场均匀性更好，应力水平更低。Matsumoto 等人[59]通过有限元分析指出，扫描线越长，EBSM 成形制件翘曲变形倾向越大。对于大面积的截面，较优化的路径规划方案是：将扫描区域分解为若干个子区域，以减小扫描线长度，降低成形过程中的热应力。

另外，研究发现，局部能量输入过高会导致制件表面变形。如图 3-11 所示，制件宽度约为 20 mm，当能量输入超过一定值时，制件表面不能保持平整，呈波浪形。表面变形的主要原因是：能量输入过高，熔池寿命较长，材料被熔化后未能凝固又被往复扫描的电子束加热，电子束的搅拌作用使得熔池剧烈流动，最终形成波浪状的表面形貌[50]。为避免表面变形，应当在扫描线较短的区域适当降低电子束功率。在利用 EBSM 工艺制造 TC4 宏观零件时，可通过改变成形

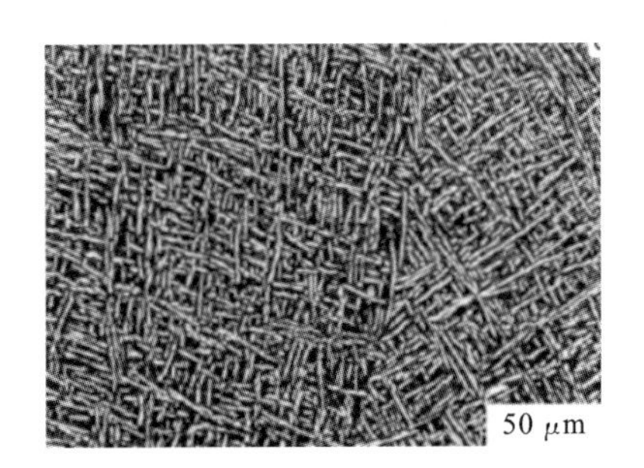

图 3-11　EBSM 成形的 TC4 制件初生组织

参数达到控制微观组织的目的，从而获得特定的性能，实现宏观成形、微观组织调控和性能控制的协调统一。用 EBSM 工艺成形的 TC4 制件的抗拉强度可达 0.9～1.45 GPa，断后伸长率可达 12%～14%，与相同材料的锻件相当。由于存在沿沉积方向的柱状晶，制件性能存在一定的各向异性。经热等静压处理后制件内部的孔隙闭合、组织均匀化，制件的抗拉强度有所降低，疲劳性能得到明显提高。

2. 不同金属材料 EBSM 成形制件的组织和性能

研究者们目前已经实现了多种金属材料，包括不锈钢、钛合金、钛铝基合金、钴铬合金、镍基高温合金、铝合金等的 EBSM 成形。下面对航空航天领域常用的 TC4 钛合金、广受关注的钛铝基合金及其梯度材料的 EBSM 成形制件的组织和性能进行介绍。

1）TC4 钛合金制件

钛合金具有比强度高、工作温度范围广、耐蚀能力强、生物相容性好等特性，在航空航天和医疗领域应用广泛。TC4 钛合金是目前 EBSM 成形研究中使用最多的金属材料之一。由于 EBSM 工艺中温度梯度主要是沿着零件沉积方向的，因此 EBSM 成形的 TC4 制件中可见沿沉积方向生长的比较粗大的柱状晶。柱状晶内的微观组织则非常细小，如图 3-12 所示，其主要为细针状的 α 相和 β 相组成的网篮组织[60]。一些制件顶部的薄层区域内的组织为马氏体，这揭示了 EBSM 成形 TC4 制件中的相转变过程：由于快速凝固，β 相转变为马氏体；在后续的沉积过程中，材料被多次加热，马氏体分解为 α/β 相。Antonysamy 等人[61]研究发现，β 柱状晶的生长方向还受制件形状的影响。Harbe 等人[62]还研究了零件尺寸、零件摆放方向、摆放位置、能量输入、零件底面至底板的距离等多个因素对微观组织的影响。

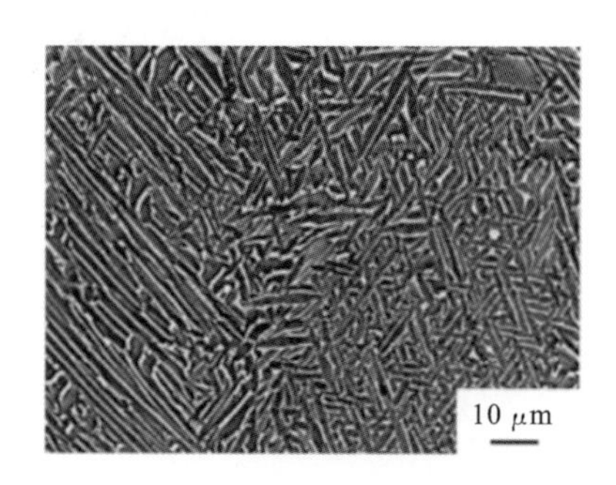

图 3-12　TC4 制件微晶组织

2）钛铝基合金制件

钛铝基合金也称钛铝基金属间化合物，是一种新型轻质的高温结构材料，被认为是最有希望代替镍基高温合金的备用材料之一。由于钛铝基合金室温脆性强，用传统的制造工艺成形钛铝基合金制件比较困难。最近几年，研究者们开始将 EBSM 技术应用于钛铝基合金的成形，取得了一定进展[56]。国内哈尔滨工业大学、清华大学、西北有色金属研究院均对钛铝基合金的 EBSM 成形进行了研究。研究表明，由于电子束的预热温度高，EBSM 成形技术可以有效避免成形过程中制件的开裂，是具有良好前景的钛铝基合金先进制造技术之一。

Biamino 等人[48]的研究工作表明，EBSM 成形的 Ti-48Al-2Cr-2Nb 钛铝基合金在经过热处理后将获得双态组织，经过热等静压处理后则获得等轴组织，制件具有与铸件相当的力学性能。较之于传统工艺成形钛铝基合金，EBSM 成形的 Ti-48Al-2Cr-2Nb 制件微观组织非常细小，具有明显的快速熔凝特征。采用多遍扫描工艺制备 Ti-48Al-2Cr-2Nb 钛铝基合金件，得到图 3-13 所示的细小的片层组织，层团尺寸为 10～30 μm。在多遍扫描工艺中，电子束扫描熔化截面后，重复扫描截面 1～2 遍，这样可起到热处理的作用。钛铝基合金的微观组织受热处理和冷却速率的影响，同时也受铝元素含量的影响。需要指出的是，EBSM 在高真空环境下进行，钛铝基合金中的低熔点金属铝会有不同程度的蒸发烧损，最终影响材料的化学成分和性能。

图 3-13　EBSM 成形 Ti-48Al-2Cr-2Nb 制件经热处理后得到双态组织

3）梯度材料制件

利用两种或两种以上材料进行 3D 打印成形梯度结构，可以获得单一材料难以具备的独特性能，满足某些复杂的工作环境要求。如在发动机叶片榫头处使用综合力学性能好的 TC4 钛合金材料，叶片部分使用高温性能优良的 Ti-48Al-2Cr-2Nb，在叶片与榫头的连接处实现两种材料的过渡。清华大学林峰团队利用自主研发的双金属 EBSM 系统实现了 TC4 钛合金和钛铝基合金 Ti-48Al-2Cr-2Nb 梯度材料的制备，过渡区致密无裂纹，并对不同区域的化学成分和微观组织进行了分析。图 3-14 所示是该梯度结构铝元素含量的分布情况，可见沿着成形高度方向，材料成分实现了逐层过渡。

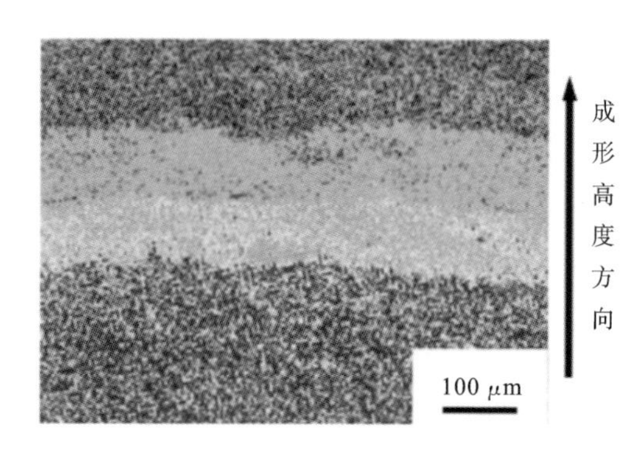

图 3-14　梯度结构铝元素含量的分布

3.1.4　应用与发展

1. EBSM 技术的应用

EBSM 技术采用金属（包括钛合金、钛基金属间化合物、不锈钢、钴铬合金、镍合金等）粉末为原材料，应用范围相当广泛，特别是在难熔、难加工材料的成形方面有突出表现，制件能实现高度复杂性并达到较高的力学性能，因此多用于航空飞行器及发动机多联叶片、机匣、散热器、支座、吊耳等结构的制造。目前 EBSM 技术所展现的技术优势已经得到广泛的认可，引起了诸如美国 GE 公司等知名企业和美国国家航空航天局、橡树岭国家实验室等研究机构的关注。人们投入了大量的人力物力进行 EBSM 技术的研究和开发，制备的零件主要包括复杂 TC4 零件、钛铝基金属间化合物零件及多孔性零件，并且已经在生物医疗、航空航天等领域有一定的应用。

美国橡树岭国家实验室是最早开展 EBSM 成形技术研究的机构之一，早在 2010 年开始就与洛克希德 · 马丁公司开展合作，主要研究钛合金以及镍合金等高附加价值材料。这些材料难以加工，用 EBSM 成形可提高材料利用率，降低成本。项目选择的零件之一是 F-35 战斗机的空气泄漏检测支架（bleed air leak detect,BALD),采用 TC4 材料制备,安装在靠近发动机的高温部分。BALD 被定义为轻载荷的三级结构,制件装机应用的认证过程相对容易。对于采用新技术制造的航空结构件,重要的是力学性能的稳定性和一致性。此项目评价了 EBSM 成形的多个 TC4 合金 BALD 零件的力学性能,结果显示材料的平均抗拉强度为 952±25 MPa,断后伸长率为 14.4%±2.2%,满足 ASTM 标准要求;成形零件氧元素含量(0.17%)也符合标准。BALD 属于薄壁结构,如果采用传统的机械加工方法,材料利用率只有 3%;而采用 EBSM 技术,材料利用率接近 100%。成本分析显示 EBSM 技术生产的 BALD 零件的成本(包括热等静压与表面处理)相比传统方法降低了 50%[63]。

GE-Avio 公司在 EBSM 成形技术方面也处于国际领先地位。其采用 EBSM 技术成形的钛合金除油器(deoiler)部件已经通过飞行测试,这种蜂窝结构是传统制造方法难以实现的。此外,该公司首次将 EBSM 技术应用到钛铝基金属间化合物零件的制造上,用 EBSM 技术代替了原有的铸造成形技术。目前,其采用 EBSM 技术成形的钛铝基合金发动机低压涡轮(见图 3-15)已经进入工厂测试阶段。

图 3-15　发动机低压涡轮

近年来,国内相关单位也关注了 EBSM 成形技术的发展。2007 年以来,中航工业北京航空制造工程研究所开发了电子束扫描技术、精密铺粉技术、成形控制技术等装备核心技术。针对航空应用开展了钛合金、钛铝基金属间化合物的大量研究,重点研究了成形工艺控制、材料显微组织及力学性能的关系,所研制的 TC4 合金制件的性能达到国际先进水平,成形了多种飞机和发动机结构,如图 3-16 至图 3-18 所示。

图3-16　发动机尾椎

图3-17　涡轮发动机叶片

图3-18　火箭发动机叶轮与汽轮机部件

钛合金具有良好的生物相容性，在医疗领域应用广泛。国内外学者通过对EBSM工艺成形的实体或多孔钛合金植入体的生物相容性、力学性能、耐蚀性等性能的大量研究证明，利用EBSM工艺成形的钛合金植入体具有应用可行性。目前，世界上已有多个EBSM成形的钛合金植入体在人体上临床应用的实例，包括颅骨、踝关节、髋关节、骶骨等的钛合金植入体。2007年意大利Alder

Ortho 和 Lima-Lto 公司生产的髋臼杯钛合金医疗植入体产品通过 CE 认证；2010 年，美国 Exactech 公司生产的同类产品获美国食品药品监督管理局(FDA)批准。2015 年，国内的北京爱康宜诚医疗器材股份有限公司利用 EBSM 系统制造的髋臼杯获得国家食品药品监督管理局批准，达到 CFDA 三类医疗器械上市许可。图 3-19 所示为 EBSM 成形的具有多孔外表面的髋臼杯钛合金植入体。未来，相信会有越来越多的 EBSM 医疗产品如膝关节、腰椎融合器等进入临床应用。

图 3-19　EBSM 成形的髋臼杯钛合金植入体

2. EBSM 技术的发展趋势

EBSM 技术展示了制造复杂结构的能力，将成为传统制造技术的重要补充。为促进此项技术发展，未来需要关注以下几个方面[64]。

1）结构优化

EBSM 成形技术几乎不受零件复杂性的限制，在零件设计阶段可以通过有限元等方法充分优化结构而无须考虑零件的可加工性，达到减重增效的目的，从“为了制造而设计”转变为“为了功能而设计”。

2）质量认证

3D 打印零件的质量认证是此项技术在航空航天领域实现大规模应用的关键。首先，要严格控制原材料粉末质量。其次，因零件成形耗时较长且容易出现缺陷，对制造过程的监控极其重要。再次，对每一种材料都必须建立成形参数(功率、扫描速度、扫描路径等)与材料组织性能的关系模型，从而优化成形过程，降低缺陷率。最后，EBSM 成形的制件对无损检测技术也提出了更高的要求。

3）装备自动化

目前 EBSM 成形中底板的调平、电子束的校准、粉末材料的添加和回收处理等均依赖专业技术人员操作，效率低、可靠性不足，EBSM 工艺流程的自动化有助于提高生产效率、降低制造成本。

4）装备智能化

目前，研究人员主要通过优化成形参数来提高 EBSM 成形制件的质量，通过工艺试验从众多可能的工艺参数包中筛选出最优的参数，获得最优的成形质量。然而，这种质量控制是开环的，不能实现有效的闭环控制。未来，装备研发会朝着智能化方向发展，实现扫描路径的实时智能规划、成形温度的闭环控制、缺陷的实时诊断和反馈等。国内外已经有多个研究团队开始利用热像仪测量粉床上表面的温度场，据此判断粉末材料状态、熔池形态与温度、截面形状、热应力、孔隙缺陷等成形信息，以期实现闭环的工艺控制。

5）大尺寸成形系统

由于电子束的束斑质量随着偏转角度的增加快速下降，因此 EBSM 的成形尺寸受到一定限制。目前，Arcam AB 公司的商业化装备 Q20 的最大成形尺寸为 ϕ350×380 mm，仍需进一步提高。可能的途径有：为一个电子枪设置多个工位，让电子枪在多个工位间移动；或设置有多个电子枪的阵列，通过扫描图案的拼接实现大尺寸的选区熔化。

6）与激光 3D 打印技术复合

电子束与激光用于金属 3D 打印各有优点，前者效率高，后者可获得更高的表面精度。将两种热源复合，发挥各自优势，是一个值得探索的新方向。

媒体对 3D 打印的大量宣传带来了各界对此项技术的关注，客观上推动了 3D 打印技术的发展。随着研究的深入，3D 打印技术的成熟度也将随之提高，其应用也将越来越广泛。

3.2 电子束熔丝沉积成形技术

3.2.1 成形原理与装备

1. 发展历史[65]

电子束 3D 打印技术起源于 1995 年麻省理工学院的 V. R. Dave、J. E. Matz 和 T. W. Eager 等人提出的一种用电子束作为热源熔化金属粉末进行三维零件快速成形的设想。2001 年 Arcam AB 公司开发了电子束熔化成形技术并投入商业运作，目前英国剑桥真空工程研究所、英国华威大学、美国南加州大学等多家研究机构使用了该公司的电子束熔融成形设备，并且在航空航天、汽车等领域都得到了良好的应用效果。

2002 年，美国国家航空航天局兰利研究中心的 K. M. B. Taminger 和 R. A. Hafley 等人研制出了电子束熔丝沉积成形(electron beam freeform fabrication，EBFF)技术，设计出了地面型(ground-based)和轻便型(on-orbit)两种成形设备，其中地面型电子束熔丝沉积成形设备用于制造较大尺寸的航天结构件，轻便型设备用于制造小尺寸航天结构件。

2004 年，美国的西亚基(Sciaky)公司开发出了电子束直接成形(electron beam direct forming)设备，该设备可实现零件的直接成形，沉积速度为 4×10^6 mm^3/h，加工时间和材料损耗分别为传统工艺的 20% 和 5%，与传统工艺相比具有独特的优势。

中航工业北京航空制造工程研究所是国内较早开展电子束熔丝沉积成形研究的机构之一。该研究所在 2006 年开始研究电子束熔丝沉积成形技术，开发了国内首台电子束熔丝沉积成形设备，在丝材高速熔凝、复杂零件路径优化、大型结构变形控制和力学性能调控等技术方面取得较大进展，运用电子束熔丝沉积成形技术研究了 TC4、TA15、TC11、TC18、TC21 等钛合金以及 A100 超高强度钢的熔丝沉积工艺和相应制件的力学性能。哈尔滨工业大学在电子束焊机中搭建电子束填丝系统(包括送丝平台和 CCD(电荷耦合器件)视觉传感系统)，根据送丝系统实现了铜钢电子束填丝焊。中航工业集团北京航空制造工程研究所独立开发出了电子束熔丝沉积成形设备，并已试制出铁合金零件。

2. 成形原理与装备

电子束熔丝沉积成形的原理是：利用真空环境下高能电子束流作为热源，直接作用于工件表面，金属丝材在真空室内被电子束加热熔化，形成熔滴或液桥；真空室底部工作台按预设路径移动，熔滴或液桥沿着预设的路径逐滴进入熔池，熔滴之间紧密相连，形成新的一层；沉积层不断堆积，直至零件完全按照设计的形状成形，得到三维成形制件。图 3-20 所示为电子束熔丝沉积成形的原理[66]。

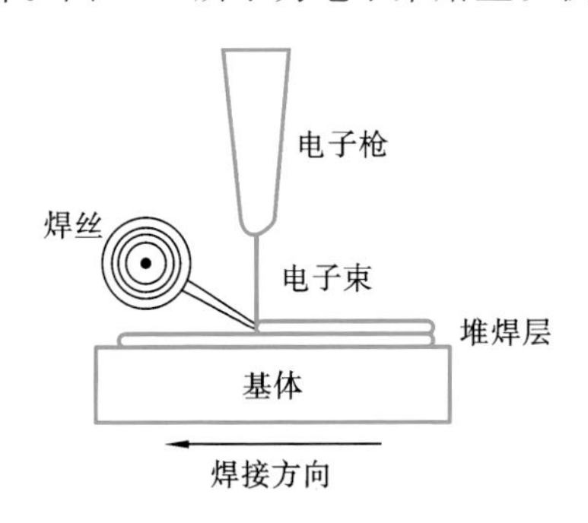

图 3-20　电子束熔丝沉积成形的原理

图 3-21 所示为 ZD60-6ACV500L 电子束焊机，它是一种典型的电子束熔丝沉积成形设备，主要由六个部分组成：真空系统、电子枪、电气控制系统、高压电源系统、运动系统、观察系统、熔池视觉 CMOS（互补金属氧化物半导体）图像传感系统。其主要参数见表 3-2。

图 3-21 ZD60-6ACV500L **电子束焊机**

表 3-2 ZD60-6ACV500L **电子束焊机主要参数**

设备型号	加速电压 U_a/kV	灯丝电流 I_f/mA	聚焦电流 I_l/mA	电子束流 I_b/mA	电子枪固定方式	真空室容积 /m^3
ZD60-6ACV500L	60	0～850	0～1000	可调节	固定	0.5

真空系统由电子枪真空系统、成形室真空系统组成，枪真空系统和室真空系统真空度应分别低于 7×10^{-2} Pa、8×10^{-3} Pa，这样才满足焊接条件。电子枪为 60 kV 中压枪，用于产生加速电子、会聚电子并形成束流，可通过偏压系统来改变聚束极上的焊接电流与束流位置。还可通过改变偏压单元的偏压坐标对电子束束流的位置进行微调，这一点对于电子束焊丝与束流的对准尤为重要。电气控制系统由工控机、计算机数控运动控制卡、可编程序控制器、伺服系统及高压电源控制电路等组成，安装在电气柜中。高压电源系统由中频机组、高压电源和高压电缆组成。运动系统由 X 轴伺服电动机、Y 轴伺服电动机、A 轴伺服电动机组成，其中 X 轴、Y 轴电动机分别用于控制水平运动工作台在 X 和 Y 方向的运动，A 轴电动机用于控制转台旋转，从而实现三轴联动。在成形过程中，由运动系统将丝材送至电子束焊机，基板固定在运动平台上，按照预设的路径送丝（送丝方式见图 3-22）。观察系统由 TOTA-Ⅲ型摄像机、棱镜、反光镜及外接显示屏组成。由于真空室焊接的特殊性，只有在真空度达到标准的情况下才能打开电子束发生器，因此只能在真空环境下调试电子束与焊丝及基板的相

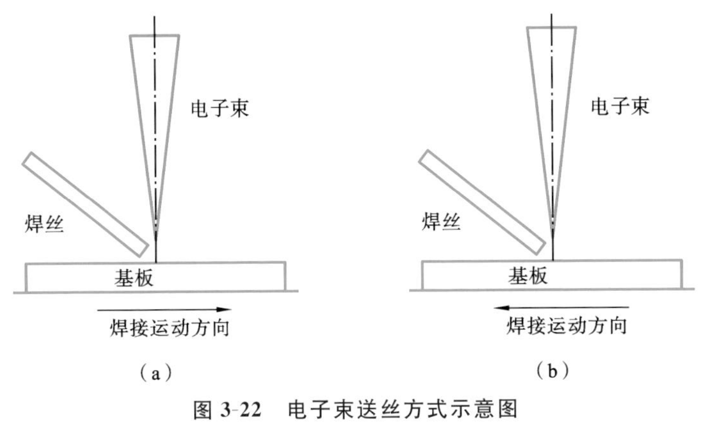

图 3-22　电子束送丝方式示意图

(a) 前置送丝方式;(b) 后置送丝方式

对位置,利用光路反射和折射,通过观察系统的窗口和显示屏观察真空室内的情况,如基板的运动位置、路径、焊丝的伸出长度、焊丝与基板的距离、焊丝熔融的过程等情况。

3.2.2　成形材料与工艺

Wanjara 等人[67]在 321 不锈钢薄板基板上用 347 不锈钢丝材作为填充金属,进行电子束丝材快速成形研究,发现层间的高度与层数之间有大致的线性关系,送丝速度为 25 cm/min 时,焊接速度与熔覆层有效增长率及高宽比的关系曲线如图 3-23 所示。

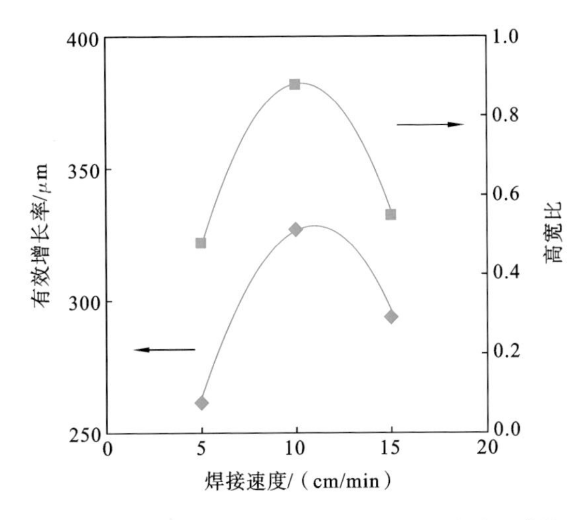

图 3-23　有效增长率和高宽比与焊接速度关系曲线

当层数增加时，熔覆层高度线性增加。焊缝微观组织中具有有利于提高奥氏体不锈钢韧度的典型的碳化物，钛、铌形成的碳氮化物可以抑制碳化铬的形成，因此，电子束熔丝沉积成形技术具有修复不锈钢零件的功能。

中航工业北京航空制造工程研究所的黄志涛等人[68]研究了 TC18 钛合金的电子束熔丝沉积成形技术，探讨了 TC18 钛合金的变形、缺陷及力学性能控制方法，并采用分块填充方式研究了平板翘曲量。他们发现熔池金属凝固的速度太快，会导致金属蒸气来不及溢出熔池而形成气孔；此外，固态金属表面的平整度、路径变化、束流等因素也可导致气体难溢出；熔丝沉积成形的 TC18 制件可达到锻件标准。

陈哲源等人[69]利用 TC4 钛合金丝材，运用电子束熔丝沉积成形方法，制备了熔覆层宽 7.4 mm、高 1.5 mm 的薄壁结构和熔覆层间距为 4.7 mm 的实体结构件，发现薄壁结构的纵截面的组织形貌为原始 β 柱状晶，其与沉积高度方向大约成 15°角，柱状晶较粗大，单个柱状晶贯穿几个到十几个熔覆层不等。实体结构件的样件表面比较平整，熔覆层高度基本一致；在结构件纵截面上能观察到原始 β 柱状晶垂直向上生长形貌（呈现出明暗相间的花样）。

3.2.3 成形组织性能

图 3-24 所示为电子束熔丝沉积成形 TC18 钛合金制件沿堆积方向的宏观组织。由图可见，成形的 TC18 钛合金制件的宏观组织为典型的沿堆积方向生长的粗大 β 柱状晶，其高度几乎贯穿整个制件。根据柱状晶/等轴晶转变模型可判断，熔池下部温度梯度很大，且在真空中，热量散失以向下的热传导为主，导致晶粒沿高度方向的分量大于沿其他方向的分量，所以晶粒向上呈柱状晶生

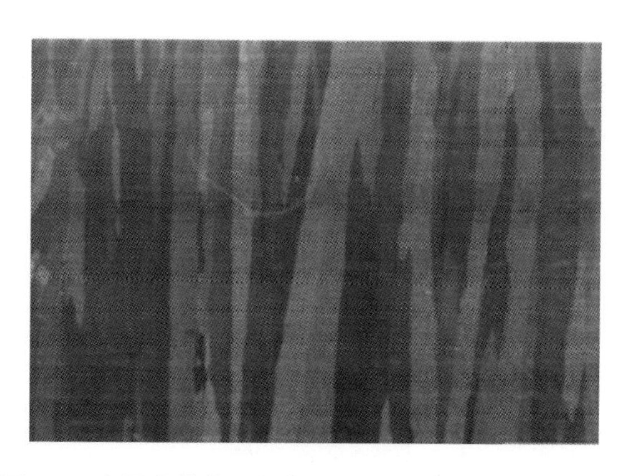

图3-24　电子束熔丝沉积成形 TC18 钛合金制件宏观组织

长。此外，由于成形过程中受多次热循环与较低的冷却速度的影响，因此柱状晶可以充分长大。图3-25所示是电子束熔丝沉积成形TC18钛合金制件经热处理后的显微组织，对比图3-25(a)和(b)可知，双丝工艺对应的柱状晶宽度为0.5～4 mm，整体较单丝工艺对应的柱状晶宽度(0.5～2.5 mm)大。这主要是在成形过程中，采用双丝送进方式时熔池深，输入能量大，导致基体集热效应较采用整体单丝工艺时大[70]。因此，相应地柱状晶较粗大。

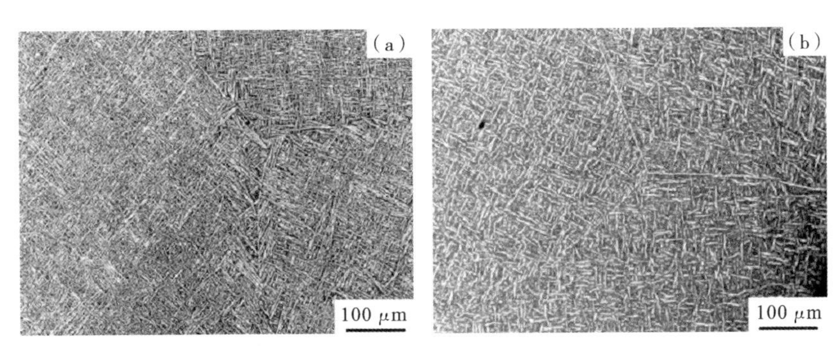

图3-25　电子束熔丝沉积成形TC18钛合金制件热处理后的显微组织

(a) 采用单丝工艺；(b) 采用双丝工艺

由图3-25可见，利用两种工艺成形的制件经热处理后的显微组织均为网篮组织和沿晶界分布的初生α相。单丝沉积得到的晶界α相多数呈不连续分布状态，双丝沉积得到的晶界α相呈连续分布状态。在粗大β柱状晶内部，两种工艺下的组织形貌特征均为在β转变组织上分布着呈交叉状态、由若干个相互平行的片层状α相所组成的集束。采用单丝工艺成形的制件中，集束内片层状α相的间距较小且排列相对规则；而采用双丝工艺成形的制件中，集束内片层状α相的间距较采用单丝工艺时明显增大，排列也较采用单丝工艺时散乱。

对单/双丝成形制件进行拉伸试验，分组随机取6个试样。采用双丝工艺成形的制件抗拉强度为1091～1118 MPa，屈服强度为1045～1066 MPa，这种强度具有一定的分散性；采用单丝工艺成形的制件抗拉强度为1067～1095 MPa，屈服强度为1005～1034 MPa，这种强度也具有一定的分散性。对比两种工艺可知，采用双丝工艺成形的制件，其抗拉强度和屈服强度均整体高于采用单丝工艺成形的制件。采用单丝工艺成形的制件的断后伸长率在5.5%～8.5%之间[71]，与强度类似，断后伸长率也存在一定的分散性；而采用双丝工艺成形的制件的断后伸长率多数在0.5%～8.0%之间。可以看出，采用双丝工艺成形的制件的塑性分散性较采用单丝工艺成形的制件严重，塑性整体明显低于采用单丝成形的制件。

3.2.4 应用与发展

电子束熔丝沉积成形是近年来迅速发展起来的 3D 打印技术之一，可采用逐线、逐层堆积的方式近净成形零件（见图 3-26），成形速度快、工艺方法灵活、材料利用率高，是解决难加工材料成形及大型复杂金属结构制造的关键技术手段之一，在航空、航天、汽车、医学等领域具备极大的应用潜力及需求。

图 3-26 电子束熔丝沉积成形零件

美国国家航空航天局的 Taminger 等人[72]通过 2219 铝合金电子束熔丝沉积试验揭示了沉积率、送丝速度、电子束额定功率对制件微观组织、力学性能的影响。Bush 等人[73]研究了电子束熔丝沉积态的弥散强化 Ti-8Al-1Er 钛合金与 TC4 钛合金的抗蠕变性能、抗氧化性能及拉伸性能。陈彬斌[65]通过试验与模拟相结合，研究了电子束熔丝沉积态熔池传热与流动行为。锁红波等人[9]发现电子束熔丝沉积成形态的 Ti-6Al-4V 钛合金的拉伸性能等力学性能呈各向异性，指出经过热等静压可消除成形态合金的缺陷。黄志涛等研究了成形态钛合金件表面翘曲及内部气孔、未熔合等缺陷。刘楠等人[74]则通过改变扫描策略等方法进一步研究了如何减少或消除某些成形缺陷，认为采用等间距顺序扫描策略可有效降低加工过程中的温度梯度，从而减小零件热变形。近年来该技术已在航空等领域得到应用，如利用电子束熔丝沉积成形工艺生产涡轮叶片，可得到晶粒细小、性能优越、无明显缺陷的制件。

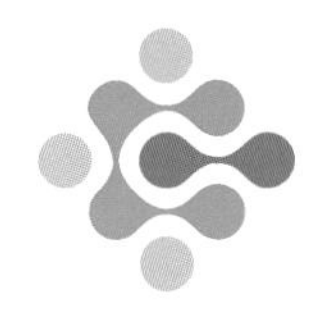

第4章 间接金属3D打印技术

4.1 喷墨黏结成形技术

4.1.1 成形原理与装备

喷墨黏结成形技术作为3D打印技术的一个分支,近些年来显现出种种优势,得到了人们的青睐,发展较为迅猛并已实现商业化。喷墨黏结成形工艺类似于传统的2D喷墨打印,是最为贴合"3D打印"这一概念的成形技术之一,所以喷墨黏结成形也被称作三维打印黏结成形(three dimensional printing and gluing,3DP)。喷墨黏结成形技术最早由美国麻省理工学院(MIT)于1993年开发。该技术利用喷头喷射黏结剂,选择性地黏结粉末来成形。喷墨黏结成形原理如图4-1所示。首先铺粉机构在加工平台上精确地铺上一薄层粉末材料,然后喷墨打印头根据这一层的截面形状在粉末上喷出一层特殊的黏结剂,喷到黏结剂的薄层粉末固化。然后在这一层上再铺上一层一定厚度的粉末,打印头按下一截面的形状喷黏结剂。如此层层叠加,从下到上,直到把一个零件的所有层打印完毕。再把未固化的粉末清理掉,得到一个三维实物原型,成形精度可达0.09 mm。后期还可采用"浸渍"处理,比如采用盐水或加固胶水(Z-Bond、Z-Max等黏结剂),使制件变得坚硬。

除了黏结剂喷射金属打印技术外,还有其他的黏结剂喷射技术,比如3D砂型铸造、黏结剂喷射陶瓷打印、黏结剂喷射玻璃打印等等,采用的都是类似的原理,只不过选择的原材料不同。

近年来,通过喷墨黏结成形工艺进行金属3D打印的设备受到了投资人的青睐。大量的投资资金因黏结剂喷射3D打印高速度、大批量和低成本的优势而进入该领域,Desktop Metal公司、HP公司、Digital Metal公司和GE公司等均是该领域的代表性企业。GE公司研发的黏结剂喷射3D打印设备的特点是,

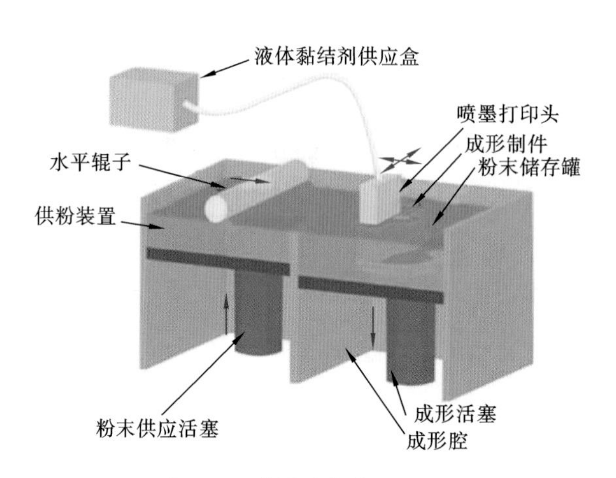

图 4-1　喷墨黏结成形原理

比粉床熔融设备(包括激光选区熔化和电子束选区熔化设备)速度更快、更便宜,其核心技术之一是一种特殊的黏结剂。通过黏结剂喷射系统制造的金属零件,在打印完成后,再通过热处理工艺进行加工。

Desktop Metal 公司的 DM 生产系统据称是用于批量生产高分辨率金属部件的最快的 3D 打印系统。该公司的 DM 生产系统采用专有的单通道喷射技术,可将金属零件加工速度提高到现有激光金属 3D 打印系统的 100 倍。DM 生产系统采用的沉积技术称为结合金属沉积(其实质就是喷墨黏结成形),该技术与目前金属 3D 打印最常用的激光烧结和电子束选区熔化均不同,反倒与最大众化的熔融沉积类似,都是通过挤出液滴、层层堆积的方式构建 3D 实体的,只不过材料不是塑料,而是金属。打印完成后,金属件还需要经过脱脂和烧结等后处理才能最终完成,这一步骤所采用的设备是微波烧结炉和脱脂器。这套系统是第一款可用于办公室快速成形的友好金属 3D 打印系统,该系统包括 3D 打印机以及微波烧结炉,可以在办公环境或工厂车间生产复杂且高品质的金属 3D 打印部件。图 4-2 所示即为 DM 生产系统。DM 生产系统采用的单通道喷射技术可以实现精密复杂的几何形状,包括细小的晶格点阵结构,这也使得 DM 生产系统拥有了与当前普遍采用的粉床熔化金属 3D 打印设备相媲美的实力。Desktop Metal 公司认为 DM 生产系统将使制造商能够显著降低成本,从而使喷墨黏结成形技术成为铸造的替代技术。

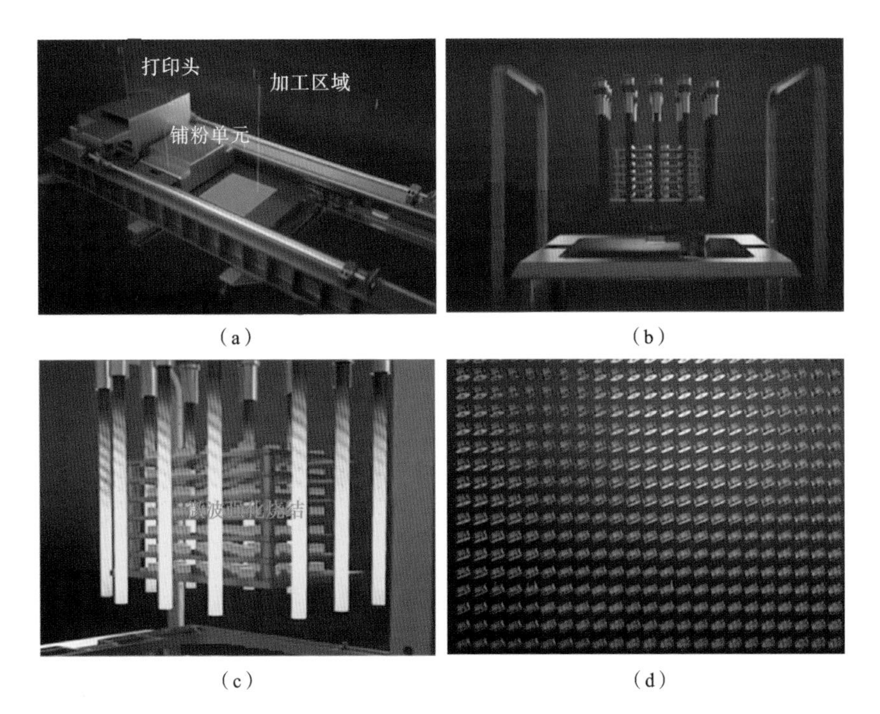

(a) (b) (c) (d)

图 4-2　DM 生产系统及其成形工艺——单通道喷射黏结成形＋微波强化烧结

(a) 铺粉黏结打印成形；(b) 零件移入烧结炉；(c) 微波烧结强化；(d) 打印效果

4.1.2　成形工艺与材料

1. 成形工艺

喷墨黏结成形法的制坯工艺过程如图 4-3 所示。打印工艺过程是决定制件各项性能好坏的重要因素之一，通过改善打印工艺参数能够较为有效地解决喷墨黏结成形精度和强度不高的问题。影响制件精度和强度的打印工艺参数很多，如层厚、制件的摆放形式、喷头距粉层高度、打印速度、铺粉辊转速、温度，等等。通过计算机仿真、正交试验、各类算法和数学建模等能够有效地优化打印轨迹和打印工艺参数，保证所得制件各方面的质量。喷墨黏结成形工艺具有以下一些优点：

(1) 加工速度快；

(2) 设备具有较低的制造成本与运行成本；

(3) 能够制造彩色零部件；

(4) 成形材料无味、无毒、无污染，成本低、品种多、性能高；

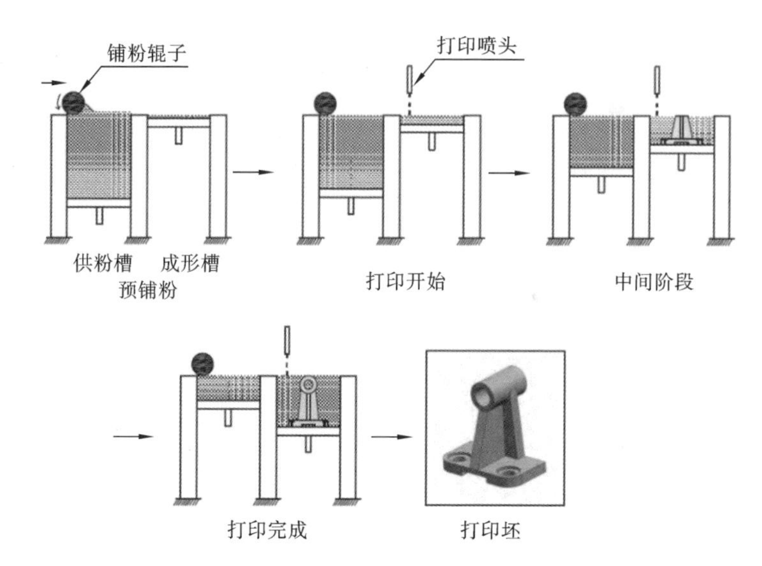

图 4-3　喷墨黏结成形法的制坯工艺过程示意图[75]

(5)具有高柔性,生产过程不受零件的形状结构等多种因素的限制,能够完成各种复杂形状零件的制造。

同时,喷墨黏结成形工艺也还存在以下问题:

(1) 成形精度不高。喷墨黏结成形制件的精度分为打印精度和烧结等后处理的精度。打印精度主要受喷头至粉层的距离、喷头的定位精度以及铺粉情况的影响,而在烧结等过程中产生的收缩变形、裂纹与孔隙等都会影响制件的精度与表面质量。

(2) 制件强度较差。由于采用粉末黏结原理,初始打印坯强度不高,而经过后续烧结的制件强度也会受到烧结气氛、烧结温度、升温速率、保温时间等多方面因素的影响,因此确定合适的烧结工艺也是决定打印制件强度的关键所在。

2. 成形材料

国内外学者对喷墨黏结成形技术的研究主要集中在黏结剂、打印材料、打印工艺过程以及打印后处理工艺等方面。为了解决 3DP 法在成形精度和制件强度方面存在的问题,打印后处理工艺成为国内外学者的研究重点。

1) 黏结剂

喷墨黏结成形所使用的黏结剂总体上大致分为液体和固体两类,而目前液体黏结剂应用较为广泛。液体黏结剂又分为以下几个类型:一是自身具有黏结作用的，如 UV 固化胶；二是本身不具备黏结作用，而是用来触发粉末之间的黏结反应的，如去离子水等；三是本身与粉末会发生反应而达到黏结成形作用的，如用于黏结氧化铝粉末的酸性硫酸钙黏结剂[76]。

此外，为了满足最终打印产品的各种性能要求，针对不同的黏结剂类型，常常需要在其中添加促凝剂、增流剂、保湿剂、润滑剂、pH 调节剂等多种发挥不同作用的添加剂。目前常用的黏结剂如表 4-1 所示。

表 4-1　喷墨黏结成形常用的黏结剂

黏结剂类型		添加剂	应用粉末类型
液体黏结剂	不具备黏结作用：去离子水	甲醇、乙醇、聚乙二醇、甘油、柠檬酸、硫酸铝钾、异丙醇等	淀粉、石膏粉
	具有黏结作用：UV 固化胶		陶瓷粉末、金属粉末、复合材料粉末
	与粉末反应：酸性硫酸钙		陶瓷粉末、复合材料粉末
固体粉末黏结剂	聚乙烯醇、糊精粉末、速溶泡花碱	柠檬酸、聚丙烯酸钠、聚乙烯吡咯烷酮	陶瓷粉末、金属粉末、复合材料粉末

不同的打印粉末材料所适用的黏结剂类型不尽相同，这使得喷墨黏结成形技术对黏结剂的要求越来越高，从而促使人们必须对原有的黏结剂性能进行改善并不断开发出新型黏结剂。钱超等人[77]使用纳米羟基磷灰石(HAP)粉末，以聚乙烯醇(PVA)粉为黏结剂、聚乙烯吡咯烷酮(PVP)为增流剂，打印制备出各项性能参数满足要求的多孔羟基磷灰石植入体。

2）打印材料

目前，喷墨黏结成形所应用的打印原材料大体上有石膏粉末、陶瓷粉末、金属粉末、复合材料粉末、石墨烯粉末等，各种类型的粉末材料都要求尺寸分布均匀、球形度高、与黏结剂作用后固化迅速等。在喷墨黏结成形所用粉末的粒径范围内，粉末直径越小，流动性越差，制件内部孔隙率越大，但所得制件的质量和塑性越好；粉末直径越大，流动性越好，但打印精度越差。

粉末材料的优劣直接影响到最终制件的打印质量。随着喷墨黏结成形技术的不断发展，人们开始在这些基体粉末中加入不同的添加剂，以保证打印精度和打印强度。例如：加入卵磷脂，可保证制件形状符合要求，并且还可以减少打印过程中粉末颗粒的飘扬；混入 SiO_2 等粉末，可以增加整体粉末的密度，减小粉末之间的孔隙，提高黏结剂的渗透程度；加入聚乙烯醇、纤维素等，可起到加固粉床的作用;加入 Al_2O_3 粉末、滑石粉等,可以增加粉末的滚动性和流动性[78]。

(1) 石膏粉末　石膏粉末是喷墨黏结成形中应用较早、较为成熟的粉末之一,它具有价格低廉、环保安全、成形精度高等优点,在生物医学、食品加工、工艺品等行业有较为广泛的应用。目前关于石膏粉末的喷墨黏结成形的研究方向有石膏粉末打印工艺参数优化、石膏粉末改性等。李晓燕等人[79]以高强石膏粉为主要粉末材料,采用合适的水基黏结剂进行 3D 打印试验,经不断调整工艺参数,得到密度为 1132 kg/m^3、抗压强度在 10 MPa 以上、成形精度为 0.08 mm 的制件。吴皎皎等人[80]以石膏粉末作为主要成分,采用 SiO_2 粉末对其进行改性,提高了铺粉的效果,并分析了聚氨酯热熔胶粉末添加量对石膏粉末打印制件表面精度、密度、孔隙率、力学性能的影响。

(2) 陶瓷粉末　陶瓷材料由于其硬度、强度高和脆性大的特点,在航空航天、电子、医学等领域应用较广。其成形方式一般是通过模具挤压,整个过程成本高、周期长,但采用喷墨黏结成形法来打印陶瓷制品,省去了制模过程,可以大大降低成本、扩大生产效率[81]。Teng 等人[82]开发出了适合喷墨黏结成形的陶瓷粉末配方,并调配与之相匹配的黏结剂进行了打印试验。Mott 等人[83]以 Al_2O_3、ZrO_2 混合物为粉末材料,以碳墨水为黏结剂,打印 1200 层,制得了具有方孔和悬臂的零件,但烧结过后出现了开裂和变形情况。

(3) 金属粉末　金属材料的喷墨黏结成形近年来逐渐成为整个 3D 打印行业内的研究重点,尤其在航空航天、国防等一些重点领域。与传统的选择性激光熔化方法相比,喷墨黏结成形设备具有成本低和能耗低的优势。目前喷墨黏结成形采用较多的金属材料如表 4-2 所示。

表 4-2　喷墨黏结成形常用的金属材料及应用

材料类型	牌号	应用
铁基合金	316L、17-PH、15-5PH、18Ni300	模具、刀具、管件、航空结构件
钛合金	CPTi、TC4、TA15、TC11	航空航天结构件
镍基合金	Inconel 625、Inconel 718、Inconel 738LC	密封件、炉辊
铝合金	AlSi10Mg、AlSi12、6061、7075	飞机零部件、卫星

金属零件一般需要较好的精度和机械强度,这就对粉末材料特性和工艺流程提出了更高的要求。Truong 等人[84]采用喷墨黏结成形法打印了含有硼基添加剂的 420 不锈钢,将制件在 1150～1250 ℃的温度下烧结,分析了各成分混合量和烧结温度对烧结试样密度、致密性和结构完整性的影响。Turker 等人[85]

利用 Inconel 718 合金粉末喷墨黏结成形出各种形状且厚度在 100～200 μm 之间的制件，并测试了其抗拉强度、屈服强度、硬度等性能。

（4）复合材料　采用 3D 打印技术制作复合材料零部件逐渐成为热门，喷墨黏结成形技术是目前能够制作复合材料零部件的 3D 打印方法中的一种。国内外研究人员通常将混合好的复合材料粉末置于打印机工作平台，喷射黏结剂直接打印成形。Suwanprateeb 等人[86]利用喷墨黏结成形技术制备的羟基磷灰石/双 GMA 复合材料制件，经过 1300 ℃烧结后具有较高的抗弯强度。钱超[87]应用喷墨黏结成形技术制备了钛/羟基磷灰石复合体及功能梯度材料，分析了喷墨黏结成形技术用于该类材料制备的可行性。同时也有采用打印好的非金属预制体渗入其他非金属、金属或合金来制备复合材料产品的，如使用多孔氧化铝和糊精混合物作为喷墨黏结成形的粉末材料，打印坯经 1600 ℃高温烧结后在 1300 ℃无压条件下渗入铜和氧化亚铜混合粉末，形成致密的氧化铝/氧化铜复合材料。

（5）石墨烯　近年来，石墨烯材料作为最薄、强度最大、导电导热性能最强的一种新型纳米材料被人们发现和认知。国内外学者由此也提出将喷墨黏结成形技术应用于石墨烯产品的制备，包括全球石墨烯行业巨头 Lomiko 金属公司在内的多家公司都建立起合作关系来开发多种基于石墨烯的三维打印新材料，西班牙 Graphenea 公司也与乌克兰国家科学院合资公司顺利研究出了首个三维打印石墨烯材料。

3. 后处理工艺

由于喷墨黏结成形采用粉末堆积、黏结剂黏结的成形方式，得到的制件会有较大的孔隙，因此打印完成后打印坯还需要合理的后处理工序来达到所需的致密度、强度和精度。目前，喷墨黏结成形制件致密度和强度常采用低温预固化、等静压、烧结、熔渗等方法来保证，精度常采用去粉、打磨、抛光等方法来改善。

（1）烧结　陶瓷、金属和复合材料打印坯一般都需要进行烧结处理，针对不同的材料可采用不同的烧结方式，如气氛烧结、热等静压烧结、微波烧结等。烧结参数是整个烧结工艺的重中之重，它会影响制件密度、强度、内部组织结构和收缩变形。Williams 等人[88]用多孔的马氏体时效钢粉末进行喷墨黏结成形，并在还原性气体——氩气（含体积分数为 10% 的氢气）中进行烧结，获得了强度高、质量小的制件。通常来讲，氮化物陶瓷类材料宜采用氮气气氛烧结，硬质合金类材料宜采用微波加热方式来烧结。封立运等人[89]采用多种烧结工艺及烧结参数，最后分析得出热解除碳后烧结工艺能有效控制喷墨黏结成形的 Si_3N_4

试样在烧结过程中的收缩变形。

（2）等静压　为了提高制件整体的致密性，可在烧结前对打印坯进行等静压处理。借鉴将等静压技术与选择性激光烧结技术结合获得了致密性良好的金属制件的实例，研究人员将等静压技术引入喷墨黏结成形中，以改善制件的各项性能。按照加压成形时的温度高低，等静压分为冷等静压、温等静压、热等静压三种，可针对不同的材料应用不同的等静压方法。Dcosta 等人[90]采用冷等静压工艺，使喷墨黏结成形出的 Ti_3SiC_2 覆膜陶瓷粉末制件的致密性得到了较为明显的提升，烧结完成后制件的致密度从50%～60%提高到99%。

（3）熔渗　打印坯烧结后可以进行熔渗处理，即将熔点较低的金属填充到坯体内部孔隙中，以提高制件的致密度，熔渗的金属还可能与陶瓷等基体材料发生反应形成新相，以提高材料的性能。Carreno-Morellia 等[91]采用20Cr13不锈钢粉末得到齿轮打印坯，在1120 ℃的温度下烧结得到相对密度为60%的制件，之后再向其中渗入铜锡合金得到全致密产品。Nan 等人[92]将喷墨黏结成形好的混合粉末（TiC、TiO_2、糊精粉）初坯，在惰性气体中烧结得到预制体，再将定量的铝锭放在其表面，在1300～1500 ℃的温度下保温70～100 min 进行反应熔渗，制备出了 Ti_3AlC_2 增韧 $TiAl_3$-Al_2O_3 复合材料。

（4）去粉　打印坯如果强度较高，则可以直接将其从粉堆中取出，然后用刷子将周围大部分粉末扫去，剩余较少粉末或内部孔道内无黏结剂黏结的粉末（干粉）可采用加压空气吹散、机械振动、超声波振动等方法去除，在特殊情况下也可采用浸入特制溶剂中除去的方法。如果打印坯强度很低，则可以用压缩空气将干粉小心吹散，然后对打印坯喷固化剂进行保形；也可以先将打印坯与粉堆一起低温加热，固化得到较高的强度后再采用前述方法进行去粉处理。

（5）打磨抛光　为了缩短整个工艺流程，打磨抛光是希望可以避免的一项后处理。但由于目前技术的限制，为了使制件获得良好的表面质量而必须进行这项处理。具体可采用磨床、抛光机或者手工打磨的方式来获得最终所需要的表面质量，也可采用化学抛光、表面喷砂等方法。

4.1.3　成形组织性能

喷墨黏结成形技术的加工机理就是先将成形原材料加热熔化，然后进行自然或可控凝固，因此成形温度控制在喷墨黏结成形技术中是影响基体质量极其重要的一个因素[93]。在不同的温度下，成形材料熔化、凝固的速率不同，同时微观颗粒的凝结情况也受到温度的影响，因此制件的致密度会受到影响，这一影响将反映在宏观缺陷中。图4-4显示的是添加0.5%（质量分数）硼元素的合金分别在 1150 ℃、1200 ℃和 1250 ℃的温度下烧结时的微观组织结构。图 4-5 所示为喷墨黏结成形制件样品。

图 4-4　添加 0.5%硼元素的合金在不同温度下烧结时的微观组织结构

(a) 烧结温度为 1150 ℃;(b) 烧结温度为 1200 ℃;(c) 烧结温度为 1250 ℃

图 4-5　喷墨黏结成形制件样品

4.1.4　应用与发展

21 世纪以来，喷墨黏结成形技术在国外得到了迅猛的发展，设备的销售数量急速增长，对喷墨黏结成形技术的研究也越来越多。在国外，喷墨黏结成形技术的研究经历了由软材料到硬材料、由单喷头线扫描印刷到多喷头面扫描印刷、由间接制造到直接制造的过程。在打印速度、制件精度和强度等方面的研究也都相对较为成熟。与发达国家相比，国内开展喷墨黏结成形技术研究相对较晚，虽然近年来这方面也获得了较大的进展，但仍与发达国家水平有着一定的差距。

国内目前对喷墨黏结成形技术研究较多的高校有华中科技大学、上海交通大学、华南理工大学、南京师范大学、西安理工大学等，各单位的研究重点也各有不同。其他一些高校和地方企业也对该技术产生了浓厚的兴趣并展开了一定的研究工作。目前，喷墨黏结成形技术已应用到了生物医学、医疗教学、航空航天、模具制造、工艺品制造等诸多领域。

喷墨黏结成形技术作为一种新兴技术，近年来在国内得到了快速发展，但其发展水平和传统机械加工技术相比仍有不小的差距，发展该技术的意义也并不能够被过分夸大。人们希望随着材料、设备、工艺等方面的改善，该技术能够给现代化的工业生产提供新的思路和方法，在可能的情况下，得到越来越广泛的应用。喷墨黏结成形技术还需要在以下几个方面获得突破[94]。

(1) 材料价格和性能　开发新的材料，提高材料各方面的性能，降低材料价格。

(2) 设备　国内的喷墨黏结成形技术设备，尤其是其中的打印喷头主要依靠进口，所以我国在喷头的研发和改进优化方面还有较长的路要走，如在有关提高喷头的喷射精度、材料兼容性和使用可靠性，防止堵塞等的技术方面还有待进一步发展。

(3) 工艺流程　选择合适的打印工艺和后处理工艺来控制材料的微观结构与性能、提高制件的精度和强度将会是今后研究的主攻方向。其中，后处理过程烦琐，有违研究者追求快速高效的初衷，如何缩短后处理工序，将会是今后研究的重点之一。

(4) 应用范围　目前喷墨黏结成形技术的应用主要局限于医疗、食品、航空航天等领域，在工业等许多领域的应用还较少，所以还需要扩大其应用范围，使该技术具有更为广阔的发展空间。

4.2 FDM 金属 3D 打印技术

4.2.1 成形原理与装备

金属注射成形(metal injection moulding，MIM)技术是将塑料注塑成形技术引入粉末冶金领域而形成的一种全新的零部件加工技术，其基本的工艺步骤是：首先选取符合 MIM 要求的金属粉末和黏结剂，然后在一定温度下采用适当的方法将粉末和黏结剂混合成均匀的喂料，经制粒后注射成形，获得成形毛坯，再进行脱脂处理，最后将毛坯烧结致密，得到最终的成品。

FDM 金属 3D 打印是一种结合了 MIM 工艺、与 FDM 类似的 3D 打印技术。与 FDM 塑料成形不同的是，FDM 金属成形所用材料是金属丝材(见图 4-6)。这种金属 3D 打印方法与常见的 SLM 不同，在成形过程中不会用到激光器，使用的材料也不是粉末。FDM 金属 3D 打印是将金属材料与黏结剂预先制成丝材，通过 3D 打印机将丝材直接打印成形为毛坯，再经过脱脂和烧结得到金属产品的过程。

图 4-6　FDM 用不锈钢、铜金属丝材

该成形方法结合了设计的灵活性及精密金属制造的高强度和整体性，是实现极度复杂几何部件的低成本解决方案，特别适合用来小批量制造金属产品。

FDM 工艺实现金属 3D 打印的原理及工艺流程如图 4-7 所示，具体如下：

(1) 拉丝　把金属粉末(例如 316 不锈钢)与黏合材料(通常是某种聚合物，例如树脂)充分混合，经拉丝得到丝材。

(2) 打印成形　使用 FDM 设备高温(300 ℃以上)喷嘴融化丝材，并喷出来，层层叠加成形，得到初步的金属制件。喷嘴需要具有高强度、高耐磨性，因为金属混合物很容易使喷嘴磨损；若采用黄铜喷嘴，则打印一卷材料需换一个喷嘴。

(3) 脱脂　加热金属制件，进行脱脂，把大部分黏合材料蒸发掉(此时制件会缩小)。

(4) 烧结　高温(例如 1300 ℃)烧结，去除所有的黏合材料，制件进一步

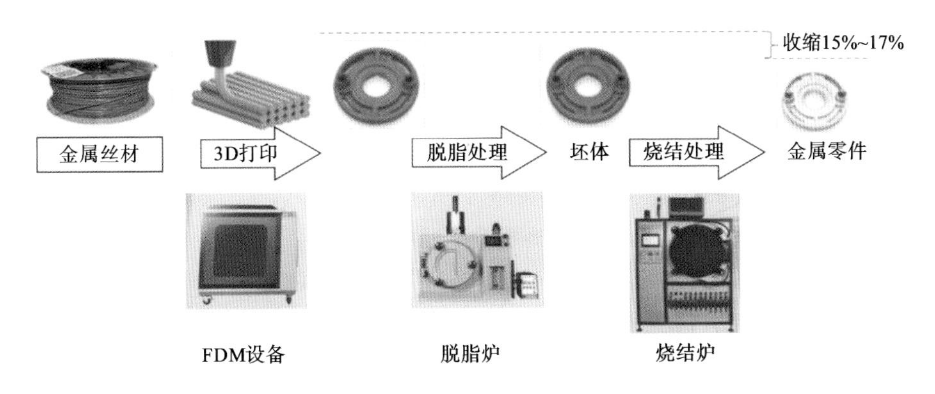

图 4-7　FDM 工艺和后期烧结金属制件工艺流程

收缩。

烧结后的金属制件和刚打印成形的金属制件相比，尺寸收缩 15%～17%（黏合材料蒸发，粉末之间的空隙减小，制件变得更为致密），质量降低 20%。

4.2.2 成形材料与组织

FDM 金属 3D 打印成形用耗材主要有铝、铜、青铜、红铜、黄铜。FDM 金属 3D 打印用丝材通常由聚乳酸（PLA）或丙烯腈-丁二烯-苯乙烯共聚物（ABS）与金属粉末混合制成。这些金属粉末与 PLA、ABS 混合后的打印丝材比普通的 ABS、PLA 重很多，所以手感不像塑料，更像金属。模型抛光后，从视觉上能感到这些模型就像是用金属制造出来的，如图 4-8 所示。制件在从坯体脱脂到烧结成形的过程中微观组织变化如图 4-9 所示。

图 4-8 用由 PLA 或 ABS 与金属粉末混合制成的材料打印的零件

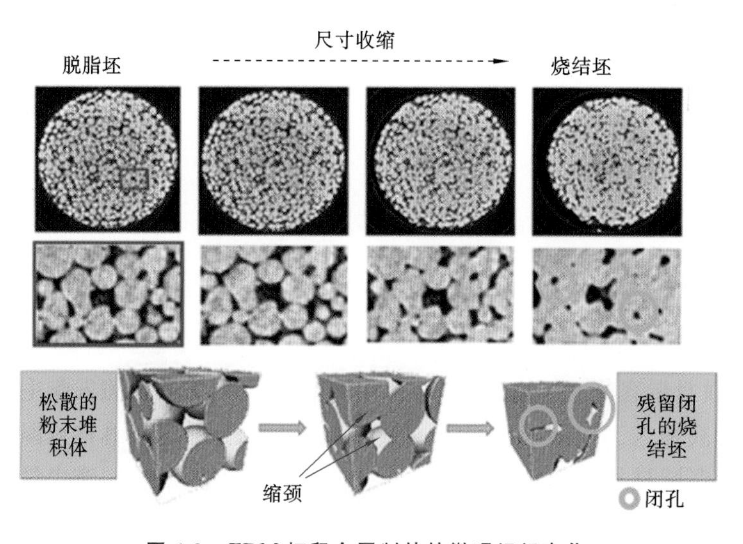

图 4-9 FDM 打印金属制件的微观组织变化

4.2.3 应用

FDM 金属 3D 打印采用丝材代替粉末，材料运输和储存都较简单。FDM 设备体积一般也较小，对于普通工业企业，尤其自主创业者，有着非常强大的吸引力。可以用 FDM 熔丝金属成形制造出用失蜡法铸造的模具，然后用传统铸造工艺来进行小批量金属件的生产。或者利用 FDM 技术结合 MIM 工艺，也就是像 Desktop Metal 公司的方案，直接打印金属注塑材料，然后清洗、烧结，最终生产出金属制件。无论是铸造还是金属注塑工艺，都是将传统技术、材料和 FDM 技术进行了结合，所以 FDM 技术可以用于金属零件的生产加工，其优势是硬件更灵活、成本更低。

在 2018—2019 年 TCT(3D 打印、增材制造展览会)上，德国巴斯夫公司和 Apium 公司推出了 FDM 金属 3D 打印解决方案，这是用熔丝成形替代粉末成形的一种低成本解决方案。该技术的关键优势之一是仅需消耗制造零件所需的材料量，图 4-10 所示为其打印的样品。国内佛山亘易隆科技有限公司和深圳森工科技有限公司也推出了类似的 FDM 金属打印机，支持用金属丝材成形制件。

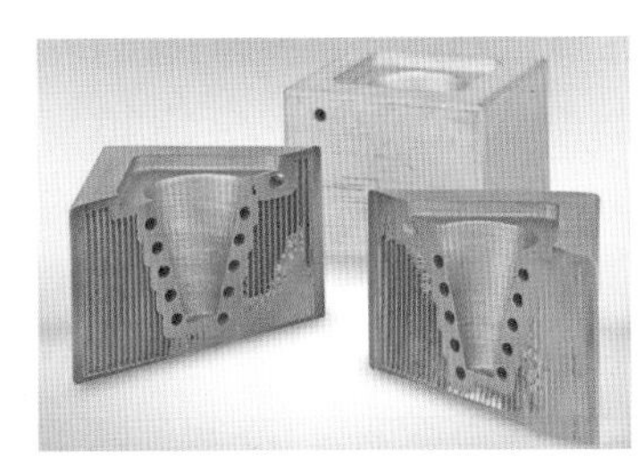

图 4-10 FDM 金属 3D 打印 316L 不锈钢制件

第5章 增减材复合金属3D打印技术

增减材复合制造技术是一种将产品设计、软件控制、3D打印与减材制造相结合的新技术。借助计算机生成CAD模型，并将其按一定的厚度分层，从而将零件的三维数据信息转换为一系列的二维或三维轮廓几何信息，由层面几何信息和沉积参数、机加工参数生成3D打印路径数控代码，最终成形三维实体零件。然后对成形的三维实体零件进行测量与特征提取，并与CAD模型进行对照，寻找到误差区域后，基于减材制造，对零件进行进一步加工修正，直至满足产品设计要求。增减材复合制造的基本流程如图5-1所示[95]，由此在同一台机床上可实现“加减法”复合加工，这是现有的数控切削加工和3D打印组合的混合型方案。这样，对于传统切削加工无法实现的特殊几何构型或特殊材料的零件，近净成形的阶段可由3D打印工艺承担，而后期的精加工与表面处理则由传统的减材加工工艺承担。由于在同一台机床上完成所有加工工序，不仅避免了原本在多平台加工时工件的夹持与取放所带来的误差积累，提高了制造精度与生产效率，同时也可节省车间空间，降低制造成本。

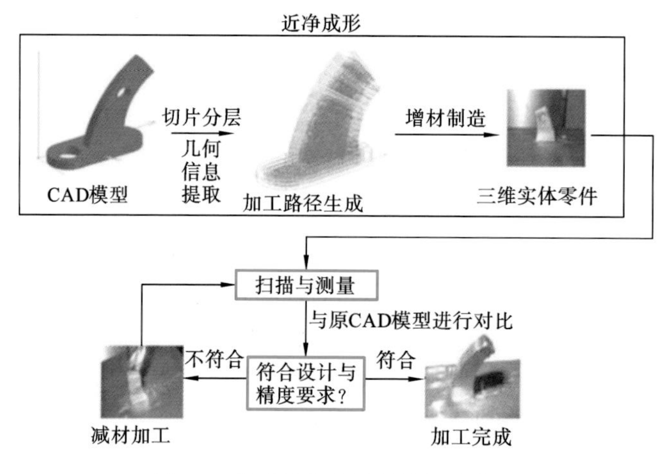

图5-1　增减材复合制造的基本流程

从增减材复合制造技术的原理可以看出，该技术的实质是 CAD 软件驱动下的 3D 打印和机加工过程[96]。因此，一个基本的复合加工系统由以下几个部分组成：计算机数控（CNC）加工中心、3D 打印系统、送料系统、软件控制系统以及辅助系统。

根据其集成方式，增减材制造复合系统又分为铺粉式增减材复合制造系统、送粉式增减材复合制造系统等。

5.1 铺粉式增减材复合制造

5.1.1 铺粉式增减材复合制造原理

基于粉床熔融（powder bed fusion，PBD）技术的增减材复合制造原理为：先在准备好的基板上一层一层铺设材料粉末薄层，每铺一层，聚集的热源会根据零件的几何结构在每一层特定的区域对材料进行熔融，紧接着铺设下一层材料。重复上述步骤，层层累积，直至部件最终成形，完成粉床熔融 3D 打印过程。再通过机床铣削实现减材工序，使零件达到设计要求。

5.1.2 铺粉式增减材复合制造装备

日本 Matsuura 公司的 Lumex Avence-25 机床（见图 5-2）集激光烧结与数控铣削于一体。它省去了模具生产过程中的分模步骤，从而简化了制造工序。它也可完成复杂模具内部造型，例如涡轮叶片冷却通道的直接加工。区别于其

图 5-2　Matsuura 公司的 Lumex Avence-25 机床

他已经商业化的机床,它采用的是三轴数控机床,自由度较低。为了解决低自由度带来的铣削加工中的刀具干涉问题,在每一层材料熔融完毕后,机床都会切换到减材加工程序,对内部特征区域进行预加工。增材制造与减材加工随着逐层的沉积交替运行,保证了加工完成后工件的表面完整性。

5.2 送粉式增减材复合制造

5.2.1 送粉式增减材复合制造

对于具有高性能要求的金属构件,3D打印直接成形的加工精度不能满足要求,尤其配合位置精度无法保证,不能装机使用,加工精度问题限制了3D打印的推广和应用。为了提高3D打印零件的成形精度,常规的方法是减小3D打印零件的尺寸,提高分辨率,比如提高激光束的聚焦特性,让熔化区域变得更小,单个熔化区域尺寸达到微米级。但这样会给超细材料的供给带来很大难度,同时熔化区域的变小会导致成形速度大幅降低,使加工效率降低。增材制造工艺结合减材制造工艺,二者高度兼容才能让3D打印技术快速发展。具体来说,就是将传统铣削机床技术加入3D打印成形过程,仍然采用低分辨率的打印工艺,保证高速成形,然后用铣削的措施来保证成形精度,使最终成形零件的精度符合使用的技术标准。

在3D打印系统的设计中,目前材料铺层主要有送丝与送粉两种方式。其中送丝方式可实现近乎百分百的原材料利用率,但是实现工艺控制较为困难,成形后的零件易发生变形,影响加工精度。送粉式增减材复合制造的材料利用率较低(低于50%),但易定量控制,且工艺过程具有良好的鲁棒性。系统工作时,在理想条件下,粉材在惰性气体(氩气)的保护下通过抗静电导管进入工作区域,送粉方向与激光射线方向同轴。送粉系统采用独立控制单元,激光器与切削刀具采用一套运动机构,具有5个自由度。由此,实现了增减材复合加工。

目前,美国Fabrisonic公司已经开始尝试将铣削减材技术和送粉3D打印技术融合;国内的沈阳新松机器人自动化股份有限公司也已经开始进行3D打印复合技术开发,实现了随形流道注塑模具、叶片、螺旋桨及其他复杂零部件的快速制造。截至目前,GE公司已开始在美国使用金属3D打印机制造喷气式飞机发动机的零部件。华南理工大学将等离子3D打印与机器人铣削减材相结合开发了LASERADD-PR-500(见图5-3),该设备可实现大型结构件的制造与修复。相关成果如图5-4所示。

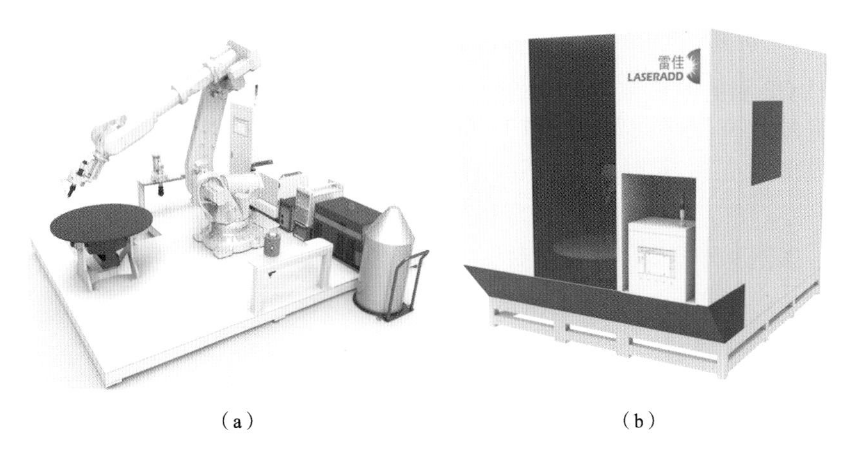

图 5-3　华南理工大学 LASERADD-PR-500 机器人等离子增减材设备

(a) 机器人增减材平台；(b) 等离子 3D 打印设备

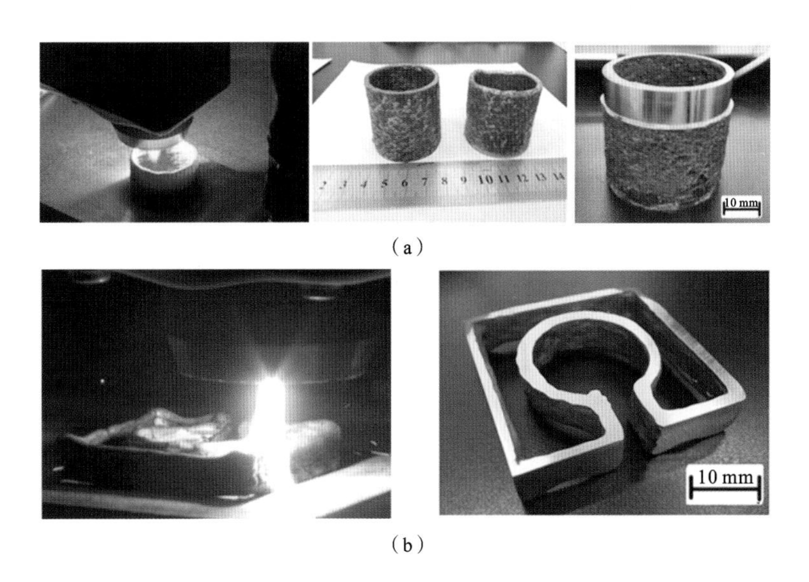

图 5-4　等离子增减材复合制造及其产品

(a) 圆柱直臂体增减材；(b) 花形直臂体增减材

5.2.2　送粉式增减材复合制造商业装备

图 5-5(a)所示为 DMG Mori 公司生产的 LASERTEC 65 金属 3D 打印复合加工机床，它集成了激光熔覆(laser cladding)技术以及五轴数控加工技术，可实现不同材料，如不锈钢、钛合金、铝合金及镍基合金等的复合加工。

Hamuel Reichenbacher 公司推出了 HYBRID HSTM 1500 机床(见图 5-5(b)),其设计重点是用于高价值部件的修复,集成了高速铣削/直接能量熔融、检测、去毛刺与抛光等辅助工艺。

Yamazaki Mazak 公司推出了 INTEGREX i-400AM 多功能机床(见图 5-5(c)),其特点是集成了一粗一细两个 Ambit 激光熔融头,可分别负责高速熔融和高精度熔融。它以一个五轴多功能加工中心为平台,用户可以利用它对 3D 打印的部件进行车铣与激光标刻。

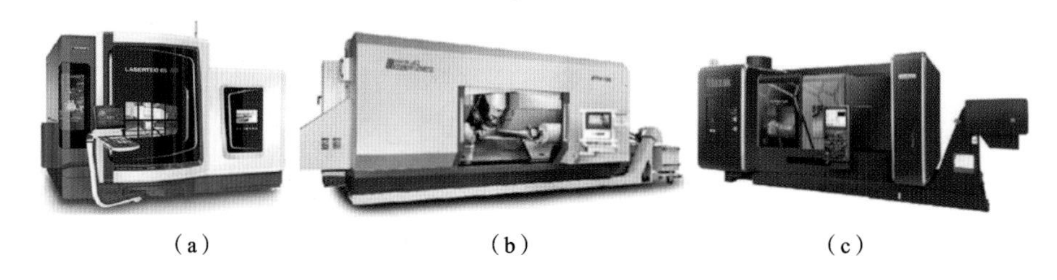

(a) (b) (c)

图 5-5 商业化送粉式增减材机床

(a) LASERTEC 65 3D;(b) HYBRID HSTM 1500;(c) INTEGREX i-400AM

较为典型的硬件集成的例子为 Kerschbaumer 等人使用 röders RFM 600 DS 五轴高速切削加工机床和 Nd:YAG 激光熔融喷嘴形成的复合加工系统,该系统采用送粉式原材料推送方式,实现了增减材复合加工机床的集成与控制。由于激光熔覆过程中材料喷头移动较为缓慢,且整个喷嘴系统的重量较轻,故不需要额外准备动力系统,直接用机床现有运动平台。喷嘴系统集成于机床主轴上,集成方式有两种,分别如图 5-6(a)和图 5-6(b)所示。

图 5-6(a)所示的方式是用激光熔融喷嘴替换掉切削刀具,集成在机床主轴上,这种方式稍微牺牲了 Z 轴方向的工作范围,而几乎完全保留了 XY 平面的工作面积。但激光熔融喷嘴无法集成在刀具库中,因为喷嘴配套有光导管、水冷设备以及输气管等硬件,体积较大且集成难度高。图 5-6(b)所示的方式是将激光熔融喷嘴集成在机床主轴的一侧并与之平行,这种集成的方法保留了 Z 轴的活动范围,但 XY 平面的活动范围有所减小,减小的范围主要由激光熔融喷嘴集成结构的尺寸决定。因为激光器以及相关组件是永久集成在机床主轴上的,不需要将其与刀具进行切换,这样大大降低了集成难度。最终采用的是图 5-6(b)所示的集成方式,在集成激光熔融喷嘴时,使喷嘴的设计半径尽量小并让喷嘴所在轴尽量靠近机床主轴,从而尽量减小喷嘴的轴心偏离主轴的距离。这样,在进行 3D 打印时,激光熔融喷嘴在 XY 平面上的活动范围与机床的设计范围几乎保持一致。

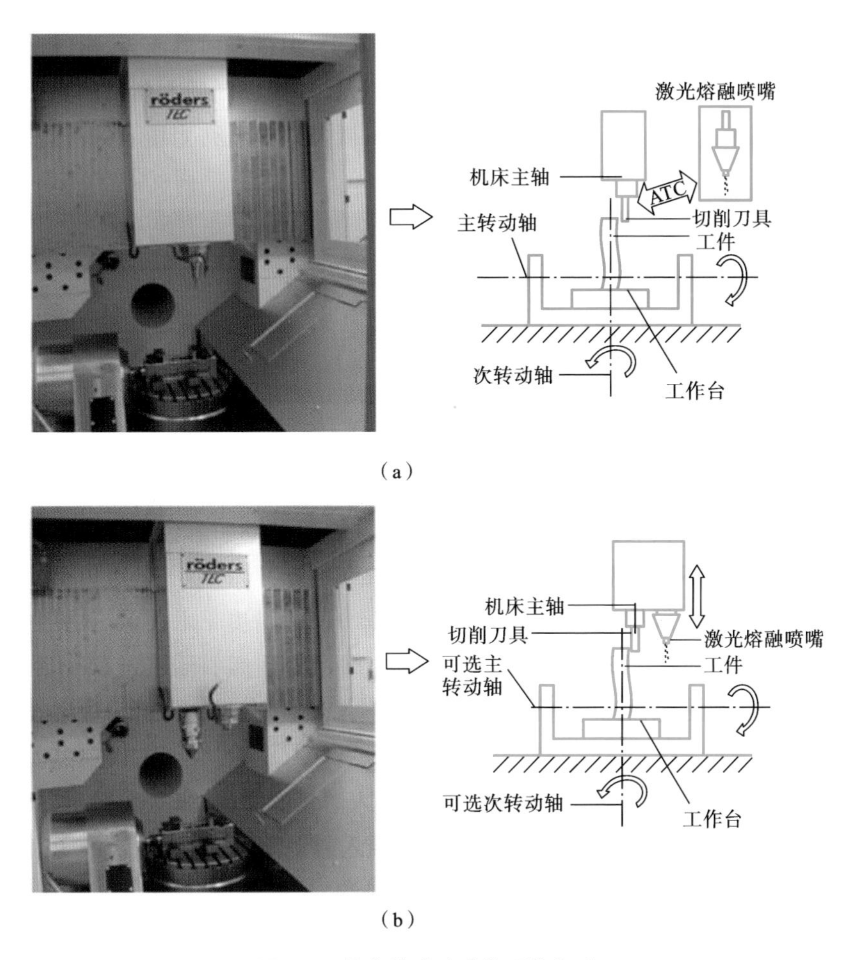

(a)

(b)

图 5-6　激光熔融喷嘴的硬件集成

5.3　增减材复合制造技术发展

5.3.1　增减材复合制造面临的问题

1. 增减材复合制造机床控制系统

在构建增减材复合制造控制系统时，目前通常使用的方法是在机床原有的 CNC 系统的基础上，在工作区域中引入新的增材加工设备。这就需要 CNC 系统不仅能够生成刀具及喷嘴的轨迹，而且能够快速地在二者之间自由切换。对于3D打印设备，最为关键的是要灵活精准地控制原料的送给速率以及激光能量。但目前的研究与应用仍局限在以试错法为主的开环系统上，即在3D打印之前，先确定好制造相关参数，如激光的能量和进料速率等，待制造完成后再对参数进行评估与改进。这种方式的局限性在于：在3D打印过程中，送料喷头经过带有转角的位置时，喷头会进行短暂的停顿以改变方向，但此时送料的速度不变，其结果就是造成局部材料过度沉积。至于专门为复合制造设计的闭环系统，因为其设计十分困难，不仅需要采用先进的插入式测量技术来获取加工过程中的各种参数，还要实时处理这些参数以及时在加工过程中做出调整。

2. 软件层面的系统集成

1）支撑结构的优化问题

某些零部件具有复杂的几何与拓扑结构，在逐层熔融的时候部分结构悬空，需采用支撑结构加强和支持零件与构建平台的稳定性；在增减材交替加工过程中，需要部件不断地变换方向，从而使加工的熔融喷头或者刀具能够接触到加工面。同时在集成的机床中，因为刀具以及熔融系统所在的轴方向是固定的，为了尽量减小支撑结构与部件的接触面积以及刀具无法触及的部件面积，需要机床的平台控制软件不断地优化算法，根据不同的加工要求与工序调整部件的方位。这也是对机床CNC系统的要求。

2）分层切片算法问题

由于在增材加工过程中，材料是一层一层累积的，因此分层处理十分重要。对此，基于每一层厚度以及铺层方向，结合零件的几何构造进行打印方向的自适应调整，进而确定加工工序。但现有的分层算法以恒定厚度分层法为主，难以克服阶梯变形问题。

3）增减材加工工序的最优化问题

在复合加工过程中，大至增材制造、减材加工和测量等工序顺序的切换以及相匹配的支撑结构类型，小至3D打印激光熔融喷嘴的轨迹、减材加工刀具的轨迹及加工参数等都需要在加工之前由相应的软件通过事先模拟来选择确定。软件在做出选择的过程中，会结合制造可达性、结构强度的改变以及机床的运动平台自由度等进行综合考虑。

5.3.2 增减材复合制造发展方向

由于增减材的复合制造技术研究刚刚起步，并涉及较为宽广的技术学科，因此需要多学科的协同发展。具体来说，以下几个方面是未来增减材复合制造的发展方向。

1. 模块化的硬件系统

在硬件方面，集成结构应朝着模块化方向发展。模块化的硬件系统具有易于维护、易于交互及易于扩展等优点。图 5-7 所示为一种可重构模块化机床(RxMMT)的集成设计原理。首先根据产品的复合加工要求，对现有的机床模块进行相应的集成、替代以及删除并将所需的模块安装在机床的合理位置，形成新的机床模块组成形式；然后基于控制软件的模块库，对应于硬件模块改变，对控制模块也进行相应的集成、替代以及删除，并进行保存，从而最终完成新产品的软硬件平台的搭建。此外，单硬件模块也需要发展，如将熔融喷嘴以及相关的冷却系统进行整合，使其能够顺利被收纳入刀具库，并借助自动换刀的过程，在切换工序的同时保护喷嘴。对熔融时的热源也需要做进一步改进，以常用的激光为例，虽然其工作时对工件造成的热效应相对较弱，但激光的能量利用率比较低，随着能量的增加，使用成本也迅速增加。针对减材加工，为了减少环境污染，应该发展高速切削加工从而实现干式加工，减少切削液的使用。

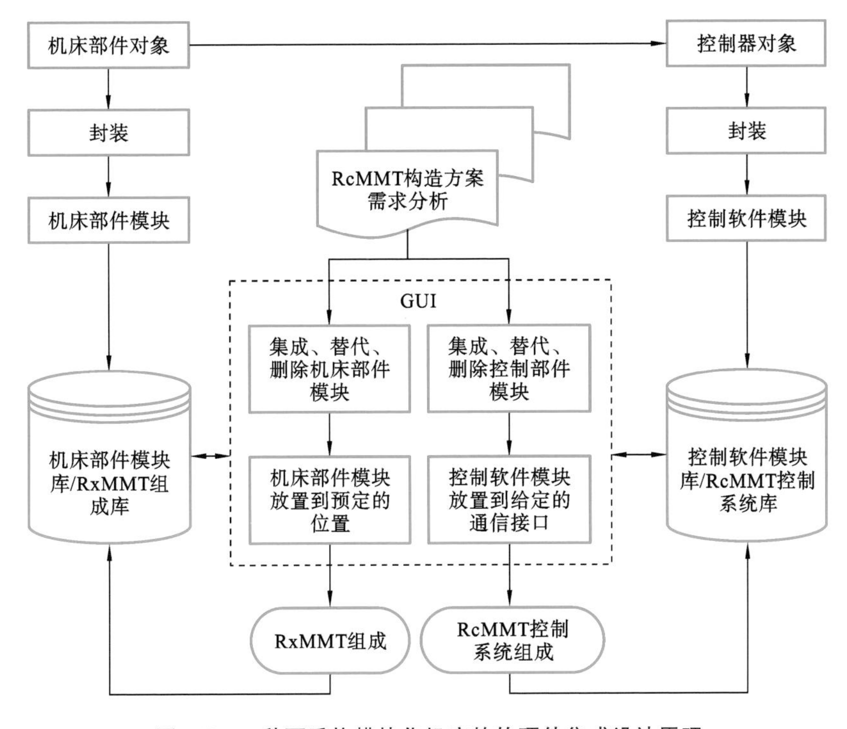

图 5-7　一种可重构模块化机床的软硬件集成设计原理

2. 智能化、集成化的软件系统

软件系统除了与硬件系统一样需要向模块化方向发展外，更需要朝着智能化、集成化方向发展。在集成化的系统中，工件的成形始于工件的CAD文件，CAD文件被传送至计算机辅助工艺过程规划（computer aided process planning，CAPP）软件，CAPP软件将CAD模型拆分成一系列能够在工程上实现的子特征，并规划相应的加工工序。对应于具体的工序，加工过程中需要的一些特定参数和刀具的工作轨迹，则借助计算机辅助制造（computer aided manufacturing，CAM）软件获得。值得注意的是，这个过程并不是顺序而下的，依托计算机辅助检测（computer aided inspection，CAI）软件，加工过程中工件实际的成形参数会实时地反馈给CAPP软件进行对比与修正，并在接下来的工序规划中得到体现，循环往复。伴随着加工历史的不断增加，CAPP软件的工序规划也会越来越合理，实际加工产生的误差也会越来越小。

3. 全闭环的机床控制方式

在增材过程中采用全闭环的机床控制方式，如基于多传感器技术将零部件的加工物理与几何信息（如激光能量、铺层角度与厚度）实时传输至控制系统，以确保增材过程中的高效高精加工。在复合加工过程中，加工工序交变递进，因此需要控制系统具有良好的鲁棒性。如何实现对加工过程的实时检测和反馈，形成全闭环控制，需要进一步做深入研究。

4. 高精多源集成的检测技术

为了满足全闭环系统的要求，需要有先进的检测手段。相较于传统的减材加工方法所具有的丰富成熟的检测手段，3D打印中的检测技术较为单一。目前已应用的方法中，有的是结合高速摄像机与热成像技术，测量直接能量沉积过程中熔池的温度与几何形状；有的是结合高速摄像机与光电二极管，分别测量熔池的几何构造以及材料流量，并在闭环系统中实时控制原料的送给速度。因此，集成多种测量传感器的检测技术是下一步要发展的重点之一。

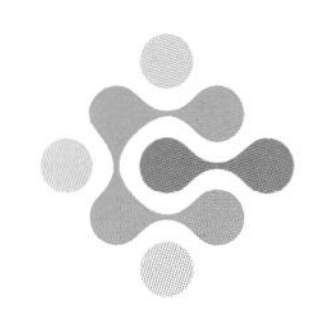

第6章 其他金属3D打印技术

6.1 等离子体金属3D打印技术

等离子体是指由原子及原子团被电离后产生的正负离子组成的离子化气体状物质。通常根据其宏观温度的高低将等离子体分为热等离子体和冷等离子体。电弧热等离子体是最常用的热等离子体形式。在一个用于产生等离子体的装置(称为等离子体发生器)的阴、阳极施加直流电源,在高能量的作用下将进入等离子体发生器的工作气体电离成为电子、粒子、离子等组成的高温混合气体,这就是电弧热等离子体,其最高温度可达30000 K以上。热等离子体由于具有能量密度高(最高可接近激光)、温度高(基本可以熔化已知的所有材料)、热转换效率高(可达70%以上)、热源设备成本及维修成本低等突出优点,已经被广泛应用于切割、焊接、3D打印等制造领域。而在近几年的发展中,已经有部分科研工作者利用等离子体技术开发出了等离子体3D打印设备[97]。

6.1.1 成形原理

等离子体金属3D打印原理为:以等离子体为热源,熔化金属基体(或前层熔积金属)和金属填充材料,由计算机控制三维运动机构和变位机,控制等离子沿预先设定的沉积路径进行运动轨迹扫描,形成移动的金属熔池;每完成一层熔覆,焊枪根据每层的熔覆厚度上升一定距离,熔融金属经过逐层熔覆形成所需的金属零件。

等离子体3D打印系统由等离子弧焊过程控制系统、焊接电源、送丝机、水冷循环系统、三维运动控制系统及工作台组成,系统结构组成如图6-1所示。

等离子体金属3D打印技术主要有以下特点:

(1) 设备成本低,运行维护简单;

(2) 对工作环境要求较低,可适应一般的工厂环境;

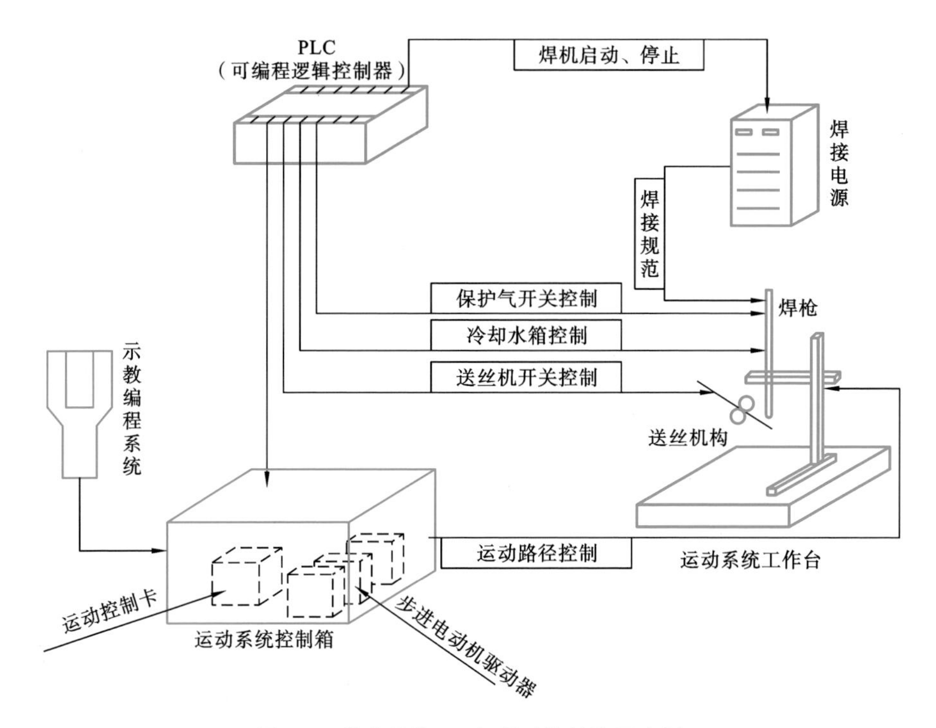

图 6-1　等离子体 3D 打印系统结构示意图

（3）易于实现自动化。

6.1.2　成形工艺

电弧热等离子体具有高温、高电离度、高能量密度及高焰流速度等特点，可用于金属材料的加工。关于等离子体金属 3D 打印的研究还处在试验摸索阶段，关于成形工艺的研究相对较多。乌日开西·艾依提等人[98]研究了脉冲电流强度、占空比、送丝速度、工作台移动速度、离子气流量、脉冲频率等工艺参数对等离子体金属 3D 打印制件的影响，以及不同搭接参数对材料性能的影响，发现沉积轨迹横截面的宽高比越大，搭接表面平整度越好，抗拉强度和断后伸长率也越高，且等离子束扫描方向会明显影响工件的抗拉强度和断后伸长率，故而他们提出可针对不同层次采用不同扫描方向来获得近似各向同性的工件。

方建成等人[99]提出了一种精细饰纹件等离子体熔射快速加工技术，研究了基膜特性、射流特性、粉末特性、熔射枪结构、熔射工艺等因素对制件质量的影响，并从理论和试验两方面进行了精细饰纹件的等离子熔射快速制造加工。徐富家[100]采用脉冲等离子体沉积方法制备出镍铬铁625高温合金块体,并研究了不同堆积方式、层间冷却方式、热处理方式等对合金块体的影响,发现层间加强冷却可使枝晶臂变小,从而使制件拉伸性能提高;制件经980 ℃固溶退火加直接时效处理后,相对常规锻造试样,显示出近似的抗拉强度、更高的屈服强度及稍低的断后伸长率。向永华等人[101]对微束等离子熔覆金属零件直接快速成形技术进行了初步研究,对系统组成、成形工艺、成形工件的组织性能等进行了较系统的研究,他们认为仍需在专用材料和相关控制软件开发等方面进行深入研究。张海鸥等人[102]对等离子体熔积系统组成、工艺参数控制、送粉方式、试验参数、直接成形零件的组织结构特点等进行了研究,并指出成形制件存在表面精度不高的问题。

6.1.3 成形组织性能

相对激光、电子束3D打印技术而言,电弧热等离子体的热输入较高。等离子体金属3D打印的本质是微铸自由熔积成形,逐点控制熔池的凝固组织可减少或避免成分偏析、缩孔、凝固裂纹等缺陷的形成。在图6-2所示TC4钛合金等离子体3D打印制件组织形貌中,可明显观察到贯穿于整个制件的粗大初生β柱状晶。初生柱状β晶由底层熔池底部外延生长至距离顶部1~2 mm的位置.粗大柱状β晶的颜色差异源于不同晶粒的晶体取向差别,晶粒长大方向几乎垂直于基体。这种组织会形成的其中一个原因是:首道次堆焊时,因采用TC4钛合金为基体,熔合线附近的基板组织发生α相向β相的转变,在熔合线附近形成完全的β相的组织,然后β相作为形核点经外延生长而快速长大,下道次成形时,在熔合线附近β晶粒继续外延长大,而在热影响区内晶粒发生粗化,周而复始,最终形成图6-2左侧所示的宏观粗大β柱状晶。

Wang等人[103]沿不同方向在TC4钛合金单壁制件不同位置取样,并与锻件对比,评价沿成形方向及垂直于成形方向上制件的力学性能。在优化工艺参数下,虽然沿成形方向和垂直于成形方向抗拉强度存在一定差异,但强度差异并不显著。垂直于成形方向的塑性(沿柱状初生β晶粒方向)显著优于沿成形方向的塑性,比锻件高30%左右。在铝合金成形的性能研究中获得了类似结论,铝合金等离子体3D打印制件抗拉强度与锻件基本持平,但塑性与锻件相比有显著提高。铝合金组织中并未出现图6-2中贯穿整个构件的宏观柱状组织,织构择优取向特征可能并非造成制件塑性高于锻件的原因,制件塑性较高或许与成形过程中各层熔接特征相关。3D打印最大的优势在于其对复杂形状的构建能力。现阶段的研究工作主要聚焦于控形,而对性能的研究仅限于表征其性

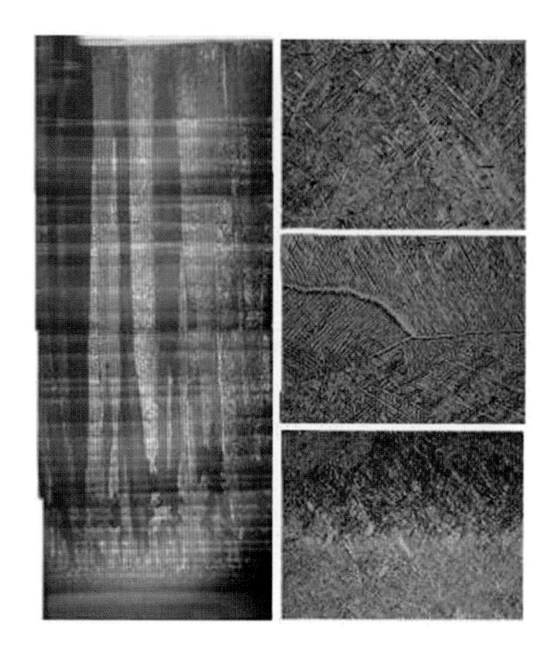

图 6-2　等离子体 3D 打印成形 TC4 钛合金单壁制件宏观及微观组织

能水平。成形过程受往复移动瞬时点热源的前热、后热作用，凝固织构的取向、分布、晶粒度等必然与成形的热物理过程相关，因此以温度场演变特征为契机，实现形性一体化控制是 3D 打印有别于传统减材、等材加工方法的技术优势。

6.1.4　应用与发展

来自挪威的金属 3D 打印公司 Norsk Titanium(NTi)采用其专有的等离子体金属 3D 打印技术进行钛合金的 3D 打印。他们首先使用丝材原料来 3D 打印近净形的超大金属零件，随后再用减材技术对这些零件进行加工，通过该技术，能将复杂部件的生产成本降低 50%～70%。图 6-3 所示为其采用等离子体 3D 打印技术成形的制件。

在航空航天领域，Norsk Titanium 公司已经取得了显著进步。Norsk Titanium 公司的等离子体 3D 打印制造技术通过了美国联邦航空管理局(FAA)认证。Norsk Titanium 公司的等离子体 3D 打印技术已被应用到波音的 787 飞机上。据称 Norsk Titanium 公司的等离子体 3D 打印技术可以将零件成本降低 30%，从而降低能耗，减少材料的浪费，并且可缩短生产周期。不仅仅是波音公司，空中客车公司的 Premium Aerotec 子公司也通过 Norsk Titanium 公司的等

图6-3　等离子体3D打印成形制件

离子体3D打印技术进行了A350飞机上的钛合金零件的生产；美国纽约州政府投资了1.25亿美元，以通过十几台Norsk Titanium公司的等离子体3D打印设备生产航空航天零件。除了大型航空航天业制造商，航空航天零件供应商Spirit AeroSystems公司也与Norsk Titanium公司达成了合作伙伴关系。Spirit AeroSystems公司的核心产品包括机身、塔架、机舱和机翼部件，预计至少有30%的零件可以通过Norsk Titanium公司的等离子体3D打印设备来制造。

6.2　基于CMT的电弧3D打印技术

6.2.1　成形装备

Fronius公司在2004年欧洲板材技术博览会上展示的冷金属过渡(cold metal transfer,CMT)焊接技术是一种无焊渣飞溅的新型焊接工艺技术。所谓冷金属过渡，即指焊接熔滴的过渡过程没有加热，通过回抽焊丝来实现熔滴分离，因此焊接过程中无飞溅现象[104]。

CMT焊接设备的换向送丝系统由前、后两套协同工作的焊丝输送机构组成，从而使焊丝的输送间断进行。后送丝机构按照恒定的送丝速度向前送丝，前送丝机构则按照控制系统的指令以70 Hz的频率控制着焊丝的脉冲式输送。而数字式焊接控制系统则能够确定电弧生成的开始时间，自动降低焊接电流，直到电弧熄灭。在熔滴从焊丝上滴落之后，数字控制系统再次提高焊接电流，并进一步将焊丝向前送出。之后，重新生成焊接电弧，开始新一轮的焊接过程。这种“冷-热”的交替变化大大减少了焊接热的产生，以及焊接热在被焊接件中的传导。除此之外，还可通过正确设置熔滴的参数，实现更好的焊缝厚度过渡，并且能以很高的焊接速度焊接且不产生任何飞溅。据 Fronius 公司介绍，该 CMT 焊接设备极大地提高了焊接的生产能力，并可有效保证被焊件的焊接质量。

CMT 焊接技术的独特之处是在熔滴过渡过程中，利用前后两套焊丝输送机构将输送过程分隔成不连续送丝，如图 6-4(a)所示。焊丝前端击穿空气产生电弧，同时电弧的热量使焊丝熔化成熔滴，在重力的作用下熔滴会滴落，向熔池进行过渡，此阶段与传统的熔化极惰性气体保护焊(MIG)无异。如图 6-4(b)所示，熔滴与熔池接触的瞬间电弧会熄灭，从而导致电流骤降。之后焊丝开始在机械臂的带动下做回抽运动，使熔滴的脱落加速，电流趋近于零，形成短路，熔滴顺利过渡到熔池，如图 6-4(c)所示。最后如图 6-4(d)所示，焊丝前端重新引弧并加热焊丝，使之熔化形成熔滴，向熔池过渡，整个“冷—热”循环过程重复进行，直至停止焊接。

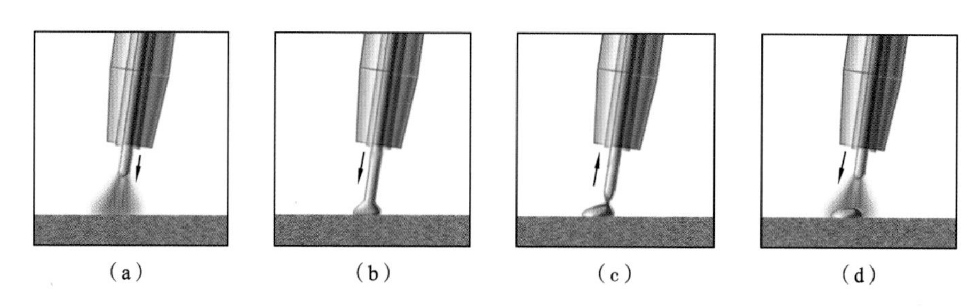

图 6-4　CMT 焊接过程示意图

CMT 焊接同 MIG 和熔化极活性气体保护焊(MAG)相比有三个显著的特点[105]：

(1) 送丝运动与熔滴过渡过程进行数字化协调。当数字化焊接控制系统监测到一个短路信号时会反馈给送丝机，送丝机做出回应，迅速回抽焊丝，从而使得焊丝与熔滴分离。在全数字化的控制下，这种过渡方式完全不同于传统的熔滴过渡方式。

(2) 低热输入量。CMT 技术实现了无电流状态下的熔滴过渡。短路电流产生后，数字化控制的 CMT 焊接系统会自动监控短路过渡的过程，在熔滴过渡时，电流降至非常低，几乎为零，热输入量也几乎为零，焊丝即停止前进并自动地回抽。在这种方式中，电弧自身输入热量的过程很短。短路发生时，电弧即熄灭，热输入量迅速地减少。整个焊接过程即在冷热交替中循环往复。

(3) 无飞溅过渡。在短路状态下焊丝的回抽运动可帮助焊丝与熔滴分离。通过对短路状态的控制，使短路电流很小，焊丝的机械式回抽运动就保证了熔滴的正常脱落，同时避免了普通短路过渡方式极易引起的飞溅，从而实现熔滴过渡无飞溅。这就是 CMT 技术的关键所在。

基于 CMT 的电弧 3D 打印系统组成如图 6-5 所示。系统主要分为硬件及软件两大部分，其中硬件系统由焊接电源、送丝机、工业机器人、机器人控制柜等组成，用于电弧 3D 打印成形实验研究；软件系统以一台高性能计算机为中心，配备有数控加工和机器人离线仿真软件，在软件的协调运作下，能够对电弧 3D 打印成形过程进行焊接路径规划，模拟整个成形过程。

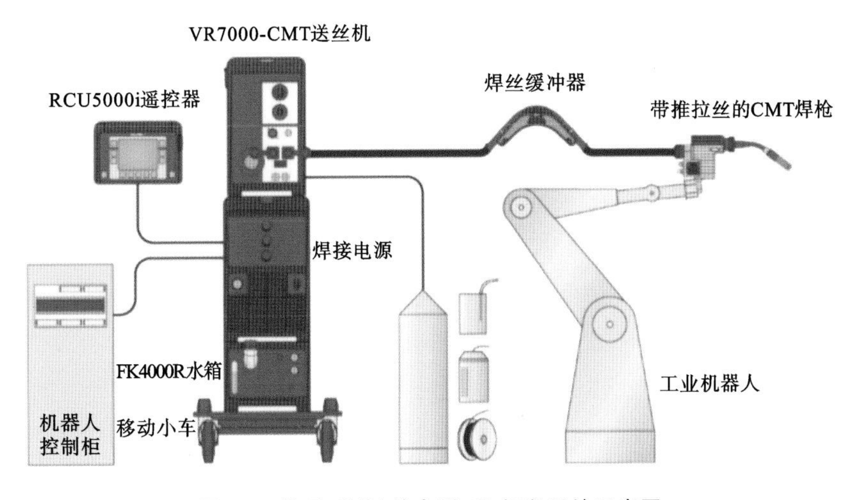

图 6-5 基于 CMT 的电弧 3D 打印系统示意图

该系统的运作流程如下：首先在计算机上用数控加工软件设计所需制造零件的三维模型；其次，根据零件的特点，使用软件中的模拟铣削刀具路径功能生成铣削路径；再次，将路径导入机器人离线仿真软件，对铣削路径进行转换，得到焊接时机器人的运动路径，选择系统中机器人型号后将其转化为相应的机器人程序；最后，将程序导入机器人控制器，在焊机和机器人的协同作用下实现金属零件的直接堆积成形。

6.2.2 成形工艺

CMT 焊接技术用于 3D 打印是近几年来电弧 3D 打印的趋势，其革新式的熔覆方式较钨极惰性气体保护焊(GTAW)和气体保护电弧焊(GMAW)更适合于进行 3D 打印。哈尔滨工业大学的姜云禄[106]利用 CMT 技术和机器人控制成形轨迹，搭建快速成形系统，实现了 5356 铝合金的 3D 打印和快速成形。通过研究不同成形方式和参数对单道次及多道次轨迹的影响、控制机器人行走轨迹，进行简单铝合金实体材料的成形，分析尺寸精度、成形效率及成形状态，实现了船用三叶螺旋桨的快速成形制造研究，证实 CMT 焊接技术可以用于复杂试样的 3D 打印。

南京理工大学的张瑞[107]通过 SPSS 软件建立层宽、层高预测模型，通过图像处理的方法对试样侧表面粗糙度和最小加工余量进行评价，研究了工艺参数对组织性能的影响，结合 3D Automate、Mastercam 软件快速规划复杂路径，成形复杂零件，分析尺寸精度及成形状态，验证了基于 CMT 的电弧 3D 打印系统可以实现复杂试样的初步成形。

6.2.3 成形组织性能

以电弧为热源的 3D 打印技术所形成的构件全部是由焊缝金属堆叠而成的，属于急冷铸态组织，整体致密度较高，化学成分均匀，与锻件相比，在强度较高的同时塑、韧性更好。3D 打印是一个重复堆叠的过程，构件在多层堆叠过程中会经历反复加热、淬火和回火，通过这些反复的被动热处理可以轻易解决大型铸锻件淬透性差、偏析严重、强韧性存在各向异性等问题。

6.2.4 应用与发展

目前，人们对基于 CMT 的电弧 3D 打印技术的研究及应用较少，该技术还需经过一定时期的发展完善过程。英国在电弧 3D 打印研究领域处于国际前沿，以 Cranfield 大学为代表的一批研究机构针对电弧 3D 打印技术在自动化控制、制件力学性能研究、残余应力及变形控制、复杂形状构件成形路径规划和工业化应用准则等方面开展了系统研究，并逐步建立起由政府部门、企业、科研机构组成的多层次研究梯队，与空中客车公司、Rolls-Royce 公司、BAE Systems 公司、Bombardier Aerospace 公司、Astrium 公司、EADS 公司等一大批航空航天企业建立并开展广泛研究合作，研究目标对接工业化应用。图 6-6 所示为电弧 3D 打印典型制件。

图 6-6　电弧 3D 打印大型支架

6.3　基于 TIG/MIG 的电弧 3D 打印技术

6.3.1　成形装备

目前在基于 TIG/MIG 的电弧 3D 打印中使用较多的成形设备是数控机床和机器人。数控机床多用于形状简单、尺寸较大的大型构件成形；机器人具有更多的运动自由度，与数控变位机配合，在成形复杂结构及形状上更具优势，但基于非熔化极惰性气体保护焊（TIG）的侧向填丝电弧 3D 打印因丝与弧非同轴，如果不能保证送丝与运动方向的相位关系，采用高自由度的机器人可能并不合适，所以机器人多与 MIG、CMT、TOP-TIG 等丝弧同轴的焊接电源配合搭建电弧 3D 打印平台[108]。在国内外电弧 3D 打印相关研究机构的报道中，所采用的成形系统如图 6-7 所示。此外，其送丝运动与熔滴过渡过程可进行数字化协调，在物质输入方面具有更高的可操控性。

张广军等人[109]设计了一套用于焊道特征尺寸控制的双被动视觉传感系统（见图 6-8），可同时获得熔覆层宽度和焊枪到熔覆层表面的高度图像，实现了熔覆层有效宽度、堆高等参数的在线准确检测，并以熔覆层有效宽度为被控变量，焊速为控制变量，设计了单神经元自学习 PSD（可编程系统器件）控制器，通过模拟仿真和干扰试验验证了控制器性能。参数自学习 PSD 控制器在熔覆层定高度、变高度控制中均可获得良好的控制效果，同时可对熔覆层表面到焊枪喷嘴的距离进行监测和自适应控制，满足了电弧 3D 打印成形稳定性的要求。

近几年，我国西北工业大学、哈尔滨工业大学、南昌大学、天津大学等部分高校科研机构也相继开展了基于 MIG 的电弧 3D 打印成形技术的工艺与控制

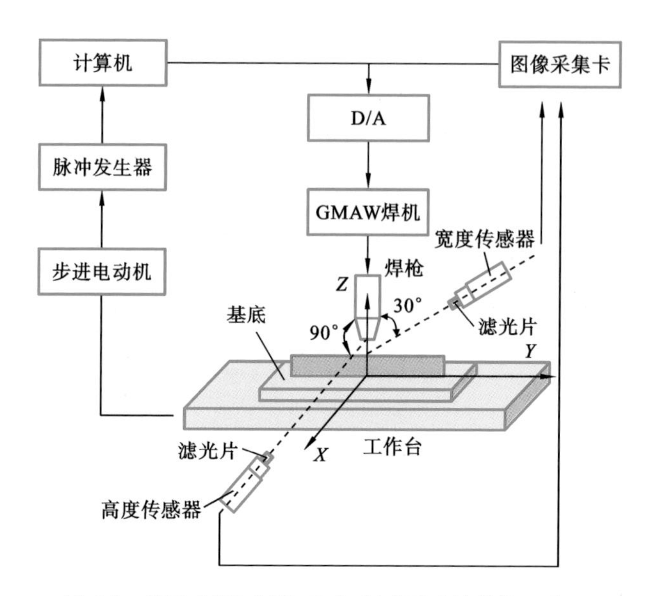

图 6-7　基于 MIG 电弧 3D 打印成形系统结构示意图

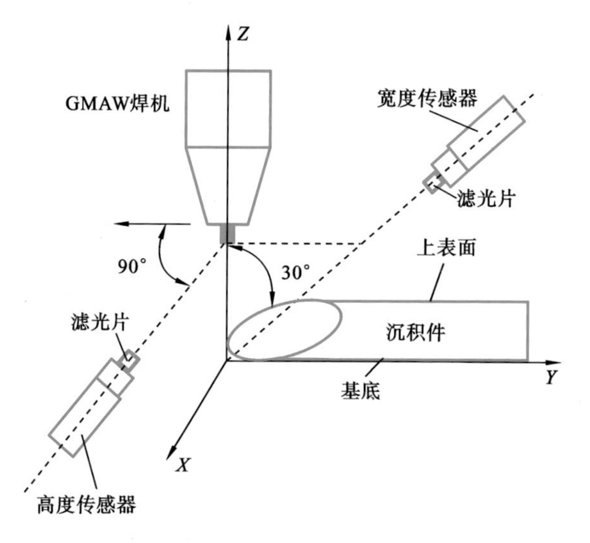

图 6-8　双被动视觉传感系统结构示意图

研究工作，但均处于试验规律性描述和成形形貌、表面质量控制方法研究阶段。3D打印以个性化、复杂化需求为导向，基于 MIG 的电弧 3D 打印独特的载能束特征及其强烈的载能束与热边界相互作用，决定了针对不同的材料体系、结构特征、尺寸、热沉条件等，基于 MIG 的电弧 3D 打印成形工艺也不同，可能无法如其他加工方法那样制定加工图或工艺规范。这意味着以试验为基础的经验方法难以面面俱到，更需要探讨基于 MIG 的电弧 3D 打印成形物理过程，深入认识其成形基础理论，使得在材料、结构、形状、路径改变时，成形工艺参数设计有“据”可依，以适应自由、多变、灵活的电弧 3D 打印成形过程。目前，国内外公开发表的探讨基于 MIG 的电弧 3D 打印成形基础理论问题的文章较少，仅涉及成形过程温度场的演变及应力分布规律研究。从温度场演变规律出发，分析得出熔池热边界一致性的控制方法，可能对工艺控形更具意义。更进一步，从电弧参数和材料送进对成形过程的影响，以及熔池动力学、成形表面形貌演化动力学等相关科学问题出发，揭示电弧 3D 打印成形的物理过程，应成为该领域研究工作的核心。

美国塔夫大学的 Ayarkwa 等人[110]建立了一个双输入输出闭环控制系统，利用 MIG 焊枪进行堆焊成形，利用等离子枪在线热处理，通过两套结构光传感器对熔覆层形貌特征进行监测，采用一套红外摄像机进行制件表面温度在线监测，以焊速和送丝速度作为控制变量，以熔覆堆高和层宽作为被控变量，可实现对成形过程中成形尺寸的实时闭环控制。该系统的结构如图6-9所示。

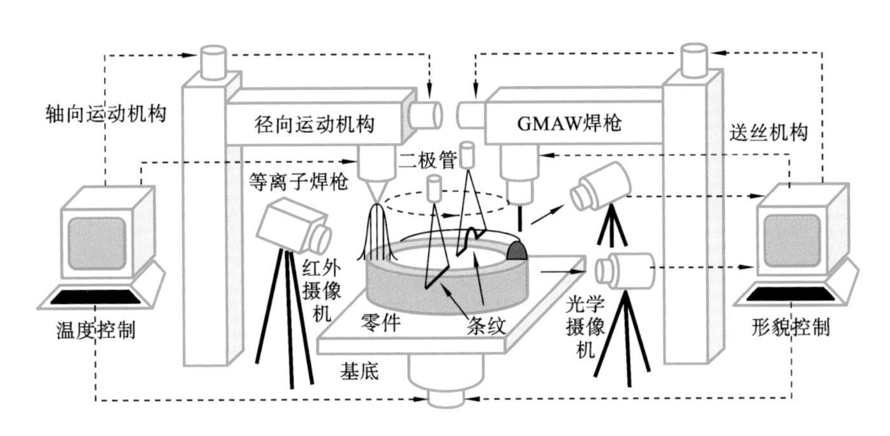

图 6-9　基于 MIG 的电弧 3D 打印与监控系统

基于 MIG 的电弧 3D 打印应用的是近净成形和原型制造原理，其追求的是低成本、高效率而非高精度，所以对成形精度要求并不苛刻(需要两次机加工)。此外，该系统需在焊枪周围设置复杂的辅助光路系统，光路干涉严重约束了焊枪的可达性。图 6-10 所示为基于 MIG 的电弧 3D 打印设备成形的钛合金制件。

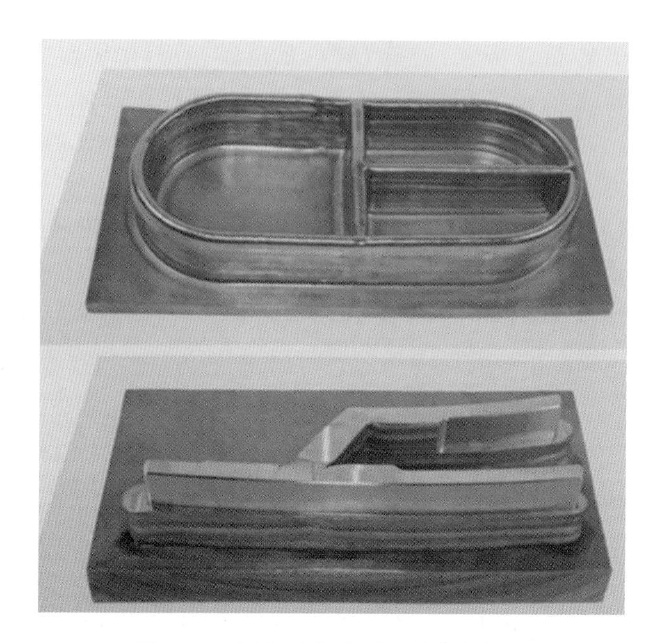

图 6-10 电弧 3D 打印成形钛合金制件

6.3.2 成形材料

基于 MIG 的电弧 3D 打印常用成形材料有如下几种。

(1) GMT-P20Ni 焊丝 以焊接开裂敏感性低的合金成分设计，适用于塑料射出模、耐热模(铸铜模)成形。制件具有良好的抛光性，焊后无气孔、裂纹，打磨后表面精度高，经真空脱气锻造后，预硬至 33 HRC，断面硬度分布均一，模具寿命达 300000 h 以上。预热温度为 250～300 ℃，后热温度为 400～500 ℃，做多层焊补时，采用后退法焊补，不易产生融合不良等缺陷。

(2) GMT-NAK80 焊丝 适用于塑料射出模、镜面钢成形，所得制件硬度高、镜面效果佳。该焊丝加工性良好，焊接性能极好。

(3) GMT-MA-1G 焊丝 其属于超镜面马氏体时效钢系焊丝，主要应用于军工产品或要求极高的产品的铝压铸模、低压铸造模、锻造模、冲裁模、注塑模的堆焊。用于焊接硬度为 48～50 HRC 的特殊硬化高韧度合金，可制作非常精密的模具，能实现超镜面加工效果(浇口补焊，不易产生热疲劳裂纹)。

(4) GMT-高速钢焊丝(SKH9) 硬度为 61～63 HRC 的高速钢，耐用性为普通高速钢的 1.5～3 倍，适用于制造加工高温合金、不锈钢、钛合金、高强度钢等难加工材料的刀具，以及焊补拉刀、热作高硬度工具、模具、热锻总模、热冲模、冲具、电子零件、螺纹滚模、钻滚轮、滚字模、压缩机叶片等。

6.3.3 成形组织性能

在基于 MIG 的电弧 3D 打印的堆焊成形过程中，熔滴向熔池过渡的稳定性对成形质量至关重要，电弧挺度弱于激光、电子束等高能束，已堆焊沉积层形貌质量对下一道次的堆焊表面影响较大，上一道次形貌特征在电弧 3D 打印成形技术中表现出特定时空非连续“遗传”特性，尤其是首道次成形，由于基板的表面质量、清洁度、加工状态等不尽相同，因此首道次成形时应采用“强工艺规范”来弱化基板对成形质量的影响。图 6-11 对比分析了在大电流、相对较高的送丝速度下首道次 TC4 钛合金成形形貌特征，送丝速度 WFS＝10 m/min 时，首道次成形表面的“隆起”和“凹陷”不明显，成形宽度方向的波动性较低。基于“强工艺规范”的首道次成形中，因不必考虑熔池内熔融金属向两侧漫流，即重力对成形性的影响，持续地高速率送丝以弱化熔池内表面张力的作用，使得成形以熔融态金属重力支配作用下的熔覆为主，可能会降低成形稳定性对基板特征的敏感程度而获得连续、稳定一致的成形形貌。

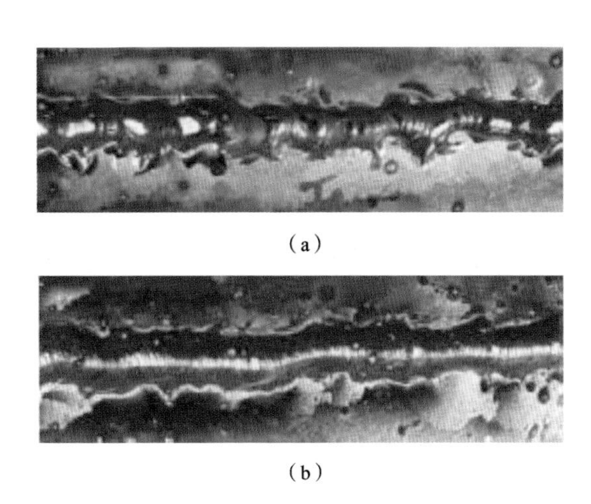

图 6-11　不同送丝速度下 TC4 钛合金成形形貌

(a) WFS＝5 m/min；(b) WFS＝10 m/min

基于 TIG 的电弧 3D 打印因其弧、丝的非同轴性，在成形路径复杂多变时，送丝方向与堆焊方向的相位关系保持依赖于行走机构，往往增大了成形、控制系统的复杂性。基于 MIG 的电弧 3D 打印虽然热输入较高，但成形速率更快，而且以焊丝作为电极，弧、丝具有同轴性，不存在如 TIG 电弧增材成形的送丝方向与焊接方向的相位关系，成形位置的可达性更高[111]。

6.3.4 应用与发展

随着轻量化、高机动性先进航空飞行器的发展，飞机结构件也向着轻量化、大型化、整体化方向发展，低成本高效地制造高可靠性、功能结构一体化的大型航空结构件成为航空制造技术发展的新挑战。电弧 3D 打印以连续“线”作为基本构型单元，适用于机体内部框架、加强肋及壁板结构的快速成形。目前，大型整体钛合金、铝合金结构在飞行器上的应用越来越多，虽然大型一体化结构件可显著减轻结构重量，但这种结构给传统减材、等材加工制造带来了巨大困难。如美国 F-35 战机的主承力构件仍需几万吨级水压机压制成形，后期需要大量烦琐的铣削、打磨等工序，制造周期长。大型框架、整体肋板和加强肋的 3D 打印等强烈依赖于机加工设备的结构件采用 3D 打印，可逾越国外对我国大吨位、高自由度机加工设备的技术封锁，推进我国先进航空飞行器研发进度。图 6-12 所示为利用电弧焊制造的导弹弹体。

图 6-12 利用电弧焊制造的导弹弹体

6.4 金属微滴喷射成形技术

金属微滴喷射成形技术是一种融合了熔滴按需喷射、快速原型技术和快速凝固技术，以原材料逐层堆积为成形思想的一种新型金属零件直接制造的 3D 打印方法，其技术原理如图 6-13 所示。在保护性气氛中，金属微滴喷射器可喷射出尺寸均匀的金属微滴，然后通过精准地控制这些均匀微滴在运动平台上逐点、逐层堆积，同时控制运动平台的运动轨迹，可以成形出具有复杂形状的三维实体金属零件。微滴在成形零件的过程中，直接依靠熔滴自身的热量与基体在结合界面处发生局部重熔，实现熔滴间的冶金结合。由于熔滴直径较小，其冷却与凝固速度较快，可使得制件的组织较为细小均匀，从而有效提高制件的力学性能。图6-14所示为某国产微滴喷射3D打印机。

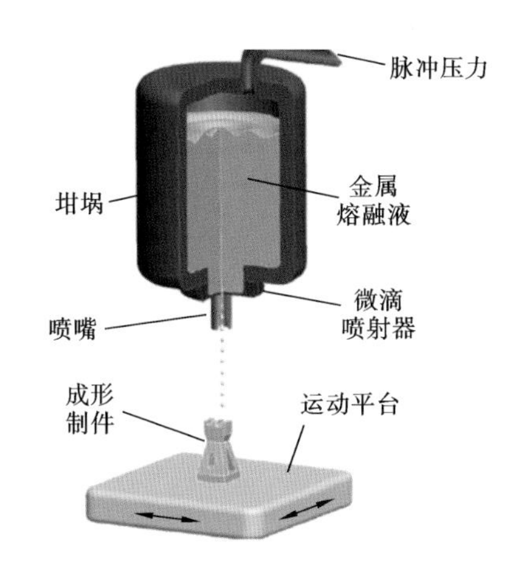

图6-13　金属微滴3D打印成形工艺过程原理

图6-14　国产微滴喷射3D打印机

金属微滴喷射成形技术具有喷射材料范围广、可无约束自由成形和不需昂贵专用设备等优点，在微小复杂金属件制备、电路打印与电子封装以及结构功能一体化零件制造等领域具有广泛应用前景。

金属微滴喷射技术可以分为连续式喷射(continuous ink-jet,CIJ)技术和按需式喷射(drop-on-demand,DOD)技术。连续式喷射是在持续压力的作用下,使喷射腔内流体经过喷孔形成毛细射流,并在激振器的作用下断裂成为均匀液滴流[112]。按需式喷射则是利用激振器在需要时产生压力脉冲,改变腔内熔融液体积,迫使其内部产生瞬间的速度和压力变化,来促使单颗熔滴形成。相比连续式喷射技术喷射频率高、单颗熔滴飞行沉积行为不易控制的特点,按需式喷射因喷射时一个脉冲仅对应一颗熔滴,因而具有喷射精确可控的优点,但喷射速度远低于连续式喷射。

在金属微滴喷射3D打印过程中,保持均匀金属微滴的稳定喷射是该技术得以应用的基础。针对不同形式的微滴产生机理和应用领域,需开发相应的微滴喷射装置与控制系统。此外,喷射参数、熔滴温度、基板温度等的协调匹配对制件外部形貌、内部组织等均有很大影响。

目前,金属喷墨打印技术的应用主要集中在两个方面:

(1) 金属件直接成形　微滴喷射成形技术产生的金属熔滴尺寸均匀、飞行速度相近,通过有效控制工艺参数,可以实现沉积制件形状和内部组织控制,因此在复杂金属件直接成形方面具有独特优势。加州大学Orme等人率先将金属微滴连续喷射技术应用于铝合金管件直接成形,所得制件内部晶粒尺寸均匀细小(10 μm数量级),抗拉强度和屈服强度与铸态相比,提高约30%。

(2) 电子封装/电路打印　连续式喷射技术可用于高效率制备均匀细小金属颗粒,但是由于其不能按需产生液滴,因此多用于焊接制备和简单形状电路打印;按需式喷射技术可实现微滴定点沉积,因此在焊接打印、电子封装、复杂结构电路打印方面更具优势。美国Microfab公司已实现按需式喷射焊点打印的商业化应用。

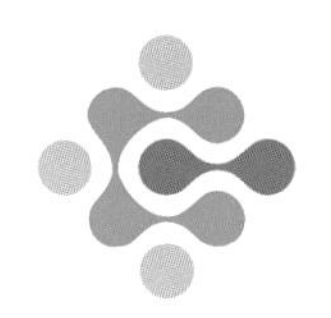

第7章
金属3D打印自由设计

3D打印采用逐层堆叠的成形方式，相比于传统的加工制造方法，在制造具有复杂曲线、曲面的结构方面有着显著的优势，特别适合用于制造结构复杂的模型、工件。但在实际的加工成形中，为了提高加工可行性，设计时必须遵守一些规则，以避免在技术原理、几何特征、成形材料、成形工艺等方面受到约束。

7.1 设计约束

7.1.1 成形原理约束

1）尺寸限制

3D打印设备有着特定的加工范围，尺寸限制主要为最大几何尺寸和最小几何尺寸。设备的成形缸尺寸决定了所能成形的最大几何尺寸，设计的最大几何尺寸应小于成形缸的尺寸。对于激光3D打印设备，激光光斑的尺寸决定了所能成形的最小几何尺寸，如图7-1所示。在设计的零件轮廓尺寸小于激光光斑的尺寸时，即便不考虑热传导所造成的误差，加工出来的实际零件尺寸也会

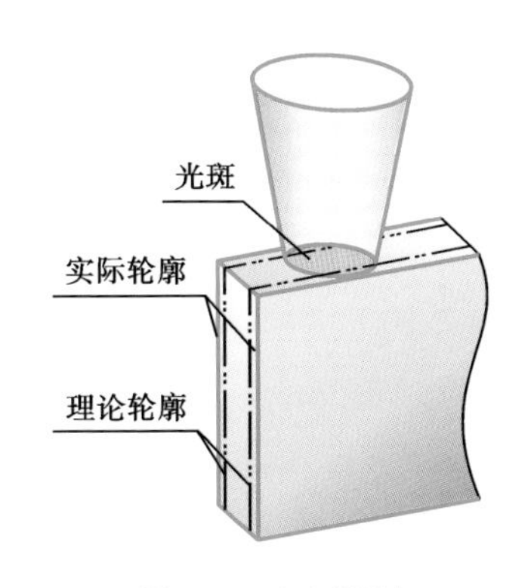

图7-1 光斑限制

大于设计尺寸。况且光纤激光器的能量服从高斯分布，聚焦的光斑大小会随着能量大小的改变而改变，并且由于热传导的存在，实际成形的最小几何尺寸也会大于激光的光斑尺寸。

2）成形分辨率

成形分辨率主要指典型几何特征的最小成形尺寸，如圆柱的直径、圆柱的倾斜角度、薄板的厚度、间隙和孔径大小等。成形分辨率是零件能否成形的重要参数，对零件的设计与加工影响很大。几何特征越小，其结构的力学性能也越差。

图 7-2 所示为薄板和圆柱的成形结果（图(a)中尺寸为薄板厚度，图(b)中尺寸为圆柱直径）。

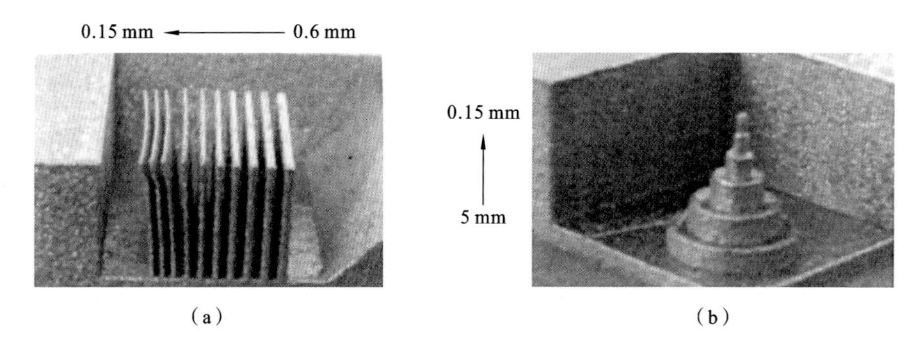

图 7-2 薄板和圆柱的成形结果

(a) 薄板；(b) 圆柱

扫描时粉末受热熔化并吸附附近的一些粉末，阻塞过小的间隙，会使间隙成形失败。图 7-3 所示为间隙的成形结果。考虑熔道的宽度，加工出来的实际间隙必将小于设计间隙，所以设计间隙不能太小。

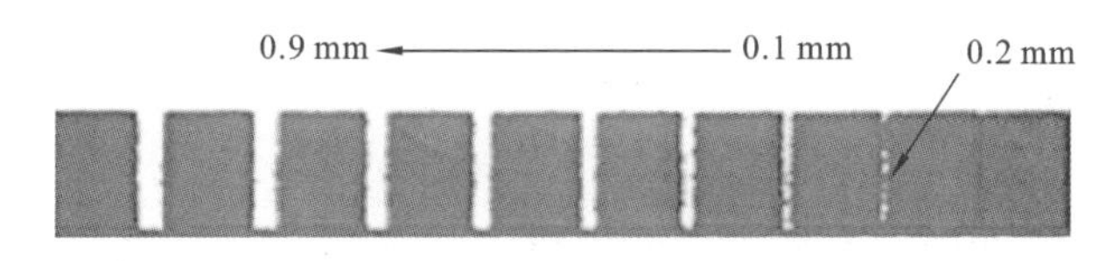

图 7-3 间隙的成形结果

3D 打印在成形悬垂结构时存在角度限制，当悬垂结构的倾斜角度小于成形极限时，悬垂面的下方会出现悬垂物，从而造成制件的表面质量较差。倾斜结构的层间搭接率也会受到倾斜角度和铺粉厚度的影响。

如图 7-4 所示，当多孔结构的支柱为圆柱时，设倾斜角度为 β，圆柱的直径为 d，铺粉厚度为 t，层与层之间的衔接长度为 λ，层间悬垂长度为 l，切片时每层椭圆的短轴长为 b，长轴长为 a，则

$$a=\frac{d}{\sin\beta} \tag{7-1}$$

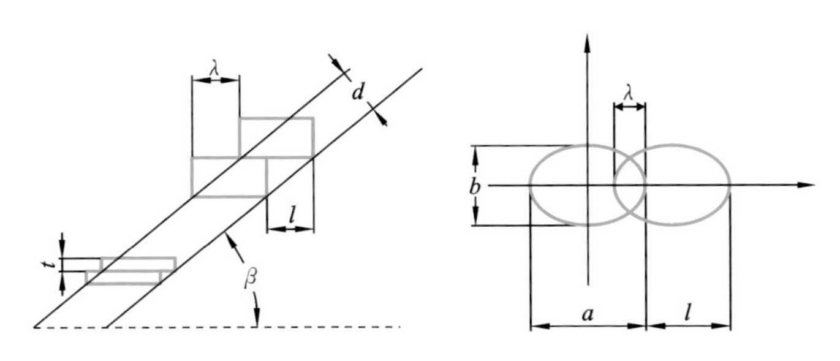

图 7-4　倾斜角度与搭接率的关系示意图

层间悬垂长 l 为

$$l=\frac{t}{\tan\beta} \tag{7-2}$$

层与层之间的衔接长度 λ 为长轴 a 与层间悬垂长 l 之差，即

$$\lambda=a-l=\frac{d}{\sin\beta}-\frac{t}{\tan\beta} \tag{7-3}$$

式(7-3)反映了倾斜角度 β 与支柱直径 d、铺粉厚度 t 之间的关系。层与层之间的衔接长度 λ 一定要大于或等于一个极限值，λ 达到该极限值时的倾斜角称为极限成形角。

3）成形精度

在 3D 打印技术中，成形设备、成形材料和模型数据都会对成形精度产生影响。3D 打印中最通用的文件格式为 STL 格式，STL 文件是用三角面片近似表达的模型。STL 模型越逼近原始模型，则在模型转换时使用的三角面片数量越多，同时文件也会越大。如果设置的三角面片数量过少，则转换过程中一些微小的几何特征将会失真。

3D 打印是先将三维模型切片分离为二维的截面，再使用打印设备将二维的截面逐层打印堆叠成三维实体模型的过程，因此在成形过程中会出现台阶效应，使模型失真。如图 7-5 所示，设三维模型的高度为 W，被切片分解成 n 层，

$X_i(i=1,2,3,\cdots,n)$表示第 i 个单元截面体的高度，则 W 的表达式为

$$W \approx \sum_{i=1}^{n} X_i \tag{7-4}$$

当 n 趋向于无限大时，截面厚度将无限趋于 0，成形的实体也就与设计的三维模型无限接近，但在实际中，由于成形工艺和材料的影响，成形截面厚度不可能无限小，也就不可能完全避免台阶效应，只能够取尽可能小的层厚来降低它的影响。

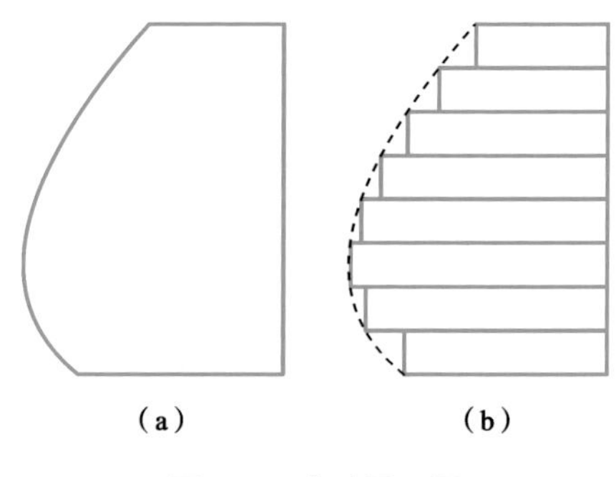

图 7-5　成形原理图

(a) 设计的模型；(b)成形后的模型

4）材料性质约束

材料有其固有特性，加热熔化过后会有一个冷却的过程，材料冷却后会收缩和变形，使得打印尺寸与实际尺寸产生一定的差值，而材料收缩导致的内应力又会使零件产生变形，甚至发生层间剥离或翘曲，对零件成形精度造成直接影响。

在 3D 打印过程中，液态金属快速凝固，使得制件层内及层间出现大的温度梯度，进而导致制件在凝固过程中产生大的热应力，该热应力将引起制件的翘曲变形，甚至引发制件的断裂。制件发生翘曲变形的根本原因是金属粉末材料相变产生体积收缩，导致层内与层间应力。有研究发现，在 SLM 成形过程中，由于激光加热速度快和材料热传导率较低，材料中会形成很大的温度梯度。材料的强度随着温度的升高而降低，上表层的快速加热和周围金属的约束作用使材料内部产生弹性甚至塑性压应力（分别为上表层压应力 ε_{th} 和下表层压应力 ε_{pl}）。当压应力达到材料的屈服应力（屈服应力此时比常温下的低）时，表层金属将产生塑性变形（见图 7-6(a)）；随后金属冷却下来，塑性变形导致上层金属的回复长度小于下层金属的回复长度；金属完全冷却后在内部产生拉应力 σ_{tens}，

制件沿着激光的入射方向产生一个弯曲角(见图 7-6(b))。

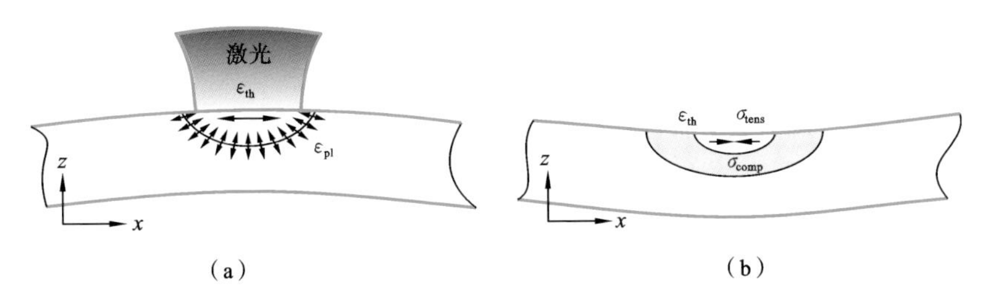

图 7-6 成形过程温度梯度机理

(a) 加热时;(b) 冷却后

通过试验研究人员发现,采用长扫描线会比采用短扫描线累积更大的内应力,如图 7-7 所示。当扫描线方向与截面的长边平行时,层内收缩主要依靠扫描线的纵向收缩来完成,这就使得收缩补偿过程进行得很不充分,层内的应力较大。翘曲程度与扫描线的长度成正比关系,因此,对于细长结构的成形,可以采用分区扫描的方法,以防止大的翘曲变形和裂纹[113]。

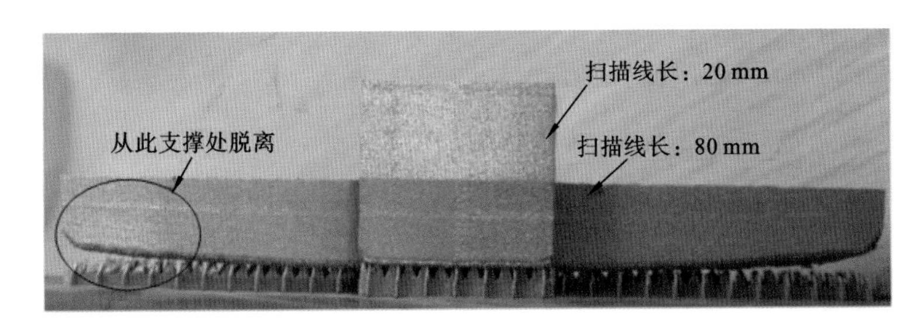

图 7-7 不同扫描线长度悬垂结构成形(底面添加支撑)

此外,由于材料受热,材料温度急剧升高到熔点以上,甚至产生汽化,从而产生飞溅,导致熔池材料不够,熔池成形不规则,最终导致制件表面粗糙度变大。从本质上来说,这也是受热引起的。

7.1.2 其他影响因素

1) 粉末黏附

如图 7-8 所示,粉末黏附是多孔结构成形过程中一种比较常见的缺陷。激光作用于粉末后形成两个区域:熔化区和热影响区。熔化区冷却后形成熔道,热影响区由于能量不足而未能充分熔化,黏附在熔道附近。在成形悬垂结构时，因为激光是直接射到粉末上的，所以这个区域的熔池过大，在重力的作用下熔池下陷，从而出现“挂渣”现象，这也属于粉末黏附。粉末黏附很难通过后期处理完全清除，使多孔结构的形状精度、尺寸精度等降低。

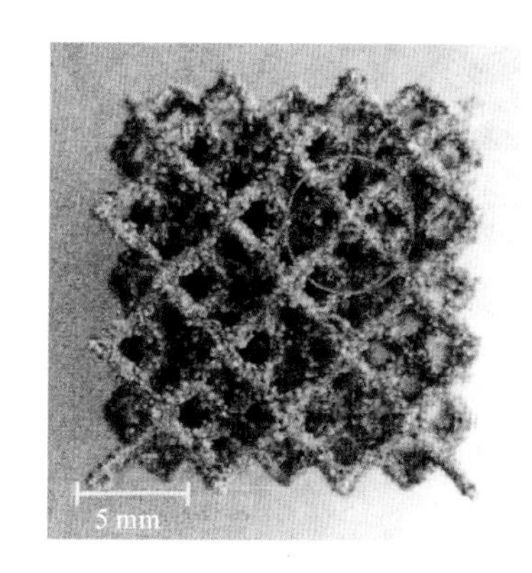

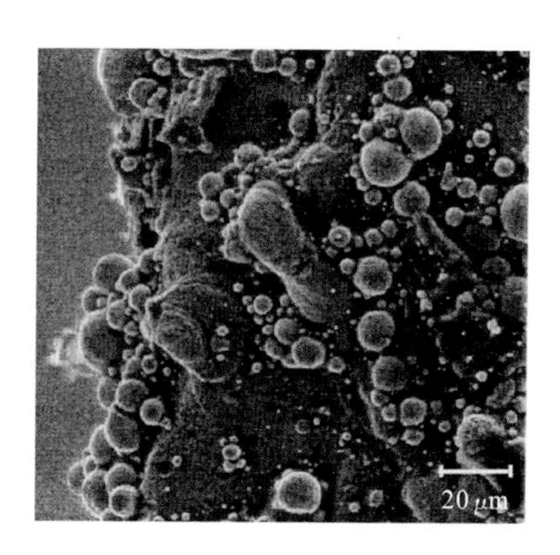

图 7-8　粉末黏附现象

2）成形支撑

打印模型存在着大量的复杂中空结构、悬垂结构和曲面等，如果不考虑添加支撑（见图 7-9）和支撑的去除方法，这些结构将很难完美成形。在成形过程中，支撑主要起两个方面的作用：一是连接已成形的和未成形的部分，防止受热冷却产生的内应力导致的变形；二是防止模型坍塌，承接还没成形的粉末层。

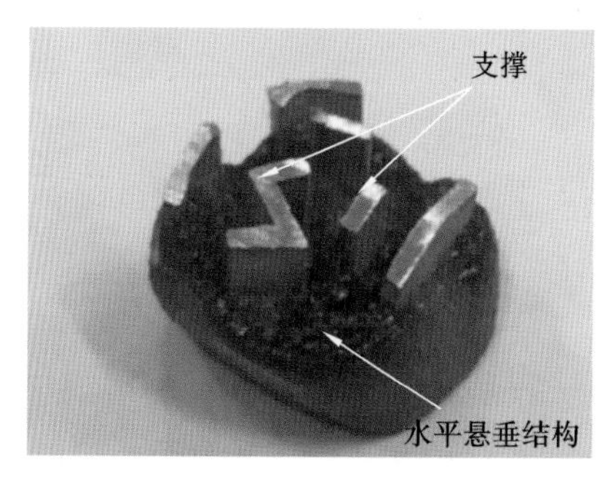

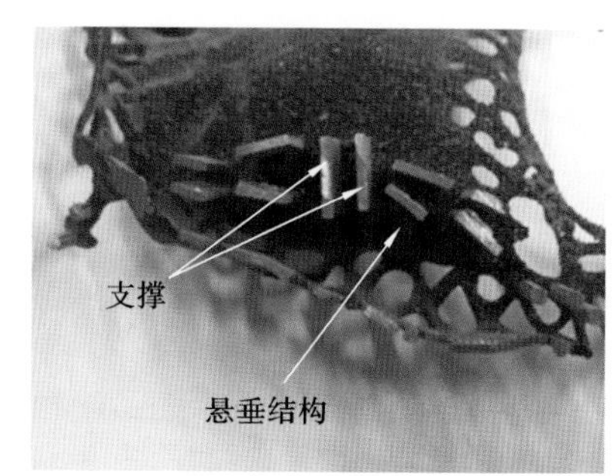

图 7-9　SLM 成形支撑

3）后处理约束

加工零件的后处理主要包括多余材料和废料的去除、支撑去除、工件的打磨、材料固化或上色电镀等。由于零件成形后变成一个整体，如果打印时添加支撑的开放区域已经闭合，就会造成支撑难以去除的后果。因此添加支撑时必须考虑后处理，这也是后处理对自由设计阶段的约束。

7.2 自由设计

7.2.1 自由设计方法的提出

随着3D打印技术的发展，相应地出现了一种新型的设计方法——自由设计。自由设计以实现功能为直接目的，设计的过程围绕功能展开。因此，自由设计框架需在零件功能模型的基础上构建。

建立功能模型时，首先要求按照该模型制作的零件能完全满足功能需求，如果在建立功能模型的过程中丢失了设计信息，则最终所得到的零件将无法满足功能需求。其次，在将功能具体化时，应使最终细化的子功能便于转化为设计特征，否则功能模型就失去了意义。因此，自由设计中零件的功能模型应能够反映零件对于3D打印工艺的可加工性。自由设计方法是基于3D打印技术而产生的，也称作面向3D打印的设计方法(design for 3D printing)。

自由设计最常见的定义是：基于3D打印技术的能力，通过形状、尺寸、层级结构和材料组成的系统综合设计，最大限度地提高产品性能的方法。

在传统加工方法中，简单内腔结构零件可以采用刀具直接进行加工，然后再对内腔结构进行后处理(堵塞没用孔的出口)。对于复杂内腔结构零件，刀具无法进入内腔，则需要将零件分解为多个单元分别加工出来再焊接成零件，或者采用熔模铸造方法加工。铸件往往有孔洞、气穴等缺陷，而且工序相对烦琐。3D打印中的自由设计也存在着约束。在基于铺粉熔化/烧结过程的工艺成形过程中，热源选择性地扫描粉末，实体区域的粉末受到能量束扫描而熔化、烧结成形，无实体区域的粉末无能量束扫描；在每一层完成扫描后，成形缸下降，没有受到能量束扫描的粉末也跟着实体下降。从这个过程可以看出，内腔结构所对应的粉末是不受能量束扫描的，因此，在成形结束后，粉末还残留在内腔结构中(见图7-10)，这样就给设计工作带来了很大的困难。在设计内腔结构时，必须考虑成形后如何将粉末导出。

对于SLM、EBSM这类熔化成形工艺，设计零件时，当内腔结构中存在悬垂结构时，由于存在能量束斑深穿透原理性约束，需要添加支撑。但支撑同样存在移出的问题，这也给设计带来了不便。

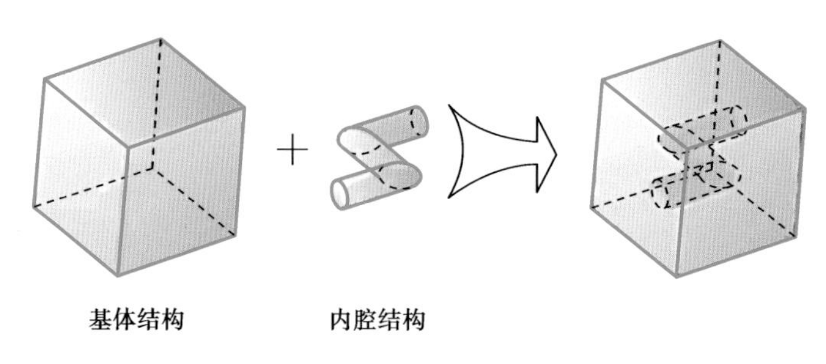

图 7-10 具有内部孔结构的矩形体

7.2.2 自由设计的内容

自由设计的内容如下：

1）进行个性化设计

3D 打印技术可以实现任意复杂结构的快速制造，不受加工工序的约束。对于个性化需求高的产品，采用 3D 打印也游刃有余。在制造具有曲面、多孔结构、中空结构等复杂结构的零件时，自由设计可使零件结构、材料性能得到最好的体现。

2）进行精简化设计

基于 3D 打印技术的零件的成形过程就是从建模、切片到打印的过程，与以往传统的铸造、锻造毛坯的车、铣、刨、磨精加工制造工序相比，不需刀具、夹具，又节约时间成本。其中为后期加工制造方便而设置的结构基本上可以省略，如铸造中的起模斜度、传统车削加工中的退刀槽等，在 3D 打印自由设计中都可以忽略，取而代之的是更加有利于增强零件性能的结构。

3）进行轻量化设计

运用先进材料和优化零件结构是实现轻量化的两个关键要素。在传统的零件制造中，由于加工制造工艺的约束，难以实现零件结构的轻量化。但在基于 3D 打印技术的自由设计中，可以通过多孔结构和格构结构来对零件的内部结构进行优化，这是轻量化设计的一个突破。在资源紧张的今天，自由设计可使用最少的材料来实现所需的功能，符合当今绿色制造的主题。

4）进行免组装设计

利用自由设计方法可以进行免组装设计（包括运动副和功能结构的免组装），将很多细部结构都集成到一个零件上进行一次性加工，直接成形一个构件或部件，甚至做到整个零件的一次性成形，省去传统制造当中的许多装配工序，例如，焊接成形的零件，在自由设计中可以设计为一个整体。

7.2.3 自由设计流程

1. 功能分析

自由设计是以实现功能为直接目的的设计方法，因此首先进行产品的功能分析，分析产品要实现的全部功能及其子功能，以及实现该功能的结构特征。以最少的材料满足性能要求是自由设计理念的特别之处。在自由设计中可使用诸如拓扑优化和点阵结构之类的工具来制造更轻、更高效的产品。例如通过 Solid Thinking 整合拓扑优化与网格结构设计，使得设计师可以轻松地通过拓扑优化确定材料布局，再考虑更多的设计要求，包括应力、屈服强度等，通过晶格进行更精细的材料分配，实现最优化的设计。

2. 约束分析

设计产品时要考虑设计受到哪些约束。设计约束一般包括产品约束和设备(3D 打印机)约束。

例如对于定向能量沉积(DED)工艺，自由设计同样存在分层约束、能量束斑约束、内腔结构约束和热应力约束，但是由于成形过程中是采用激光熔覆头喷嘴实时送粉的，因此，这里不存在能量束深穿透约束。对于能量束斑约束，由于 FDM 工艺所采用的激光器一般是千瓦级的高功率激光器，其聚焦光斑通常较大，其成形精度通常要比 SLM、EBSM 成形精度要差，在细微结构(如间隙、孔洞、薄壁、尖角等)的成形方面的应用受到较大的限制，因此，在零件设计中，必须考虑成形设备的细微结构成形能力。

当成形诸如槽、键槽、通道、孔洞等精细结构时，为了防止间隙黏合，必须考虑最小间隙或最小孔洞尺寸的限制。最小间隙、最小壁厚和最小孔洞尺寸(见图 7-11)与能量束斑(如激光光斑)直径直接相关，需要通过工艺试验确定。

在 FDM 工艺中很难添加支撑，故需要避免成形悬垂结构或者倾斜角度过大的结构。一般情况下，都是在设计阶段设计出能安全成形的结构，之后通过机加工方式获得悬垂面(见图 7-12)。

FDM 工艺原理也决定了应用该技术难以成形高精度零件，因此，利用该类工艺成形后往往需要去除材料才能完成零件的制造，为节约后处理成本，在设计零件结构时，需要考虑结构对该类工艺的适应性。

图 7-13 所示为自由设计流程。

3. 结构设计

进行零件的结构设计是为了更好地实现零件的功能。由于大部分物理化

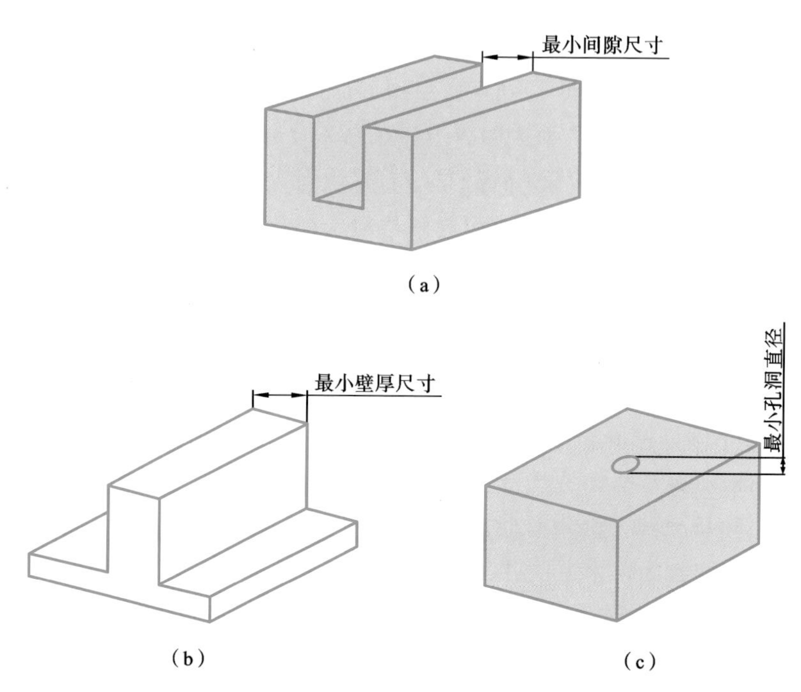

图 7-11 FDM 工艺能成形的最小间隙、壁厚、孔洞

(a) 最小间隙;(b) 最小壁厚;(c) 最小孔洞

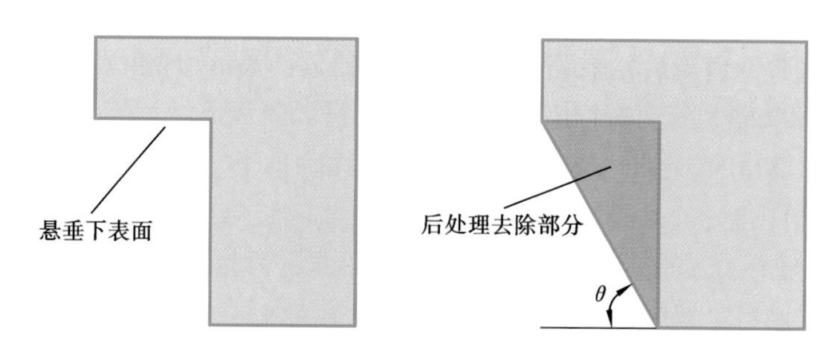

图 7-12 激光熔化沉积成形工艺成形悬垂结构

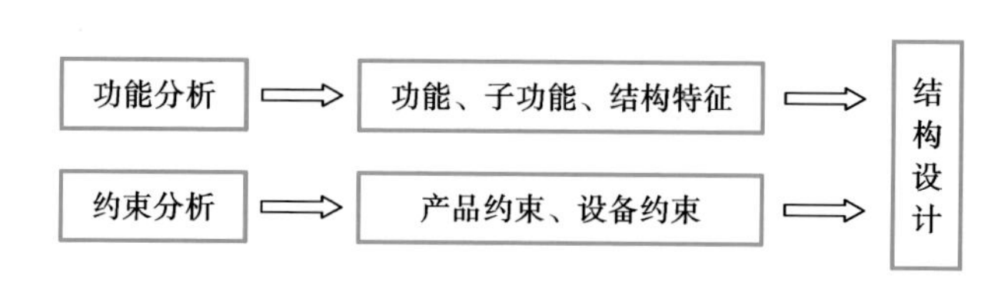

图 7-13 自由设计流程

学原理都是设计者难以改变的，在设计过程中只能借鉴已有的成果和经验，因此结构设计的作用就显得更加重要。如果一个零件的结构设计能够更简单、更可靠和使成本更低，并且可以更好地实现零件功能，无疑是更接近最优的。在传统的设计中，结构设计受到传统加工方法的限制，在零件的形状和结构上不得不做一些改变，往往难以达到直接实现零件功能的目的。与传统加工方法不同的是，在原理上3D打印可成形任意几何形状，因此，结构的自由设计应该以实现功能为直接目的，零件的形状和结构力求最简单和最可靠，并提高零件设计的创造性。尽管传统的设计也是以实现功能为目的的，但是一般传统加工方法难以实现零件的直接制造，而3D打印可以直接制造具备终端功能的零件，结构设计的规则会有所不同[114]。总体而言，就是要针对产品功能和约束对产品进行结构设计，力求结构最简、功能最佳、成本最低、外观最美。

7.2.4 自由设计方法下的价值工程与功能分析

3D打印自由设计存在的约束可以称为硬件约束，即由于现有设备和研究的制约而存在的约束。然而评价一件产品的优劣主要看其价值，如果利用3D打印技术花费高成本制造出功能一般的产品，自由设计方法就体现不出其优越性。而价值工程理论可以为用自由设计方法设计出的产品提供一种评价手段，以指导设计过程。自由设计以实现功能为最直接的目的，因此功能研究为自由设计理论的基石。功能分析是价值工程分析的核心，将价值工程的理论体系与自由设计相结合，有助于3D打印产品实现价值最优。

1. 价值工程

实施价值工程的目的，就是以对象的最低寿命周期成本，可靠地实现使用者所需功能，以获取最佳的综合效益。价值工程中的价值反映了生产费用与功能(效用)的关系，是产品实现某种功能与产品总成本的比值。价值工程的原理公式如下：

$$V=F/C \tag{7-5}$$

式中：V是价值，F是功能，C是产品总成本(全寿命周期成本)。

产品全寿命周期内的总成本包括制造成本和使用成本，如图7-14所示。

图7-14中：C_1是制造成本，随功能的提高逐渐上升；C_2是使用成本，随功能的提高逐渐下降；C_1与C_2之和是全寿命周期的总成本C，C曲线呈下凹状，其最低点C_{min}对应的F_0便是以最低成本所实现的功能。

从式(7-5)可看出，价值的提高取决于功能和成本两个因素。可通过以下五个途径来提高产品价值：

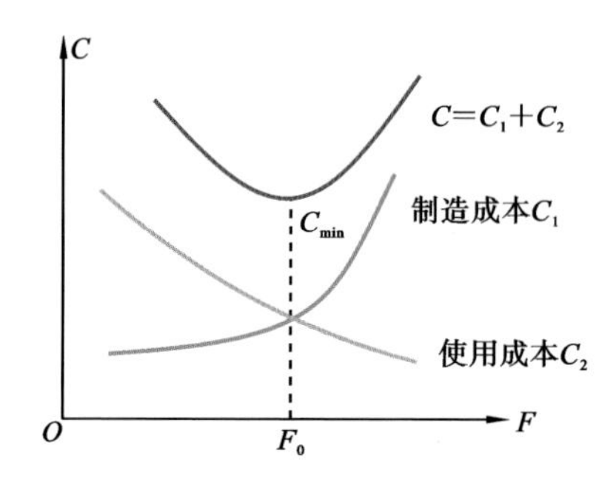

图7-14　价值工程中成本与功能的关系

(1) 功能不变,降低成本。通过功能分析和成本分析,如果价值工程对象(产品、零部件、流程、服务等)达到了必要功能要求,则可以在维持功能不变的前提下,尽可能减少材料、劳动力等生产要素的投入,或通过提高生产要素使用的效率来降低制造成本,或者通过延长产品或其零部件的使用寿命来降低使用成本,达到降低产品的全寿命周期成本的目的,从而提高产品价值。

(2) 功能提高,成本不变。如果价值工程对象达不到必要功能要求,则可以在保持全寿命周期成本不变的前提下,通过功能分析、功能整理、功能结构创新来增强价值工程对象的功能,从而提高其价值。

(3) 功能大幅增强,成本小幅上升。如果价值工程对象实现的功能远远达不到功能要求,则应该通过功能分析、功能整理、功能结构创新,来大幅提高价值工程对象的功能。只要功能增强后,生产要素投入加大引发的制造成本和使用成本的总费用的增加幅度低于功能增加的幅度,其价值也可以提高。

(4) 功能小幅减弱,成本大幅下降。如果价值工程对象功能过剩,远远超过其该有的必要功能,造成功能浪费,则可适度减少功能(保证必要功能),大大降低产品全寿命周期成本。通过功能分析、功能整理、功能结构创新,大大地减少生产要素的投入,来提高其价值。

(5) 功能增强,成本降低。这是最理想的价值工程提高价值的途径。双管齐下,一方面通过功能分析、功能整理、功能结构创新,使价值工程对象达到必要的功能要求;另一方面通过节能减排,加强成本控制,减少寿命周期成本,提高价值工程对象的价值。

因此,对于基于3D打印技术设计的零件,若要提高其价值,必须从成本和功能两个方面入手。从宏观上来说,3D打印在一定程度上可节约材料成本,省去许多工艺和设备成本,自动化、智能化加工也可节约人力成本,在单件小批量生产时又可节约时间成本，具体的“节约”情况因不同产品而异。可以肯定的是，3D打印自由设计下的产品拥有更好的性能和功能体现。

2. 功能分析

功能是对象能够满足某种需求的任何一种属性。不同的领域对功能有着不同的定义，在工程设计领域，功能是体现物料、能量、信息等的输入与输出交换关系的系统概念；还有一些观点认为，功能是不同实体之间行为的因果关系。

在产品设计的不同阶段，功能也着有不同的定位。对于一件已完成的产品，功能是指其能够在一定工作条件下执行特定的行为，并达到用户或设计者要求的目标，而这些目标就是所谓的产品功能；而在产品设计的各个阶段，功能的概念一直在延伸与发展，体现为用户需求功能、设计需求功能、产品装配功能等等。

在产品设计之初要对其进行功能分析，功能分析包括功能定义、功能分类和功能整理三个方面。功能定义是功能分析的首要环节，旨在对产品的一切功能进行简明扼要的概括；功能分类是根据需求的程度将产品功能按基本功能和辅助功能进行分类，也可根据功能实现的质与量的需求按必要功能、不必要功能、过剩功能和不足功能进行分类；功能整理是对所列举功能进行一个逻辑性和系统性的整理，绘制功能系统图，分析功能间的关系和逻辑性。

3D打印自由设计的关键是功能分析，在产品设计之前要对其进行功能定义、功能分类和功能整理，绘制功能系统表格，表明其功能和子功能以及相应结构。

7.3 金属3D打印设计案例

产品并不是设计完后就可以直接生产的。设计初稿完成后，被送至加工厂进行试制，试制完成的样件至设计部进行测试，若测试发现有不满意的地方需进行修改，则按修改意见再次进行试制，如此循环，直至设计部满意为止。这种模式会造成大量的时间和资金的浪费。

对设计企业而言，这样做付出的是宝贵的时间和高昂的生产成本。而对加工厂来说，虽然其加工成本由设计企业担负，但繁杂的工作依然无法避免，从而浪费人力与资源。

外形设计并不涉及强度等特性的测试。利用3D打印可以实现对设计模型的快速制造和修改，从而避免时间和资金的浪费。同时可以得出该部件的具体信息，方便下一步的工作。打印出的部件也可以呈现给客户，使其对产品有一个直观的印象。采用3D打印可使设计部门的工作效率得到极大的提升。下面将利用一些实际设计案例来加以说明。

7.3.1 复杂内腔零件的数字化设计与3D打印

1. 复杂内腔零件的数字化设计

具有内腔结构的零件，其某些结构特征是从外面看不到的。给零件设计内腔结构，通常是为了减轻零件重量、节约材料，或者是要利用内腔结构实现某些功能。具有复杂内腔结构的零件在工业中广泛存在，最常见的是冷却零件，比如模具的冷却镶嵌块。

1）复杂内腔零件的结构元素分析

如果对具有复杂内腔结构的零件进行抽象概括，暂且不考虑各种具体的形状和结构，单单考虑其内腔特点，那么此类零件结构可以分为两大部分：内腔结构和基体结构。内腔结构是零件内部的结构，基体结构是用于构建内腔结构的结构。图7-15所示为复杂内腔零件的设计框架。

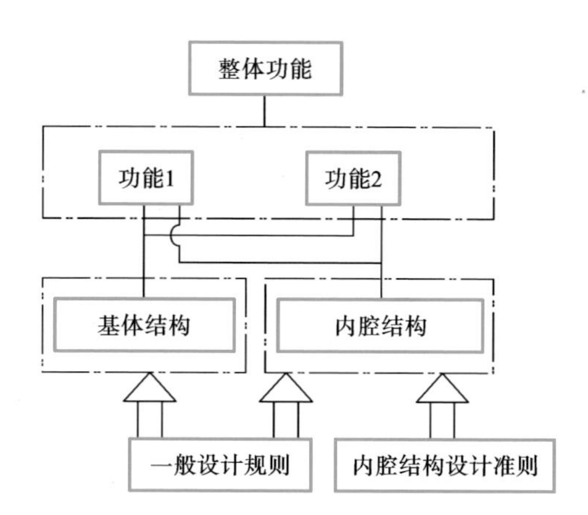

图7-15 复杂内腔零件的设计框架

无论是内腔结构还是基体结构，其进一步细化的结构元素均应该满足自由结构设计的一般规则，内腔结构和基体结构设计均受到一般设计规则的约束。除了一般设计规则，内腔结构因位于零件内部，还需要遵循复杂内腔零件的设计准则。

2）复杂内腔零件的设计准则

虽然3D打印工艺众多，但所依据的设计准则差别不大。本书以SLM技术为例，根据其成形特点提出复杂内腔零件的两个设计准则。

（1）内腔结构中的粉末可以清除。

在SLM成形过程中，激光是选择性地扫描粉末，实体区域的粉末受到激光扫描而熔化并凝固成形，无实体区域的粉末没有受到激光扫描；在每一层完成扫描后，成形缸下降，未受到激光扫描的粉末也跟着实体下降。从这个过程可以看出，内腔结构所对应的粉末是不受激光扫描的。因此，在成形结束后，粉末还残留在内腔结构中。

从功能实现的角度分析，为零件设计内腔结构，就是希望零件采用中空结构，从而达到减轻零件重量的目的，如果成形结束后粉末还残留在内腔结构中，就违背了功能实现的目的。

（2）内腔结构中的支撑不能影响功能实现。

根据自由设计的原理约束，内腔结构中的悬垂结构也需要添加支撑。与基体结构不同，内腔结构的支撑在零件内部，因此去除难度较大，在很多情况下甚至没法去除，只能作为基体结构的一部分残留在零件中。由于增加了支撑结构，就有必要考虑支撑是否会影响内腔结构的功能实现的问题。

2. 面向复杂内腔零件的设计在新型喷嘴开发中的应用

在激光加工技术应用中，激光喷嘴是最为关键的设备之一，而且喷嘴所喷射出来的粉末的均匀度在很大程度上决定了设备的加工质量。在激光熔覆成形领域，激光喷嘴的作用为：将粉末送入熔池中，使粉末熔融后与基材结合，形成熔覆层。在同轴送粉激光熔覆成形设备中使用的孔式喷嘴，因为可大角度倾斜送粉，并且具有粉末利用率高等优点而受到越来越多的关注。

1）孔式喷嘴的设计要点分析

激光熔覆孔式喷嘴最基本的功能是实现激光光束焦点与粉末汇聚点的重合。为了获得更好的熔覆效果和更方便操作，孔式喷嘴应满足以下几个设计要求：

（1）有明确的粉末汇聚点。对于孔式喷嘴，送粉通道可能不止一个，送粉通道的结构和分布形式应可以使沿送粉孔喷射出来的粉末汇聚于一点。

（2）其结构具有一定的散热功能。在熔覆过程中，喷嘴底部与熔池相距很近，因而送粉效果会受到热辐射的影响，而熔池热量与激光反射也会使喷嘴使用寿命缩短。因此，喷嘴结构应便于散热。

（3）激光光束焦点与粉末汇聚点之间的相对位置是可调的。在激光熔覆工艺中，粉末的材料、粒度不是一成不变的，送粉速率、激光功率等工艺参数也不相同。为了实现不同工况下的熔覆效果控制，激光光束焦点与粉末汇聚点之间的轴向位置和径向位置应可以在一定范围内调整。

2）新型孔式喷嘴的开发过程

根据具有复杂内腔结构的零件结构的分类划分方法，将喷嘴的结构分为内腔结构和基体结构两个部分：以冷却腔作为内腔结构，其余部分均作为基体结构。通过归类后，喷嘴的冷却腔不再需要通过在喷嘴上焊接冷却套来获取，而是作为喷嘴零件的一个结构特征，直接实现冷却功能。图 7-16 所示为传统的喷嘴结构与具有内腔结构的喷嘴对比。

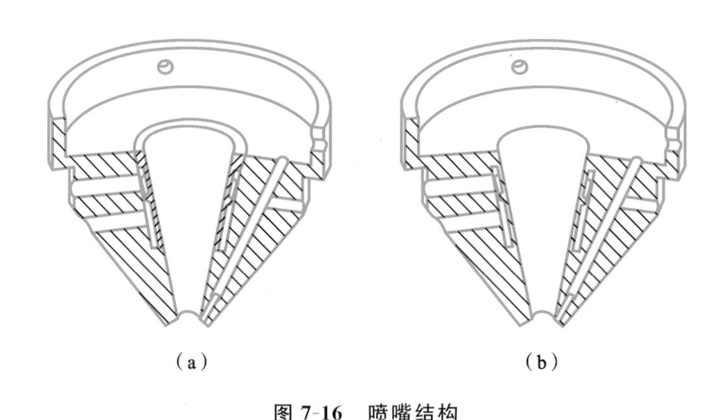

图 7-16　喷嘴结构

(a) 传统的喷嘴结构；(b) 具有内腔结构的喷嘴

根据自由设计的基本特点，送粉通道至少可以从两个方面进行优化：① 允许有内部孔，因此无功能需求的出口可以去除；② 允许有细长孔，因此孔无须采用台阶状。另外，从功能最大化的角度看：送粉通道可以采用光滑的内表面，以减小内表面对粉末的阻力；喷嘴其余实体可设计成空心的，这样可以增大冷却腔体积，加强冷却效果；喷嘴下沿可设计成光滑曲面，以增强喷嘴对激光的反射。图 7-17 所示为根据一般设计规则优化的喷嘴结构。

确定了喷嘴的结构后，接下来需要建立喷嘴的数字化模型。建模时，根据基体结构与内腔结构的时序关系，先按照喷嘴的外形构建基体，然后构建内腔形状，对内腔与基体进行布尔差运算，获得喷嘴的数字化模型。内腔结构设计除了要遵循一般设计准则，还应遵循内腔结构的设计准则。由此对喷嘴的结构进行以下分析判别和优化：

(1) 内腔中的粉末问题。喷嘴的冷却腔有进水口和出水口，并且口径相对粉末粒径要大得多，因此，成形后冷却腔的粉末可以去除，无残留。

(2) 内腔中的支撑问题。如图 7-18 所示，以喷嘴的上方连接面为起始面，

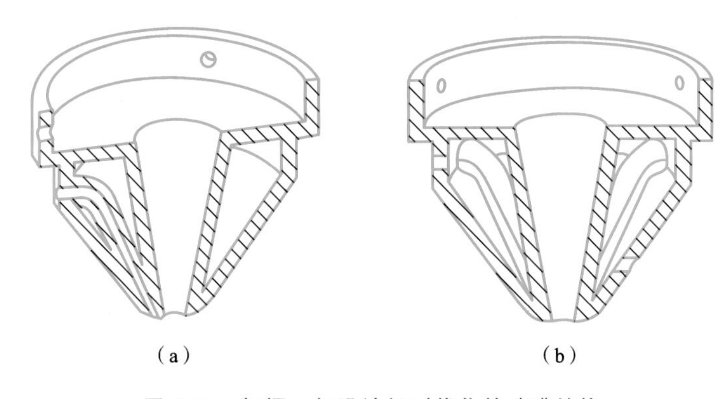

(a)　　　　　　　　　　　　(b)

图 7-17　根据一般设计规则优化的喷嘴结构

(a) 沿送粉通道的剖面;(b) 沿进出水口的剖面

沿着喷嘴的轴向进行加工。喷嘴内壁与基板的夹角为 55°,除了图 7-18(a)所示用黑色线段标记的面外,其余的面(如送粉通道外表面、激光通道内表面等)与基板的夹角均大于 55°,无须添加支撑;用黑色粗线段标记的面属于悬垂结构,需要添加支撑。分析内腔结构,冷却腔的进出水口与送粉通道不干涉,而且冷却腔体积比较大,添加的支撑不会影响冷却效果。因此,尽管支撑无法在成形后去除,也不会影响喷嘴功能的实现。

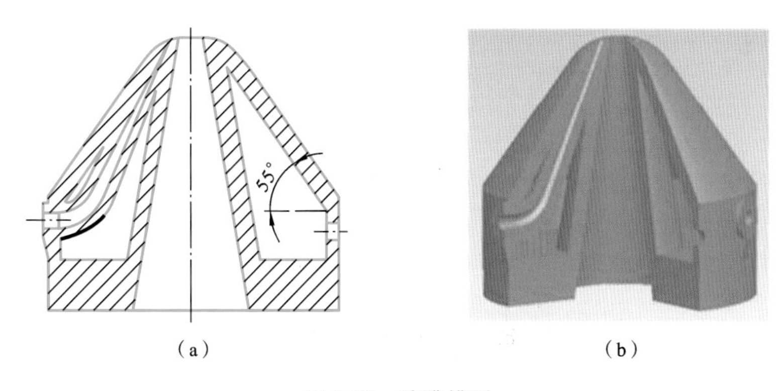

(a)　　　　　　　　　　　　(b)

图 7-18　喷嘴模型

(a) 内腔中存在需添加支撑的结构;(b) 根据设计准则优化的喷嘴模型

图 7-19 所示为使用 316L 不锈钢粉末材料直接 3D 打印成形并经打磨后的喷嘴。

(a)

(b)

图 7-19 直接 3D 打印成形并经打磨后的喷嘴

(a) 六孔喷嘴;(b) 三孔喷嘴

7.3.2 复杂内腔零件的模具设计与制造

Pro/Engineer 作为常用的 CAD 设计软件,除了造型设计以外,还具有模具设计模块以及 GES、STEP、STL 等多种标准接口,适合与 SLM 金属 3D 打印技术结合,实现从塑料制品设计到注塑模设计,最后到直接快速制造模具的设计制造体系。如图 7-20 所示,整个设计制造体系可分为四大模块:制品设计模块、模具设计模块、SLM 加工模块以及知识库模块。知识库模块包含制品知识库、模具知识库和 SLM 知识库。在制品设计、模具设计和模具制造时,可从知

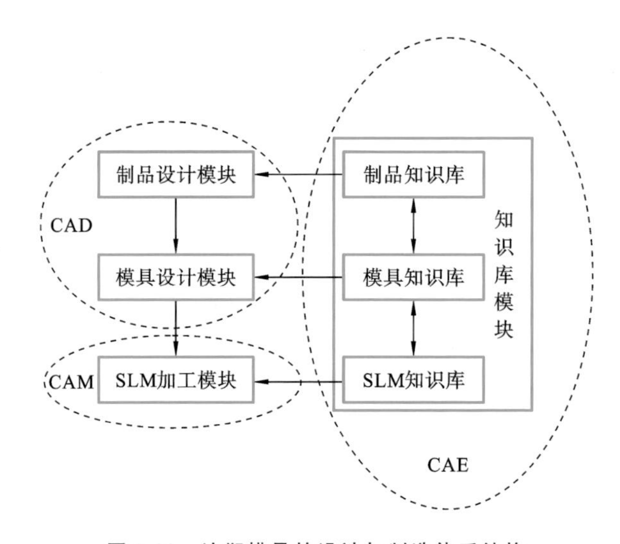

图 7-20 注塑模具的设计与制造体系结构

识库中调用专家知识。整个体系遵循的是CAD/CAM/CAE一体化的生产方式。

在进行模具设计时，从制品设计模块中调出塑料制品的CAD模型，并根据制品设计分型面，生成凹凸模。制品的CAD模型应是依靠制品知识库设计出来的具有合理结构形状的注塑制品，如材料选择、壁厚、收缩率、脱模斜度、圆角、加强肋等应符合注塑制品设计要求。生成凹凸模后，从模具知识库调用模架、浇口套、推杆等零部件进行整套注塑模的设计与装配。模具知识库除了可存放标准模具零部件（如标准模架）和已有的设计数据外，还具备专家分析诊断功能，以提供对所调用的零部件进行修改所需的决策建议，并优化模具设计。模具设计人员可根据实际需要，利用Pro/Engineer所提供的Pro/Toolkit工具自行开发、定制扩展功能。另外，也可以利用接口外接CAE分析软件。进行模流分析是很必要的。因此，可将浇注系统及制品CAD模型转换为模流分析软件（如Moldflow）所需的模型格式（如STL格式），导入模流分析软件进行模流分析，并依据专家经验对结果进行评价，优化设计。由于注塑模属于结构相对复杂、零部件配合较多的装配件，因此完成模具装配后，还应进行装配检查，进一步优化设计。图7-21所示为注塑模的设计流程。

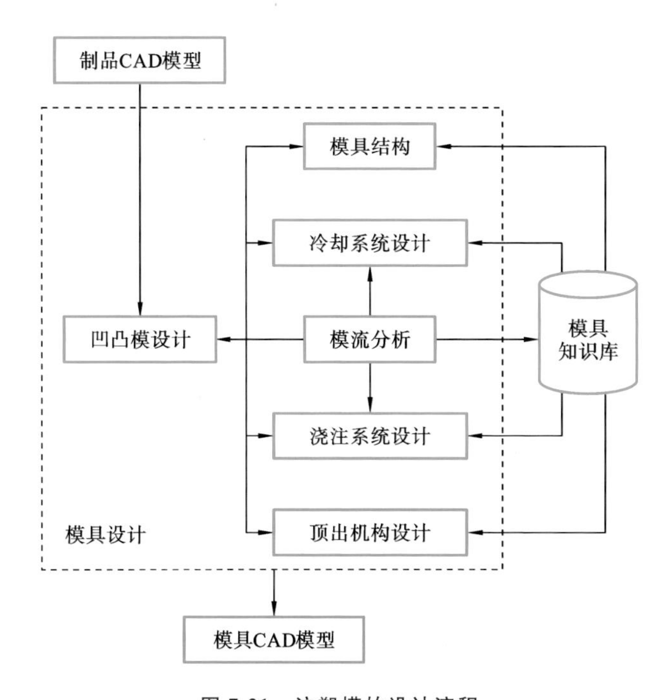

图7-21　注塑模的设计流程

在模具设计中，为了节约成本并且方便加工，常常将冷却零件设计成镶嵌块，镶嵌到模具中。与在凹模或凸模中直接设计出冷却管道的方法相比，采用镶嵌块所设计的冷却零件形状可以比较简单，而不必考虑模具的成形面上的制品特征，并且零件的功能也比较单一明确，即冷却。

如图 7-22 所示的冷却镶嵌块样品，其结构元素比较明确，包括作为基体结构的矩形体和作为内腔结构的螺旋管道。螺旋管道可以起到流通冷却介质的作用，从而使冷却镶嵌块实现冷却功能。在进行数字化设计时，先构建矩形体特征，再构建螺旋管道特征，两者进行布尔差运算，得到样品的数字化模型。样品的成形设备、原材料、工艺条件等均与孔式喷嘴相同。图 7-23 所示为 SLM 成形的模具。

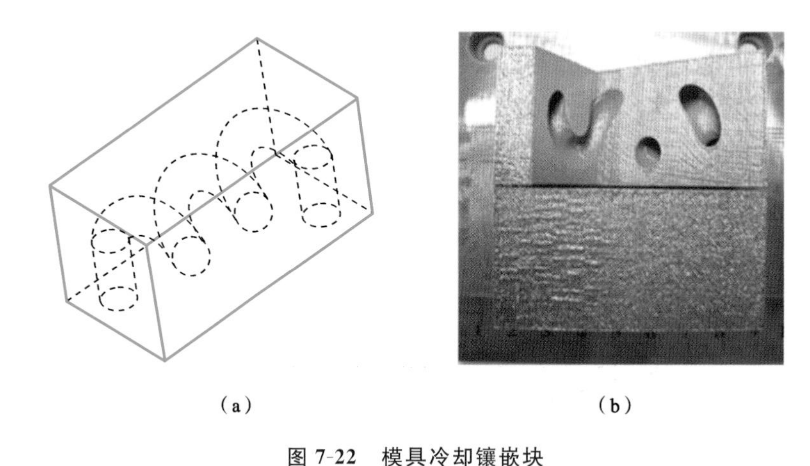

(a)　　(b)

图 7-22　模具冷却镶嵌块

(a) 冷却镶嵌块样品内腔结构；(b) SLM 成形的冷却镶嵌块样品

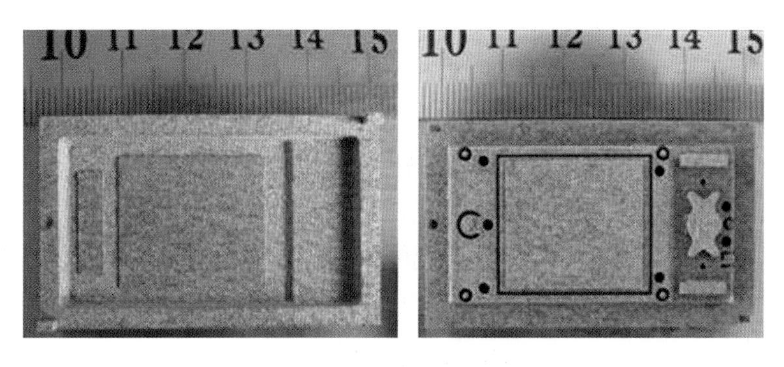

图 7-23　SLM 成形的模具

7.3.3 免组装机构的数字化设计与直接制造

机构一般是由两个或两个以上的零件组合而成的，也即只有通过两个或两个以上的零件的装配才可能构成一个机构。因此，免组装机构中并非不存在零件之间的装配关系，只是相对用传统设计和制造方法所得到的机构（即先单独加工出各个零件，再利用手工或自动化等方式装配而成）而言减少了某些装配步骤。

免组装机构是由若干个零件构成的，零件与零件之间存在间隙，并且构成间隙的两个面之间是可相对运动的。如果将间隙看作表征零件形状和结构的一种属性，并且根据构成间隙的零件之间的运动关系赋予间隙某种运动属性，那么免组装机构就相当于一个具有间隙特征的零件[115]。

1. 免组装机构的设计技巧

在免组装机构的设计中要考虑以下几个问题。

（1）构成机构的零件是否存在运动关系。

构成机构的零件未必都是可动的。如轴需要在轴套中转动，与轴套之间存在运动关系；轴套安装于固定座上，与固定座之间不存在运动关系。判别零件的运动关系的目的在于尽量减少零件数量，这与面向3D打印的设计原则是一致的。问题在于，某些不存在运动关系的零件，由于受到传统加工方法的限制，不得不采用多零件装配的方式来构成。但是在面向免组装机构的设计中，对此可不做考虑，如可以将轴套和固定座设计成一个零件，从而减少零件数量。

（2）构成机构的零件的形状和结构是否只为了实现机构功能。

实现机构功能是机构中各个零件存在的目的。从理论上来说，各个零件的外形和结构应该只为了实现机构功能而设计，无须因为其他目的而对零件外和结构设计做某些修改。以面向装配的设计为例，为了方便将轴装配在孔内，需要延长轴，并且在轴的延长段设计出方便装夹的平面。这种为了实现装配而不得不设计的形状并不是直接针对机构功能的，在面向免组装机构的设计中可以不做考虑，以简化零件的形状和结构。

（3）间隙特征是否既能满足运动属性要求又具有可加工性。

SLM成形所用的原材料是粉末，在免组装机构的设计中不得不考虑粉末对机构的配合间隙的影响。一旦配合间隙相对于粉末粒度太小，导致间隙中的粉末难以去除，或者配合间隙太小，以致成形时激光穿透间隙，使两个配合面黏结在一起，机构的运动功能就将受到影响，甚至无法运动。然而，一味地增大配合间隙也会降低机构的运动稳定性。因此，面向免组装机构的设计必须结合原材料特性和工艺条件进行。值得注意的是，在一般情况下，免组装机构的设计是比较难以实现过盈配合的。

(4) 是否可以通过零件的调整改变配合面或机构整体尺寸。

采用数字化装配的优势之一是在制造出机构之前就能够直观地看到机构的各个动作位置。对于存在运动关系的零件，若能够在无约束自由度上通过移动、旋转等操作来减小配合面的面积或调整机构的整体尺寸，对机构的加工是有利的。轴在轴套中沿中轴线做直线穿插运动，若使轴位于轴套之外而对机构进行装配设计，则可避免制造过程中粉末堵塞在配合间隙中的问题。

2. 不同摆放方式的曲柄滑块机构加工试验

曲柄滑块机构是最常见也是最基本的机构之一，由基座、曲柄、连杆和滑块装配而成。图7-24所示是本样品的数字化模型。曲柄可沿着图示箭头做360°圆周运动，通过连杆带动滑块在基座的滑轨中做直线运动；为了减小滑块与导轨的配合面积，将滑块设计成环形，使其起到轴承的作用，将滑块与导轨侧面之间的滑动摩擦转化为滚动摩擦；各个旋转副均采用优化的鼓形间隙特征，最小间隙为0.2 mm。

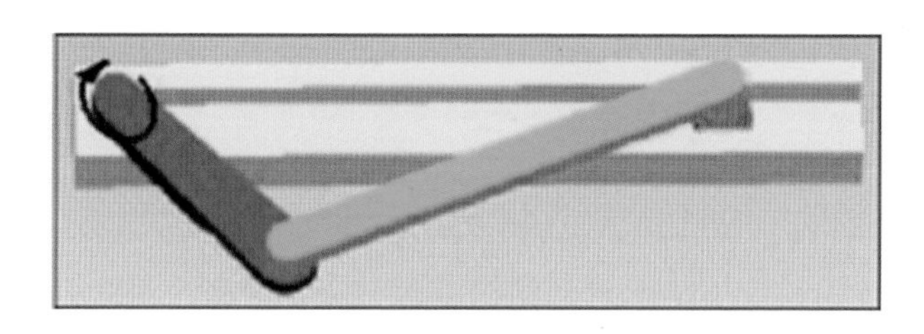

图7-24 曲柄滑块机构的数字化模型

曲柄与基座、曲柄与连杆、连杆与滑块这三处的旋转副存在间隙；曲柄与基座、曲柄与连杆、连杆与滑块、滑块与基座的上下面之间也存在间隙，并且与旋转副的间隙相互垂直。据上述理论的分析，应该采用倾斜摆放方式。为了验证免组装机构与单零件的直接成形之间的不同，本试验采用水平摆放方式和倾斜摆放方式分别对曲柄滑块机构进行加工。

图7-25(a)所示为按水平摆放方式成形的机构，机构基座的下表面与基板平行。从图中可以看出，机构的表面成形质量良好。如果该制件是单零件，这样的结果应该是令人满意的。但是对于机构，还需要保证运动功能。采用线切割方式将机构从基板上分离，清除外表面的支撑。在清除间隙内部支撑时，发现曲柄与基座、连杆与滑块以及滑块与基座的上下面之间的间隙处有大量支撑，难以清除，最终机构无法运动。采用倾斜摆放方式加工，基座底面朝下，底

面与基板的夹角为45°,如图7-25(b)所示。以这样的方式加工,机构的各个下表面的起始位置需要添加线支撑,间隙内部不需添加支撑。

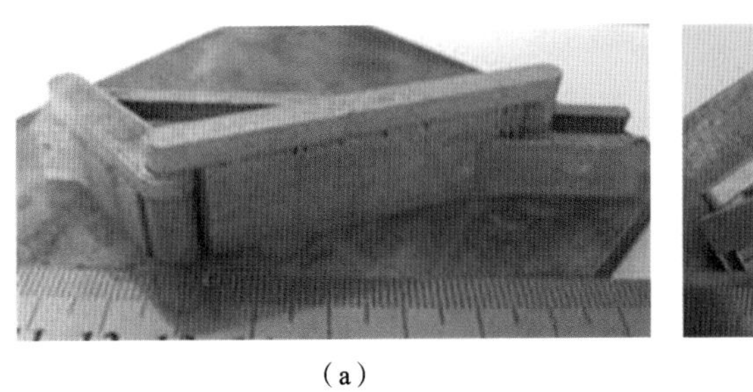

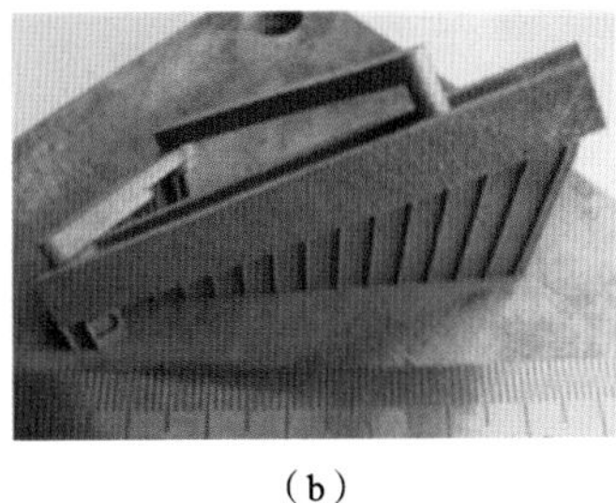

(a) (b)

图7-25 按不同摆放方式成形的曲柄滑块机构

(a) 水平摆放;(b) 呈45°角摆放

从基板上切离并去除支撑后的曲柄滑块机构如图7-26所示,其中图(a)~(b)所示依次是曲柄与基座夹角α为0°、90°、180°和270°时的曲柄滑块机构。该机构可以完成预设动作。机构表面未进行任何后处理。

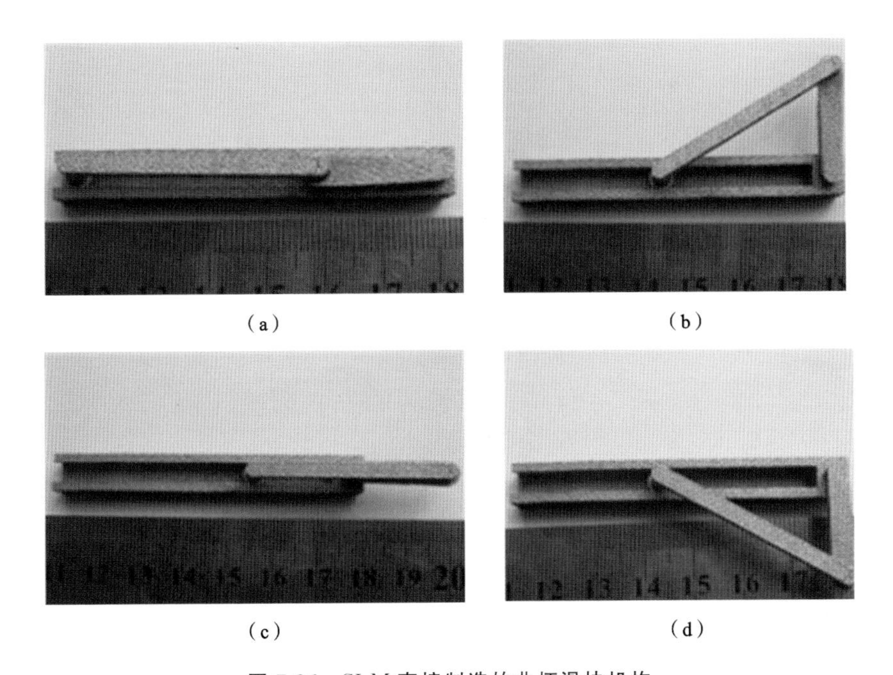

图7-26 SLM直接制造的曲柄滑块机构

(a) $\alpha=0°$;(b) $\alpha=90°$;(c) $\alpha=180°$;(d) $\alpha=270°$

7.3.4 个性化托槽的设计

通常,根据所描述信息内容的不同,可以将结构特征分为五大类,即形状特征、精度特征、管理特征、技术特征和材料特征。形状特征是指零件中具有一定拓扑关系的一组几何元素所构成的某个特征形状。若根据形状特征对托槽的结构特征进行分解,按照用于构造零件主体形状的主形状特征和用于对主形状特征做局部修饰的辅形状特征,可对托槽造型进行分解(见图 7-27):主形状特征为底板、槽沟、结扎翼和结扎钩;辅形状特征为倒角和圆角。

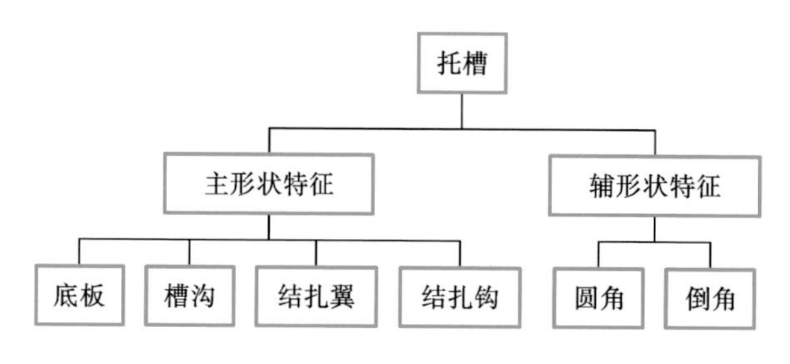

图 7-27　托槽的结构特征分类

由于圆角、倒角等辅形状特征的作用是局部修饰,暂且忽略辅形状特征,以主形状特征作为结构元素构建个性化托槽的设计框架,如图 7-28 所示。根据该设计框架,可以做以下判别归类。

(1) 个性化几何形状:底板和槽沟。

(2) 常规结构特征:结扎翼和结扎钩。

(3) 个性化功能:由底板和槽沟带来的转矩和轴倾角。

(4) 其他功能:结扎弓丝。

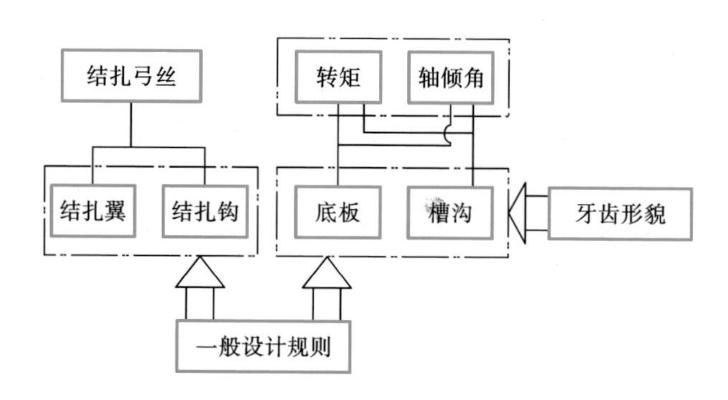

图 7-28　个性化托槽的设计框架

(5) 个性化形态：牙齿形貌。

个性化托槽的组装式设计流程(见图 7-29)如下：

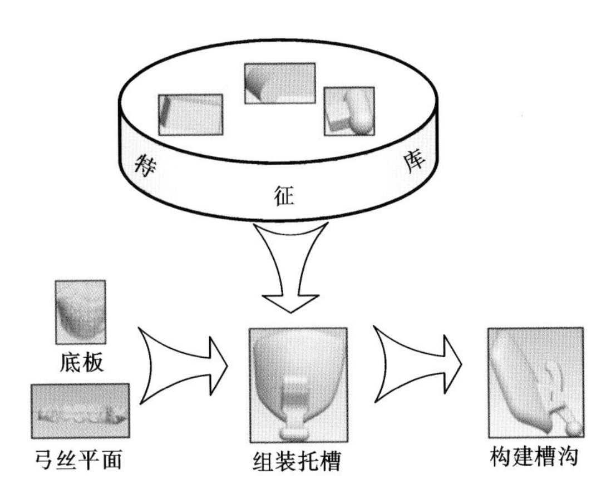

图 7-29 个性化托槽的组装式设计方法

下面介绍采用 Pro/Engineer 4.0 软件设计出个性化舌侧托槽的过程。

(1) 建立托槽的特征库，包括结扎翼、结扎钩以及由一个实体代替的槽沟；

(2) 根据患者的牙齿牙面形貌设计个性化底板；

(3) 设计弓丝平面；

(4) 从特征库中调出各个特征，结合患者的牙齿牙面形貌，在个性化底板上组装出托槽；

(5) 在弓丝平面上设计出弓丝，并与已组装出来的托槽进行布尔差运算，生成槽沟；

(6) 修整托槽。

上述步骤(2)(3)(5)和步骤(6)的操作均与传统设计方法一样。

步骤(4)的组装操作可利用 CAD 软件自有的装配功能或布尔运算功能进行；为了方便设计过程的特征调用，并保证特征库中特征的通用性，特征库的建立很关键。

1) 导入牙颌模型

导入已排牙的牙颌模型。为了减小数据处理量，提高计算机的处理速度，在插入小平面特征时，可利用分样处理减少三角面片的数量。分样百分比越小，三角面片的数量越少。在本设计中，采用 20%或 30%的分样百分比即可。在反求牙颌模型过程中，可能会出现一些因扫描缺陷而形成的孔洞或者冗余的三角面片，因此有必要对模型进行孔洞填充或删除多余的三角面片。

2）创建弓丝平面和弓丝

矫正后牙齿的牙弓牙列很大程度上是由弓丝平面和弓丝形状决定的，因此弓丝平面和弓丝形状的设计很关键。在牙齿正畸中，通常以Andrews平面作为弓丝平面，以确保矫正后所有牙齿的牙冠中心处于同一平面。但是，受正畸医生排牙技术的限制，加上每个人牙齿的牙冠长短不一，在计算机中要准确找到Andrews平面是不太可能的。如图7-30所示，分别在一个中切牙和两个双尖牙的中轴线上创建一个点，理论上只要这三个点位于中轴线的中心，则由这三个点所创建的平面即为弓丝平面（三点确定一个平面）。实际上由于上述原因的存在，需要对这三个点进行必要的调整，以使每个牙齿的牙冠中心都分布在弓丝平面上或尽可能靠近弓丝平面。

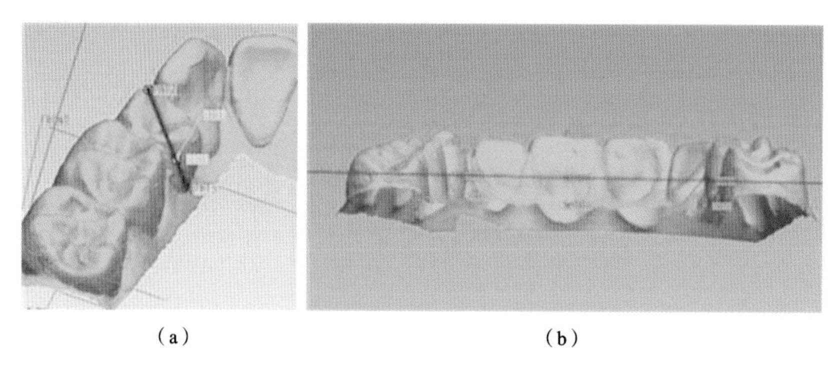

（a）　　（b）

图7-30　创建弓丝平面

（a）中轴线；（b）弓丝平面

创建了弓丝平面后，即可在弓丝平面上草绘出弓丝轨迹，并利用扫描特征操作创建出弓丝。为了提高矫正效果和减轻患者的口腔异物感，弓丝应尽量靠近牙面，这样方能保证托槽尽量靠近牙面，并且托槽的高度不至于过高，但同时也要兼顾弓丝的整体形状（不能过于弯曲）。以本书所介绍的个性化舌侧托槽为例，通常采用蘑菇形弓丝，这样可以尽可能地保证弓丝靠近每个牙齿的力矩中心，托槽也可以设计得比较薄，并且弓丝形状相对规则，易于弯折（见图7-31）。

3）设计个性化底板

个性化底板是体现个性化的主要特征之一。利用造型功能，在牙面上拾取若干点，并以所拾取的点创建曲线，该曲线即为个性化底板贴近牙面的底面的轮廓线。采用相同方法创建其他轮廓线和内部相互交叉的曲线（见图7-32）。

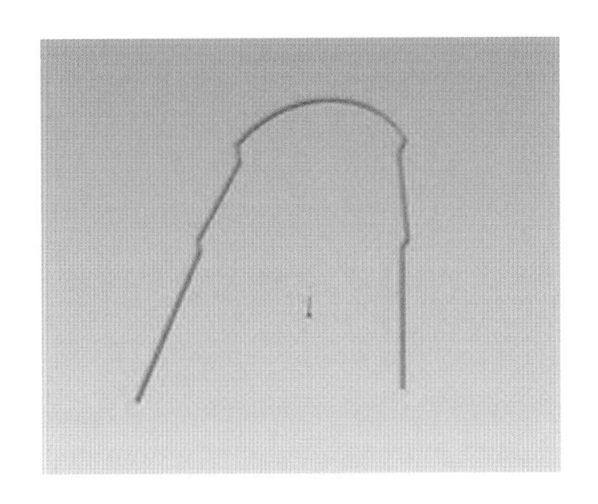

图 7-31　弓丝

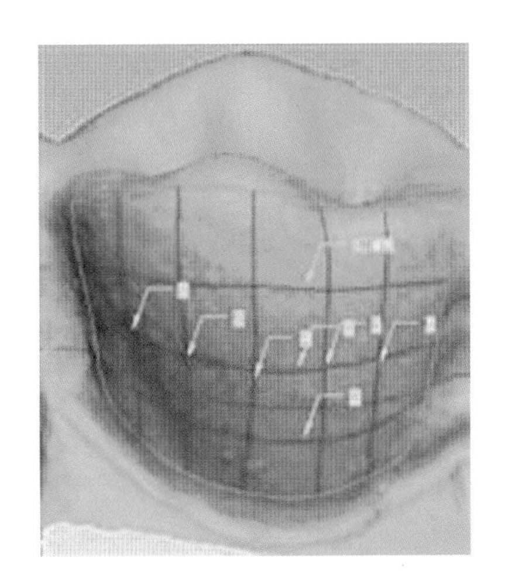

图 7-32　创建的曲线

由这些相互交叉的曲线所构成的网络创建曲面，并将曲面沿着偏离牙面的方向进行偏移操作，再生成一个曲面。以这两个曲面作为个性化底板的上下表面，生成一个实体，该实体即为个性化底板，操作过程中的偏移量即为个性化底板的厚度。

4）设计托槽其他结构特征

设计出个性化底板后，即可在此基础上，结合前面所创建的弓丝，利用拉伸、旋转等基本特征操作设计出个性化托槽的其他结构特征，如结扎翼、结扎钩、槽沟等，如图 7-33 所示。其中槽沟是依据所创建的实体与弓丝进行布尔差运算而得到的，这样在半口托槽都完成设计时，所有托槽的槽沟均位于弓丝平面上，从而可保证矫正效果。

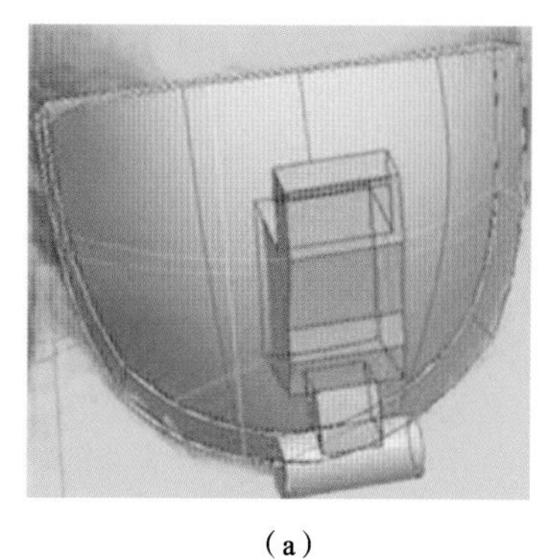

(a)

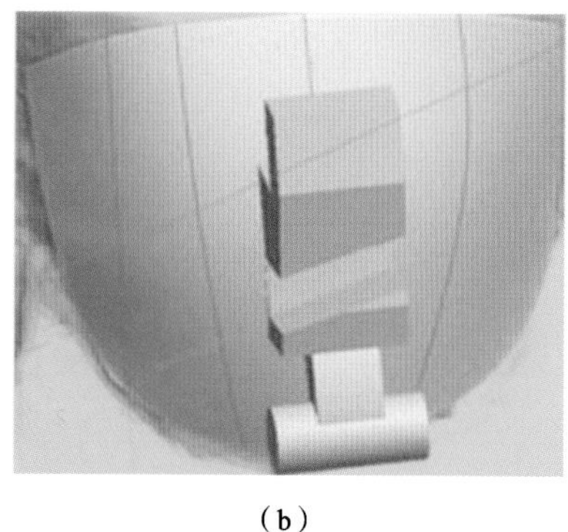

(b)

图 7-33　设计托槽的其他结构特征

(a) 创建托槽；(b) 托槽实体

5）修整托槽

为了减轻患者的口腔异物感，并且使托槽外形美观，需要对托槽的底板、结扎翼、结扎钩等进行圆角创建等基本特征操作，最后获得外观圆润的个性化托槽(见图 7-34)。

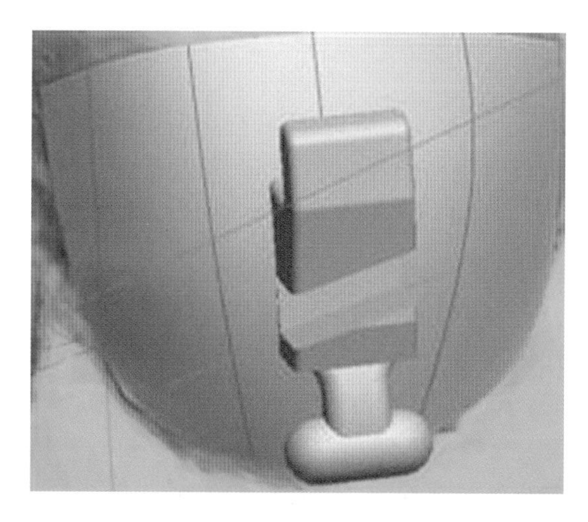

图 7-34　修整后的托槽

6）设计其他托槽

重复以上步骤，逐个设计出其他牙位上的托槽，最后获得半口托槽，如图 7-35 所示。

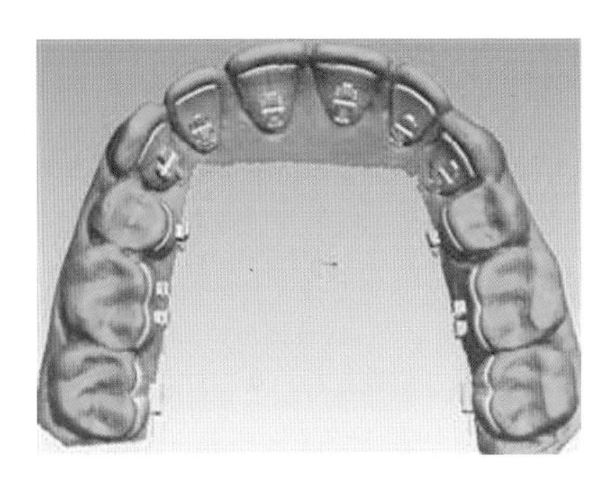

图 7-35　半口托槽

7.3.5　基于 SLM 的天线支架优化设计

空间站载荷舱外天线支架为复杂异型薄壁件，原设计方案采用材料为 2A14-T6 铝合金，若采用传统加工工艺成形则易于翘曲变形，难以保证天线支架的装配面与舱体紧密贴合。现改变制造工艺，以功能优先和减重为准则，实现空间站载荷舱外天线支架的轻量化设计。

钛合金的比强度(0.29×10^6 N·m/kg)高于铝合金的比强度(0.16×10^6 N·m/kg)，因此，在优化设计中，通过将初始天线支架的铝合金材料更换为钛合金来进一步达到减重的效果。优化设计的目标为在保持初始部件性能的前提下，将材料更换为 TC4 钛合金，使天线支架重量减轻 30%。结构优化前的初始部件如图 7-36 所示。

1. 拓扑优化

天线支架的主要工作状态为振动状态，通过使用模态分析软件对结构的振型和固有频率进行模拟，确定结构振动特性，考察支架的动态刚度。分析结构所获得的低阶模态是判断结构优化效果的重要依据。

拓扑优化的主要设置内容如下。

(1) 性能模块：天线支架的材料属性设置为弹性材料，杨氏模量为 120000 MPa，泊松比为 0.342。

(2) 装配模块：使用天线支架部件组成装配体。

(3) 分析步模块：选择线性摄动分析步的固有频率作为过程类型。利用频率提取程序提取特征值以计算系统的固有频率和对应的振型。选择 Lanczos 作为特征值提取方法。要求的特征值的数量是 5。

(4) 网格模块:天线支架是由四面体(C3D10)单元网格划分而成的孤立网格部件。

(5) 边界条件:天线支架两端的八个孔与其他元件相配合,固定了三个平移自由度和三个旋转自由度。

(6) 优化任务:创建一个由基于条件的优化算法控制的拓扑优化任务。

(7) 设计区域:模型的设计区域是优化期间将要修改的区域。设计区域中应用边界条件、载荷和接触条件的区域可以设置为冻结区域。通过冻结某些区域可以将部分区域排除在设计区域之外。从设计区域排除的元素的材料属性保持不变。

(8) 设计响应:设计响应是用 Kreisselmerier-Steinhauser 公式计算的本征频率。二次设计响应时计算设计区域的体积。

(9) 目标函数:最低特征频率的最大化被定义为优化过程的目标。

(10) 约束:优化模型的体积限制在初始体积的 40%。

(11) 作业模块:将来自优化过程管理器的优化过程提交到作业模块中执行优化。优化过程管理器用于监视优化的进程并查看可视化模块中拓扑优化的结果。

对支架进行基于模态分析的拓扑优化,因支架上需要承载传感器等部件,故将模型上的部分区域设为冻结区域,如图 7-37 中红色区域所示。冻结区域部分将不进行拓扑优化,同时也避免了承载传感器的区域因去除材料过多而无法安放传感器。

图 7-36　初始部件

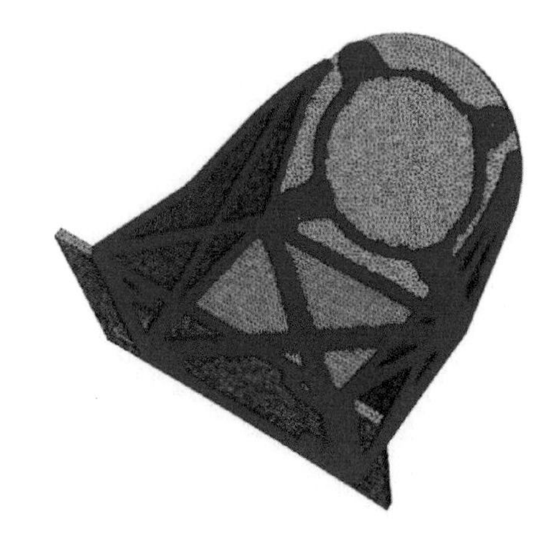

图 7-37　冻结区域

原模型采用 2A14-T6 铝合金材料，密度约为 2.8 g/cm^3，要求目标模型采用 TC4 钛合金，材料密度约为 4.45 g/cm^3。目标模型要求减重 30%，则模型体积至少需要减小至原体积的 44%。将体积设置为目标函数，即体积至少减小至原来的 40%。经过 27 次拓扑优化的迭代（见图 7-38）后，得到初步的拓扑优化结构（见图7-39(a)）。经光顺处理后的模型如图 7-39(b)所示。

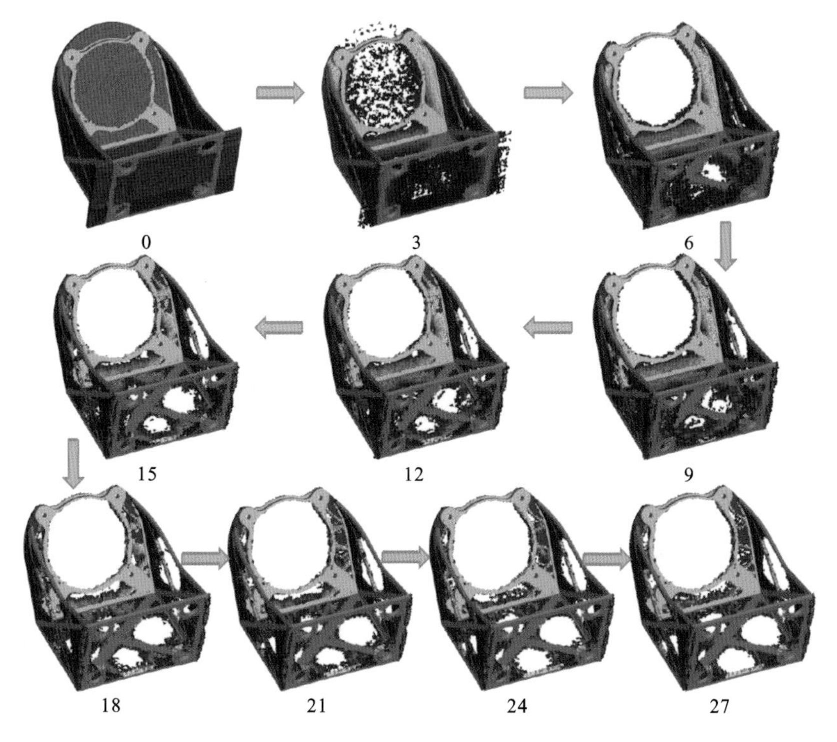

图 7-38　拓扑优化迭代过程

2. 基于 3D 打印的重设计

首先，在拓扑优化模型的基础上，对初始模型进行修改，使其接近拓扑优化模型。拓扑优化模型是在满足力学条件的前提下，经过多次迭代运算得到的。但因拓扑优化模型非常不规则，而且不够光顺，即使是表面经过光顺处理的模型也很难保证能直接用于制造。但只要设计模型与拓扑优化模型相近，两者就能得到较为相近的性能，如应力场分布、模态频率等。因此参照拓扑优化结果，修改初始模型，在保证各组件连接部位符合要求的同时，使其尽可能接近优化模型，以得到力学性能相近、表面质量更佳的模型。

然后要考虑 SLM 技术的特点及成形局限性，改进结构设计，规避对 SLM 技

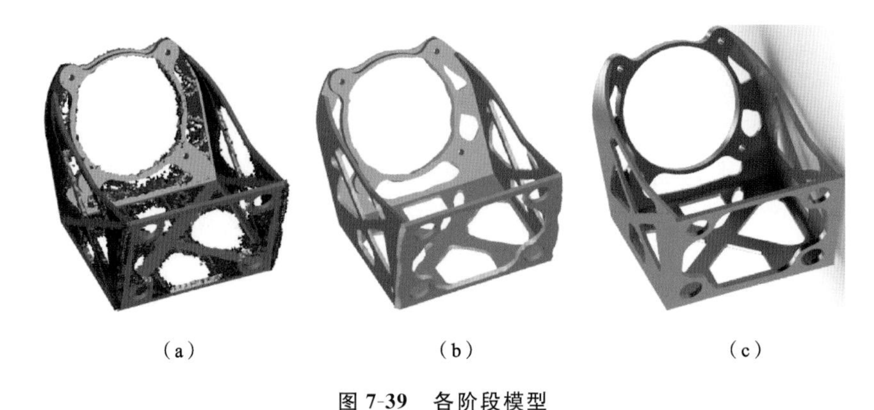

(a)　　(b)　　(c)

图 7-39　各阶段模型

(a) 初始拓扑优化模型;(b) 光顺模型;(c) 优化模型

术而言存在成形危险性的结构特征,如悬空平面、微小间隙、薄壁、尖角等,并在设计阶段就考虑零件摆放位置、自支撑结构、加工余量、成形工艺、材料、设备选择、后处理及检测技术等的影响,使得优化模型(见图 7-39(c))能更好地适用于成形。

3. SLM 成形及优化

对天线支架模型进行形状优化和平滑处理后导出 STL 格式文件,然后在 Magics 软件中调整天线支架模型的摆放位置,结合前文提及的 SLM 成形工艺约束,选择保证内壁成形精度的摆放角度,以便于零件的表面后处理。这里以天线支架的外表面作为水平基准来摆放模型,并进行添加支撑操作。选用块状支撑保证底面的可靠性,另外对悬垂位置添加线形支撑以确保其顺利成形,摆放位置及支撑添加情况如图 7-40 所示。

对加工获得的构件进行支撑拆除及后处理,并通过扫描获得最终构件的点云数据,将扫描数据与 Geomagic Qualify 软件中的初始模型进行比较,评价其成形质量。如图 7-41 所示,零件成形效果理想,表面无明显缺陷,经后处理之后,零件表面波纹减少,并具金属光泽(见图 7-42))。扫描点云数据与原始加工模型对比显示,平均尺寸误差为－0.1220 mm/＋0.1185 mm,最大误差为－3.1892 mm/＋3.0818 mm(见图 7-43)。从图中可以看出,最大误差处为圆孔内部及边角处,该区域为扫描死角,难以获得较好的扫描数据,因此产生了较大的误差,此误差主要为测量误差而非成形误差,总体成形精度良好。

本案例通过对天线支架进行拓扑优化,在保证使用性能的前提下,去除了冗余材料,获得了天线支架的最优轻量化结构,应用基于 3D 打印的重设计方法对构件进行设计,并通过形状优化进一步提高了构件性能。最终得到如下结构优化结果:质量由 0.46 kg 下降到 0.32 kg,降低 30.43%;天线基频由 1104.5

图 7-40　天线支架模型摆放位置及支撑

图 7-41　零件成形效果

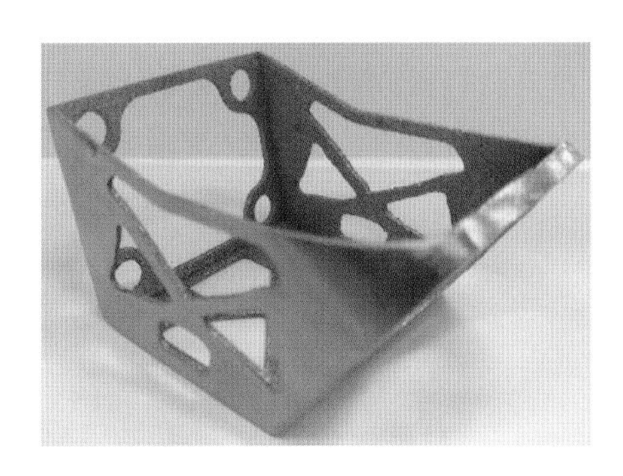

图 7-42　后处理效果

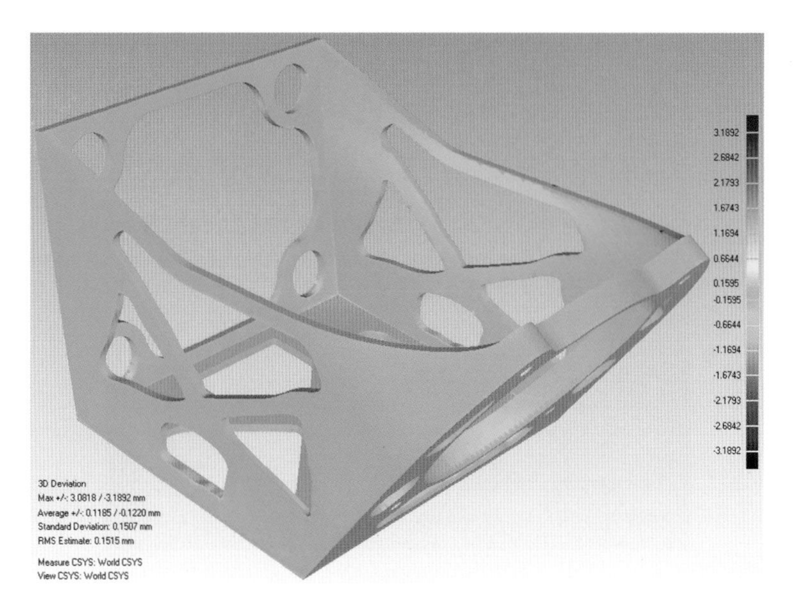

图 7-43　扫描数据对比云图

Hz 提高至 1658.7 Hz，提高了 50.18%。

7.3.6　SLM 的成形腔密封闭锁装置优化设计

在 3D 打印过程中，需要将金属 3D 打印设备的成形腔抽气至低真空状态，再通入惰性保护气体，以确保金属粉末在激光加工过程中不会发生氧化。成形腔在真空或低真空状态下受到外部大气压的挤压作用，密封门被挤压贴合在成形腔外壁上。但现有的成形腔尤其是成形腔密封闭锁装置安装处难免存在缺陷，难以保证成形腔的气密性。当成形腔密封门与腔体不能完全密封贴合时，成形腔内外的压强差将使外部空气流入成形腔内，加速成形腔内的气体流动，造成扬尘等不良影响，并且氧气的进入会使金属粉末在熔化过程中氧化。当成形腔密封门处于关闭状态时，密封闭锁装置组件处于受载状态。进行抽真空操作时，要求成形腔内真空度能达到－30 kPa，气体浓度能达到0.001%。为了符合装配精度以及密封效果要求，密封闭锁装置组件尺寸精度最低应为 0.05 mm，并且在 800 N 载荷条件下不产生超过 0.1 mm 的合位移。

本案例针对金属 3D 打印设备 DiMetal-100A 成形腔的密封闭锁装置组件（见图 7-44）进行优化。首先结合有限元分析与拓扑优化技术对模型进行优化设计，然后使用 SLM 技术成形组件并进行性能测试，最终实现零件的轻量化，同时提高其使用性能[116]。

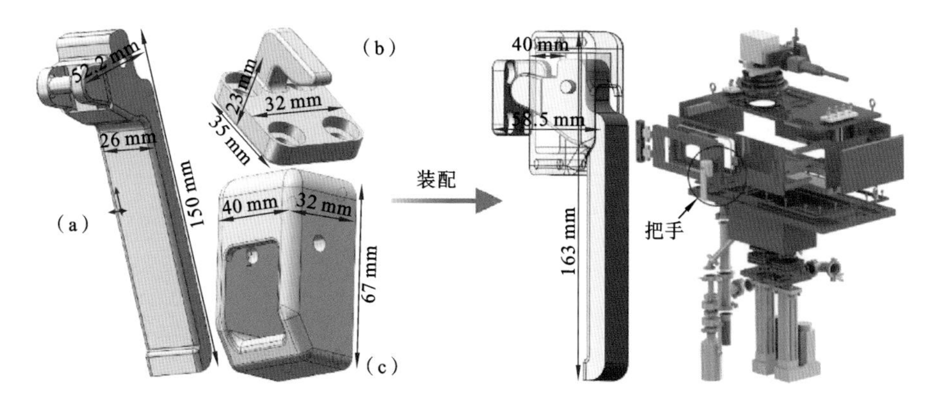

图 7-44 DiMetal-100A 成形腔密封闭锁装置

(a) 把手;(b) 把手盖;(c) 把手底座

1. 传统密封闭锁装置的缺陷分析

传统的密封闭锁装置的制造工艺过程是直接对块状316L不锈钢坯料进行CNC加工,通过打磨抛光改善表面粗糙度,获得密封闭锁装置的多个组件。因为传统机械加工工艺存在一定限制,难以依据实际受力工况下的力场分布要求制造出密封闭锁装置的各个组件,所以存在严重的材料浪费现象。因此依据零件的受力情况,通过拓扑优化技术进行优化,可以在保留零件原有外形的同时合理优化材料的分布。保留或增加所受载荷较大区域的材料,而对所受载荷较小区域的材料进行删减,从而减少不必要的材料浪费,减轻零件的总体重量,改善零件的应用性能。

2. 工况条件分析

在成形腔闭合状态下,将成形腔密封闭锁装置组件中的把手与把手盖互相紧扣,把手的前端位于整个密封闭锁装置机构的死点位置,保证成形腔密封门与成形腔体紧密结合。此时整个密封闭锁装置处于受力平衡状态,载荷形式简单,整体产生的形变较小。把手盖和把手底座分别固定在成形腔体以及成形腔密封门上,位置保持相对固定。当把手开启或闭合时,其运动轨迹如图7-45所示。由于把手和把手底座的运动作用位置需要产生一定的形变,以保证成形腔密封门顺利开合,因此启闭过程中的载荷情况比闭合状态下的载荷情况要复杂。因此只需要考虑把手开启以及闭合时的载荷情况,并进行优化设计即可。

3. 拓扑优化

通过 SolidWorks 软件中的 Simulation 插件进行动力学仿真分析。设置闭

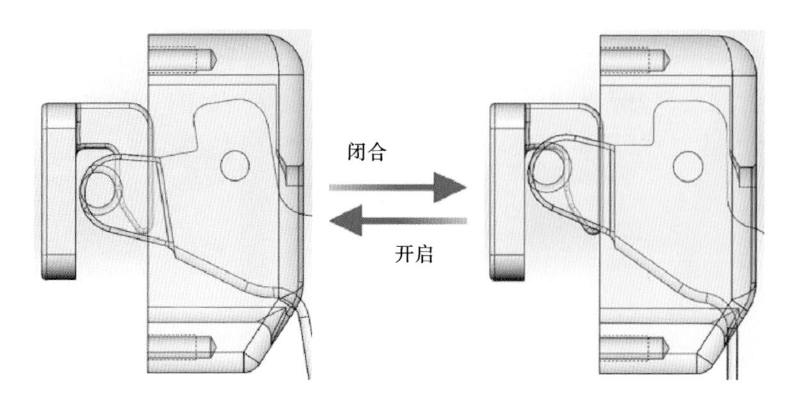

图 7-45　密封闭锁装置把手在开启与闭合过程中的位置变化

合成形腔密封门时，把手上外载荷施加方向垂直于把手向内，载荷大小为 100 N。对各个组件间连接部位的接触面进行设置，主要为切面接触，最终运算得到三个零件的受力情况结果，如图 7-46 所示。

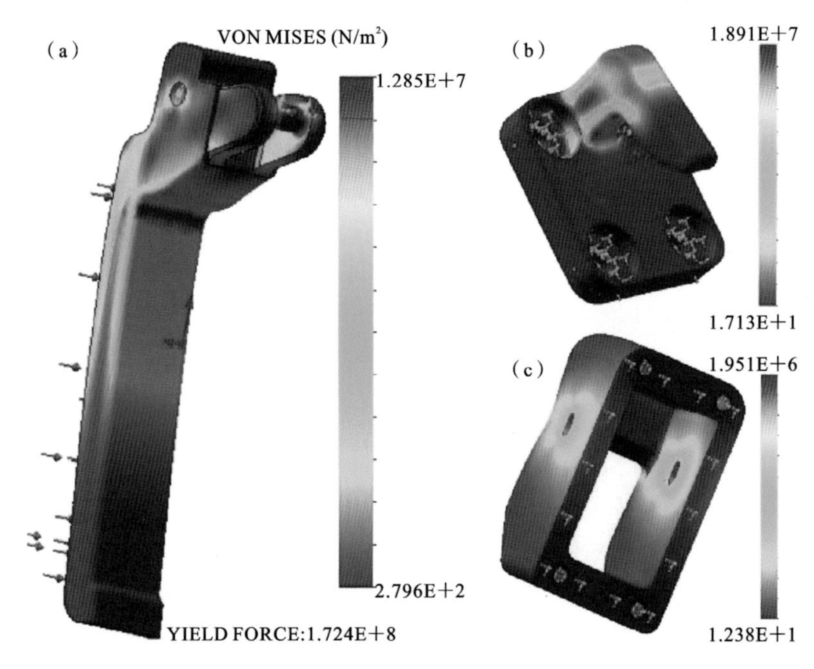

图 7-46　装置组件的有限元分析

(a) 把手；(b) 把手盖；(c) 把手底座

由图7-46可以看出，各个零部件都还保留着较大的非承载区域。由于把手头部到手柄的过渡部分存在厚薄差异，故把手在交变载荷作用下容易产生应力集中问题，过渡部分更容易出现断裂现象。根据应力集中位置，对把手结构进行初步优化设计，结果如图7-47所示。

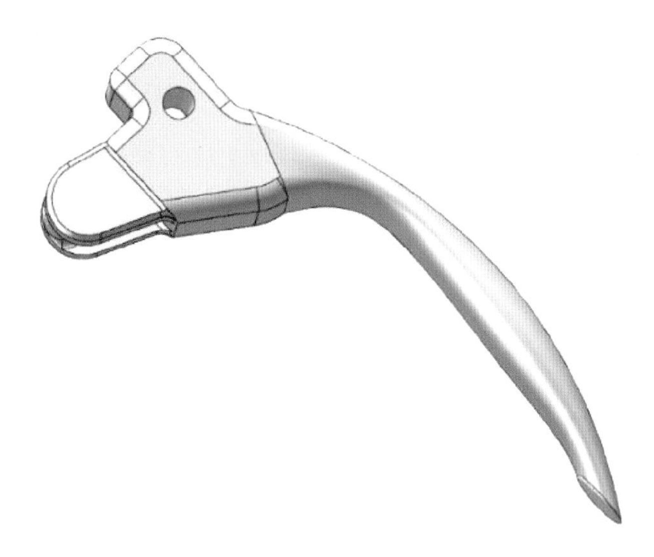

图7-47　初步优化设计的把手

使用Inspire软件对密封闭锁装置组件进行拓扑优化。第一步，对密封锁紧装置的三个零件分别设置初始参数。根据开启与闭合密封门时的工况，将闭合时把手上的压力载荷设置为100 N。第二步，约束三个零件的运动方向，将把手盖与把手底座完全固定，把手可绕链接位置进行转轴运动。第三步，将密封闭锁装置组件中三个零件的链接部位设置为冻结区域(图7-48中的灰色部分)。而将冻结区域外的其他区域设置为设计空间，即棕色区域。设定减重目标为50%，在开启与闭合的两种工况条件下对把手进行拓扑优化，拓扑优化前后的各个零件如图7-48所示。

4. 基于3D打印的重设计

经过拓扑优化后的模型较粗糙，难以直接应用，因此可以使用SolidWorks等三维建模软件，依据拓扑优化模型进行模型的重建。在重设计的过程中，充分结合SLM技术的加工特性和支撑的要求，综合考虑SLM的工艺约束，主要包括：① 在Magics软件中零件的摆放倾斜角度需要大于45°；② SLM成形可获得的精细结构分辨率为0.2 mm左右，考虑到由于加工过程中铺粉装置的摩

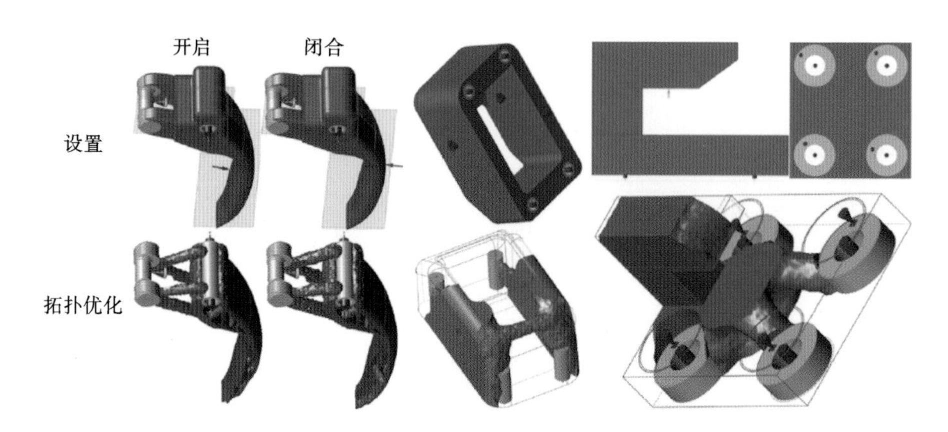

图 7-48 约束设定及拓扑优化结果

擦作用，将零件最小细节分辨率设定在 0.3～0.4 mm 之间；③ 兼顾去除金属支撑时的简易性要求以及 SLM 零件在力学性能上各向异性的特点。根据实际应用情况和拓扑优化模型，结合 SLM 的设计约束对把手及把手底座进行重设计，得到图 7-49 所示的优化设计结果。

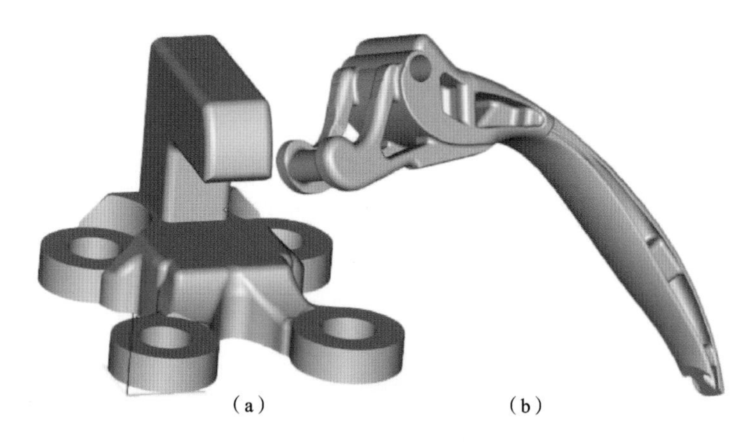

图 7-49 把手及把手底座最终模型

(a) 把手底座；(b) 把手

由于把手盖为最外层零件，起保护作用，结合有限元分析和拓扑优化模型，在 SolidWorks 软件中删除非承载区域，然后使用 Rhinoceros 软件填充网状结构支撑，如图 7-50 所示。由此在删减材料的同时保证满足零件的力学性能要求。

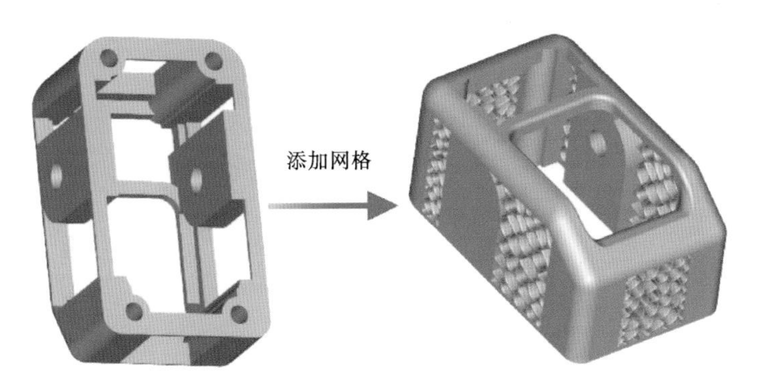

图 7-50　对把手盖模型进行挖除操作并添加网状结构

再次通过 Simulation 插件对密封闭锁装置的合位移进行模拟计算。设定密封门接触面载荷为 2000 N，超过 800 N 的载荷应用要求，通过仿真获得合位移图（见图 7-51）及受力图（见图 7-52）。零件合位移约为 6.9×10^{-3} mm，在 2000 N 载荷条件下，合位移小于目标要求的 0.1 mm，符合设计要求。图 7-53 所示为通过 Magics 软件添加支撑后的模型。

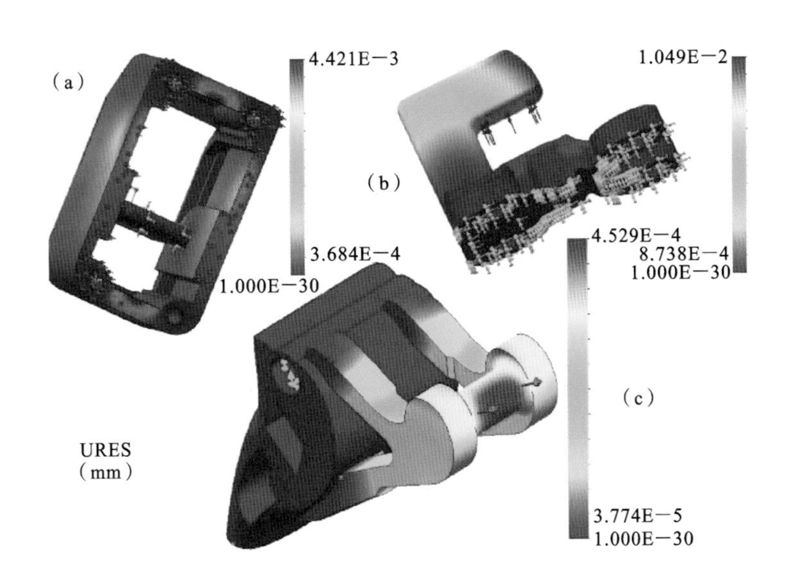

图 7-51　合位移(URES)

(a) 把手盖；(b) 把手底座；(c) 把手

5. SLM 成形及测试

三个零件成形之后，进行图 7-54 所示的后处理。另外，把手盖和把手底座上

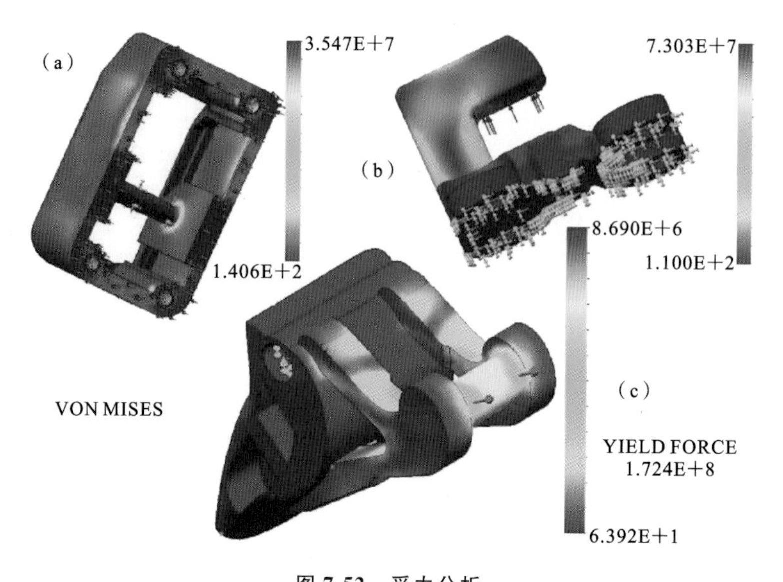

图 7-52 受力分析

(a) 把手盖;(b) 把手底座;(c) 把手

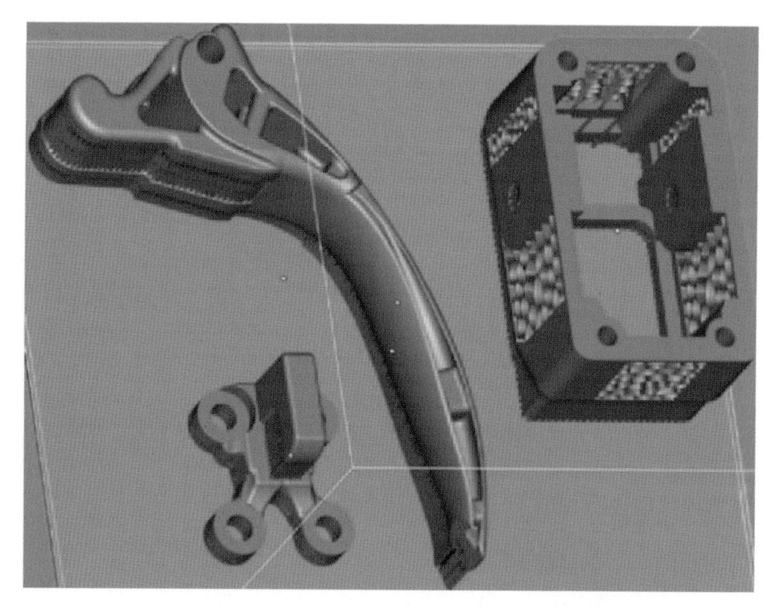

图 7-53 使用 Magics 软件添加支撑后的模型

的螺纹孔需要通过攻螺纹获得。分别对零件进行表面粗糙度检测,其结果表明:优化设计后的把手零件侧面没有出现严重的粉末黏附问题,表面粗糙度 Ra 为 11.5 μm。但是由于零件底部存在支撑,其表面比较粗糙,需进行打磨抛光处理。

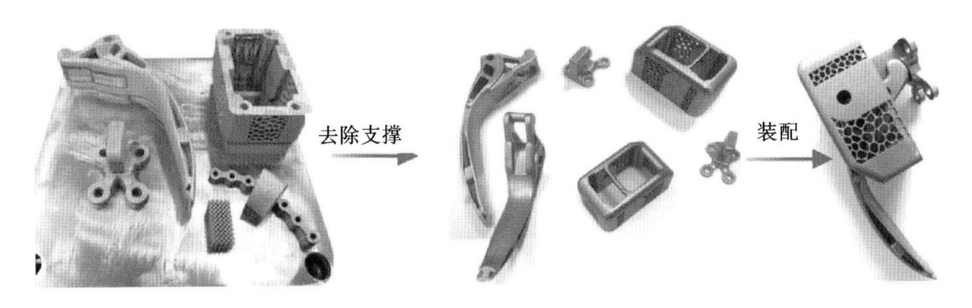

图7-54　3D打印后处理

后处理完成后将零件装配在3D打印装备的成形腔密封门上，应用效果如图7-55所示。装配时零件配合良好，安装顺利，证明SLM成形零件满足密封闭锁装置组件正常工作时的精度要求。对密封腔进行抽真空以后，最终实际测试的真空度为－55 kPa，满足低于－30 kPa的真空度要求；另外分辨率为0.001%的测氧仪实际显示值为0，说明成形腔实际氧含量低于0.001%，同时优化后的把手重量降低了52.5%，大幅减少了材料的浪费。

图7-55　装配应用

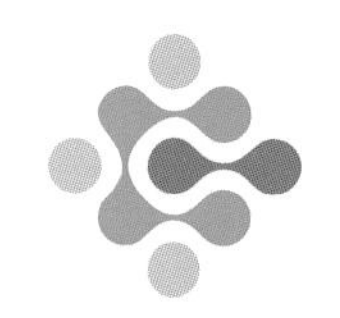

第8章 金属3D打印质量评价和过程监控

8.1 概述

3D打印技术是当前工业界、学术界的一个研究热点，特别是GE公司等工业巨头，业已实现多款3D打印设备的装机试用。尽管3D打印技术已经取得了较好的发展，但其工艺难以实现标准化，零件的质量一致性难以保证。例如：使用同一台装备加工的同一个零件，最终的力学性能和几何精度都可能会出现较大的偏差。究其原因，主要是目前3D打印工艺一般采用开环或半闭环控制，对中间过程的监控作用相对有限，对工艺变动及其产生的影响的认识不够透彻[117]。可见，成形零件的质量评价和打印过程的监控是3D打印技术的两个重要发展方向。

8.2 金属3D打印质量评价

在3D打印零件制备和使用过程中，某些缺陷的产生和扩展是无法避免的。国内外在金属3D打印技术的研究工作中发现，有130多个因素会对制件的最终成形质量产生影响，其中起决定作用的因素包括[118]：材料因素，如材料成分、粒径分布、粉末流动性等；激光器与光路系统相关因素，如激光器种类、激光模式、波长、功率、光斑直径等；扫描策略相关因素，如扫描速度、扫描策略、扫描间距、切片层厚等；外部环境，如湿度、氛围（主要指气氛中含氧量）等；机械加工系统安装误差及工艺参数设定等相关因素，如金属粉末层是否均匀平整、成形缸电动机运动的精度、铺粉装置的电动机稳定性等；几何特征，如支撑添加方式、支撑形状、零件摆放的方式等。3D打印制件质量的影响因素还可参考图8-1。

金属3D打印制件的质量好坏主要由致密度、硬度、尺寸精度、强度、表面粗糙度与零件内部的残余应力这六个因素决定。

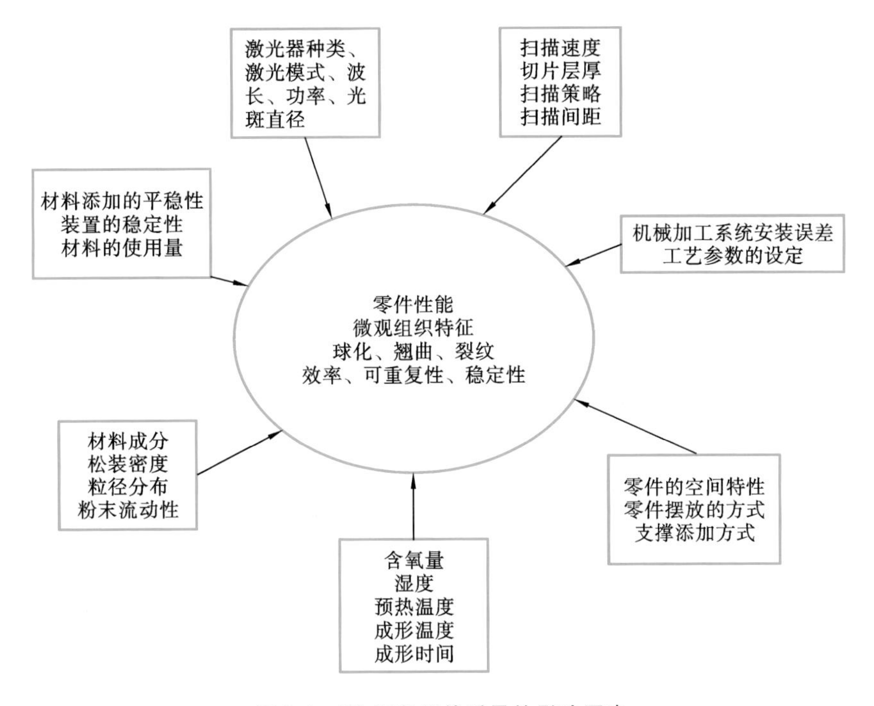

图 8-1　3D 打印制件质量的影响因素

8.2.1　力学性能

力学性能是反映材料在不同环境(温度、介质、湿度)下，承受各种外加载荷时所表现出的力学特征，而拉伸、弯曲和扭转性能这些不同的力学性能反映的是材料在承受不同类型的力时的能力。力学性能一般包括强度、塑性、硬度、断后伸长率、冲击韧度、疲劳强度等。

下面以 SLM 成形 316L 不锈钢零件为例来说明 SLM 成形制件的力学性能。我们采用了以下两种测试方案[119]。

第一种：采用 SLM 方法加工力学性能测试件的毛坯，再经机加工得到力学性能测试件。图 8-2 所示为力学性能测试件几何尺寸，图 8-3 所示为测试件在拉伸前后的比较。整个试验过程为：首先通过 SLM 方法成形 7 mm×7 mm×90 mm 长方块，再将该长方块线切割加工成图 8-2 所示尺寸的测试件；在电子万能试验机 CMT5105 上分别测试使用层间错开扫描策略制作的测试件的力学性能，以及没有使用层间错开扫描策略制作的测试件的拉伸力学性能。

使用层间错开扫描策略时，测试件的抗拉强度为 636 MPa，断后伸长率为

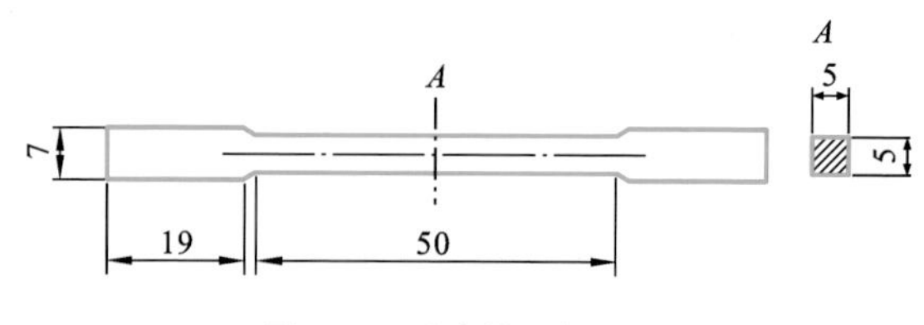

图 8-2　测试件几何尺寸

图 8-3　测试件拉伸前后的比较

15%～20%，与熔模铸件性能（抗拉强度为 517 MPa，断后伸长率为 39%）相比，抗拉强度显著提高，断后伸长率减小，断后伸长率的降低主要与熔池快速凝固有关。没有使用层间错开扫描策略时，测试件的抗拉强度为 468 MPa，断后伸长率为 9%～12%，低于熔模铸造的拉伸力学性能。根据分析，在不使用层间错开扫描策略的条件下，熔道之间的搭接缺陷容易导致裂纹。

第二种：通过 SLM 方法直接成形力学性能测试件，而不进行后续的机加工。分别采用 SLM 方法制作沿着拉伸方向堆积成形的测试件（见图 8-4）和垂直于拉伸方向堆积成形的测试件（见图 8-5）。

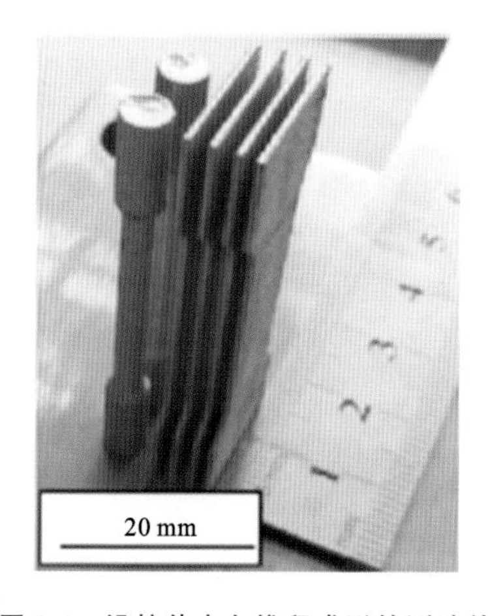

图 8-4　沿拉伸方向堆积成形的测试件

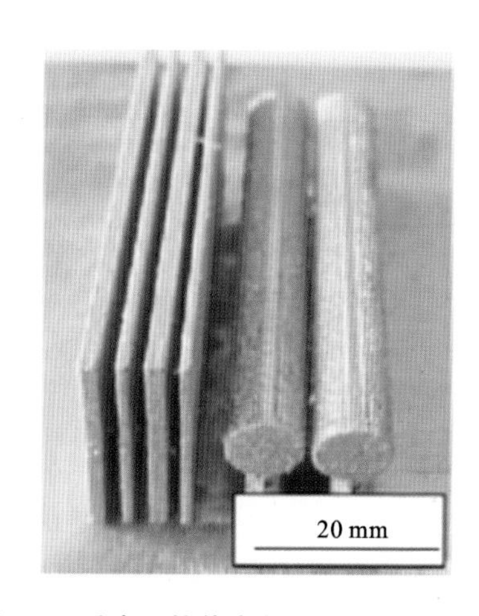

图 8-5　垂直于拉伸方向堆积成形的测试件

通过SLM方法成形的力学性能测试件分为圆柱状和板状两种。板状测试件因拉伸时发生扭转,抗拉强度较低,测试结果如表8-1所示。从结果可以看出,SLM成形制件的抗拉强度显著高于铸件的抗拉强度,垂直于拉伸方向堆积成形的测试件抗拉强度高于沿拉伸方向堆积成形的测试件抗拉强度。垂直于拉伸方向堆积成形的测试件断后伸长率较大,但比熔模铸件的小20%以上,而沿拉伸方向堆积成形测试件的断后伸长率比铸件的小40%以上,原因可能是沿着拉伸方向堆积成形时,层与层之间叠加造成的不稳定因素(如夹渣、飞溅、气孔等缺陷)导致抗拉强度与断后伸长率下降。

表8-1 SLM成形316L不锈钢测试件力学性能

测试件	抗拉强度/MPa		断后伸长率/(%)	
	垂直于拉伸方向堆积	沿拉伸方向堆积	垂直于拉伸方向堆积	沿拉伸方向堆积
试样1	624	561	31	19
试样2	582	554	29	22
铸件	>480		39	

8.2.2 残余应力

在SLM成形过程中,极细小的激光光斑照射在粉末上,使粉末熔化并凝固成实体,由于快热快冷的成形特点,在材料内将形成高达10^8 K/s的温度梯度,从而产生较大的热应力,并且高温会使材料的屈服强度降低,当应力大于材料的屈服强度时,材料就会发生翘曲变形,使得零件与基板、零件与支撑结构或者层与层之间发生开裂,导致成形失败。

SLM成形过程中局部热输入造成的不均匀温度场必然引起局部热效应。在激光快速扫描的条件下:一方面,材料及基材将产生极大的温度梯度,熔池及其周围材料被快速加热、熔化、凝固和冷却,这部分材料在加热过程中产生的体积膨胀和冷却过程中产生的体积收缩均会受到周围较冷区域的限制;另一方面,温度的升高会导致金属材料的屈服强度降低,使得部分区域的热应力大于材料的屈服强度,形成塑性热压缩,材料冷却后就比周围区域窄小,从而在成形层中形成残余应力。

8.2.3 表面粗糙度

表面粗糙度是零件表面质量的重要表征参数,其大小影响着零件的磨损性能和几何尺寸,进而影响零件的使用寿命。SLM成形是通过熔道与熔道搭接而成形零件的，制件由单熔道组成。成形所用粉末材料的特性决定了单熔道的几何尺寸，进而制约了制件的表面粗糙度。随着对 SLM 成形制件的精度和使用寿命要求的不断提高，基于成形粉末特性的表面粗糙度研究成为热点。通过 SLM 成形制件表面粗糙度计算公式可以看出，制件的表面粗糙度理论上受熔道宽度、扫描间距和铺粉厚度三个因素的影响。制件表面粗糙度的实际测量值与理论计算值出现较大偏差的原因如下：

(1) SLM 是一个复杂多变的过程，极小的环境扰动都会引起熔池表面的较大变化，进而影响制件整体的表面粗糙度。在进行表面粗糙度理论建模时，由所假设的条件不能完全模拟出成形过程中的单熔道形态和熔道搭接情况，只能较为理想地假设实际加工过程。在理论计算时，假设熔道形状为规则曲线，而实际加工过程中熔道是不稳定的。液态金属存在黏性，在流动过程中会受到摩擦力和表面张力的双重作用，使熔道不连续，熔道与熔道连接区域容易出现断层，存在断层的部分在下一层铺粉过程中高度会明显低于其他部分，随着这种情况的累积，成形层表面粗糙度将不断增大。

(2) 加工过程中粉末的飞溅也是影响 SLM 成形制件表面粗糙度的一个重要因素。SLM 加工过程中由于温度急速升高，极易产生大量金属熔渣飞溅，这些熔渣很容易飞落到熔道两侧，增大零件的表面粗糙度。

(3) 理论计算时忽略了重熔区的热影响，而实际加工过程中，重熔区存在热膨胀，使得重熔区的体积变大，因此单熔道表面轮廓不是假设中的规则表面轮廓，实际表面轮廓与理论假设表面轮廓间存在较大差异。

(4) 粉末的不完全熔化也是影响 SLM 成形制件表面粗糙度的因素之一。如图 8-6 所示，熔道表面附着小球颗粒，有可能是熔渣飞溅引起的，也有可能是粉末不完全熔化引起的。熔池存在明显高于水平面的区域，在凝固过程中该区域的熔池边界会黏附大量未熔化的粉末，这些粉末的存在使得搭接区的表面质量下降，导致制件的总体表面粗糙度增大。

SLM 成形制件易出现较大的表面粗糙度，这种情况是多个因素共同作用、不断累积的结果，即使首层表面轮廓平整也容易出现短波浪状表面，最后制件表面也将呈无规则的沟壑状。

SLM 成形制件的表面粗糙度一般为 15～50 μm，与传统机加工表面质量相比有较大差距。一般 SLM 成形制件需要采用喷砂喷丸方式进行后处理，甚至通过手工打磨方式来提高表面精度，但是，当内部表面为关键控制部位，或者制件为精细零件时，上述后处理方法将不再适用。目前，主要从工艺、粉末的选

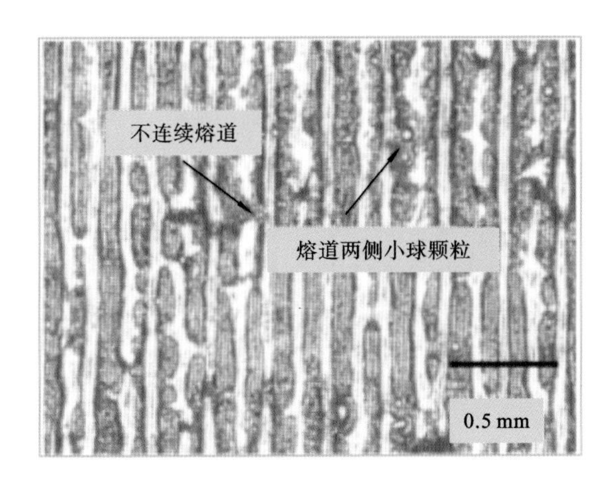

图 8-6 SLM 成形制件熔道表面轮廓

择、特殊的扫描策略等方面入手进行 SLM 成形制件表面粗糙度的优化。

8.2.4 尺寸精度

尺寸精度低属于 SLM 成形制件的三大问题之一，也是 SLM 成形制件相较于传统数控加工零件的劣势之一。SLM 成形制件的精度包括尺寸精度与形状精度。影响 X、Y 向尺寸精度的因素主要有以下几个：

（1）成形面位置。成形面应处在聚焦镜焦点位置，并需采用振镜控制软件进行精准的校正。

（2）光斑补偿值。不同的零件需采用不同的光斑补偿值，光斑补偿值需通过几次试验获得。

（3）SLM 成形过程中的翘曲变形，这一因素对 X、Y 向尺寸精度和形状精度影响非常大。

（4）材料熔化凝固导致的制件的收缩。

（5）成形制件的 X、Y、Z 向尺寸大小，零件的几何特征。

经过软件校正后，光斑焦点不一定很准确地落在成形面上，但并不会对聚焦光斑的功率密度和 SLM 成形制件的尺寸精度产生影响。在软件校正中，需要对不同的几何体进行光斑补偿试验。新零件首次成形时 X、Y 向的尺寸误差可能为 0.2 mm 左右，但随着成形次数增加，通过逐渐优化光斑补偿值和关键加工参数，可以获得 0.05～0.1 mm 的尺寸精度，图 8-7 所示为对 DiMetal-280 进行 X、Y 向尺寸精度校正后成形的薄壁件[120]。

图 8-7　进行 X、Y 向尺寸精度校正后成形的薄壁件

影响 Z 向尺寸精度与 X、Y 向尺寸精度的因素有很大区别，所以将 Z 向尺寸精度单独讨论。影响 Z 向尺寸精度的主要因素包括：

(1) 铺粉的平整性；

(2) 控制系统是否给伺服电动机发送数目正确的脉冲；

(3) 丝杠上升与下降过程中反向间隙是否消除；

(4) SLM 成形制件的翘曲变形与外边框凸起；

(5) 材料熔化后的凝固收缩。

针对上述分析，提高 SLM 成形制件的 Z 向尺寸精度可从如下方面入手：

(1) 提高铺粉的平整性。柔性齿弹性铺粉装置不能保证每一层铺粉的平整度，影响 Z 向尺寸精度，需对铺粉装置进行改进设计。

(2) 在 SLM 成形前，先消除成形缸丝杠的反向间隙。

(3) 避免制件发生变形。

8.2.5　硬度

下面以 SLM 成形 316L 不锈钢件的硬度测试来说明 SLM 成形制件的硬度。微观硬度测试前对试样进行打磨抛光，测试时施加的载荷为 3 N，载荷加载时间为 15 s。分别沿着图 8-8 所示直线 a、b 方向进行测量，结果如图 8-9 所示。经分析发现，沿着直线 a 测量，硬度值在 250～275 HV0.3 之间，沿着直线 b 测量，硬度值在 240～250 HV0.3 之间。沿着直线 a 测量的硬度值要大一些，原因可能是零件开始在基板上堆积成形时，熔池冷却速度快，使得前几层硬度较大，随着成形层逐渐堆积、温度累积，已加工的成形层由于当前成形层的热影响，相当于进行了退火或回火处理，硬度稍微下降。显微硬度测试表明，SLM 成形制件硬度高于铸件（铸件硬度大于 220 HV），这主要与 SLM 成形过程中的快速加热和快速凝固有关系，熔池的快速凝固造成了大量微细晶粒的产生。

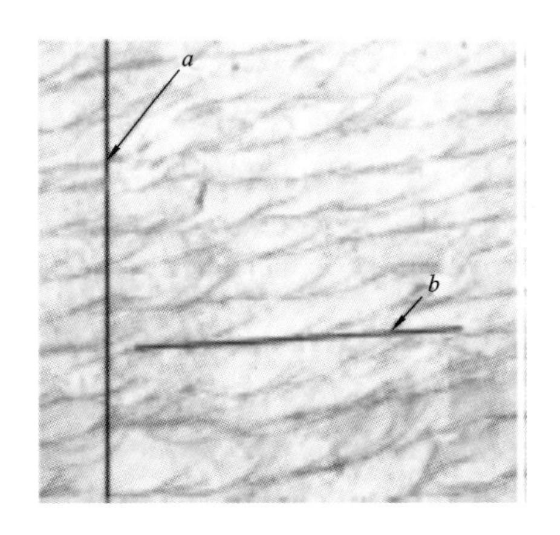

图 8-8　显微硬度测试方向

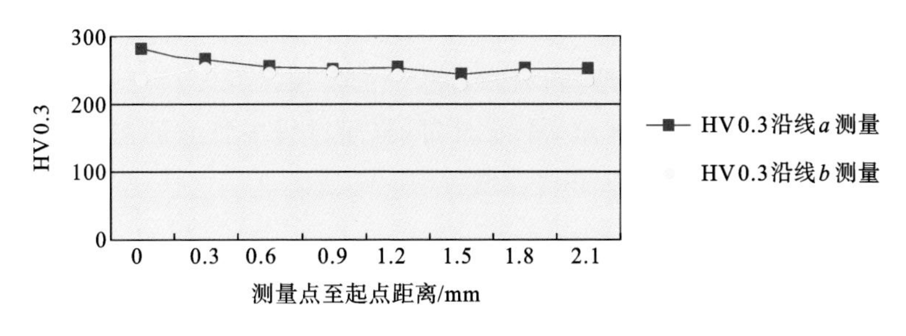

图 8-9　显微硬度测试值

8.2.6　致密度

致密度为零件的实际密度与理论标准密度的比值。致密度又称堆积比率或空间最大利用率，是指晶胞中原子本身所占的体积分数，即晶胞中所包含的原子体积与晶胞体积的比值。致密度是决定零件力学性能的重要指标。

致密度的高低会直接反映零件内部的粉末未完全融化、气孔、裂纹等缺陷的情况，而且与其他性能指标也有极大关联，因此可以说，致密度是反映 3D 打印中零件性能好坏最为本质的一个指标。

只有在保证高表面质量的条件下，SLM 成形制件才会获得高致密度与高尺寸精度，成形试验的结果才更有意义。所以，获得高致密度与获得高表面质量的制件的目标是一致的。对于特定材料，SLM 成形制件的致密度可以优化控制在 95%以上，甚至几乎达到 100%，制件的力学性能可与铸锻件的性能相媲美。

8.3 金属 3D 打印过程监控

3D 打印所有工艺步骤都由计算机辅助完成，因此，相关的重要工艺数据的记录和统计分析是非常必要的。监控的必要性和范围由工艺的可重复性和需要的零件质量决定。

3D 打印工艺系统的综合性能主要体现在加工范围、单次加工的成形质量(与时间无关)和成形质量的稳定性(与时间相关)上。因此，工艺系统的综合性能不仅与加工装备的软硬件水平有关，还与被加工对象、工艺规划的选择等有关。3D 打印装备的硬件系统主要包括：材料输送系统，运动、能量控制系统，加工头，监控系统和外围设备(包括冷却系统和预热装置等)。3D 打印过程的控制框图如图 8-10 所示，其中包括模型输入、控制系统、执行机构和过程监测系统等部分。材料监测(例如送粉和铺粉质量的监测)、成形腔环境监测和微区监测(微区指的是金属成形中的熔池、树脂成形中的反应区和黏结剂喷射成形中的凝固区等处于熔融状态的区域)等属于 3D 打印过程中特有的监测类别，也是 3D 打印系统与普通加工系统在过程监控中的本质区别。

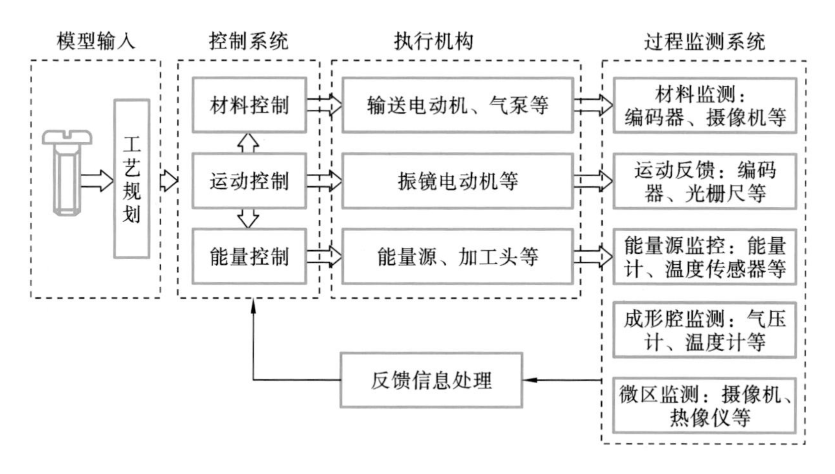

图 8-10　3D 打印过程控制框图

8.3.1 材料输送系统过程监控

对材料的监控会随着材料输送方式的不同而有较大的区别。材料输送方式主要有送丝、喷粉和铺粉等。采用送丝方式输送材料时，材料主要通过2～4个驱动滚轮以碾压的方式送进，需要保证材料送进稳定、可靠，因此，优质的3D打印装备均采用具有速度反馈的伺服电动机作为送丝机构的驱动电动机。为了提高电动机的送丝稳定性，研究者提出采用模糊算法、自适应滑动模型等控制手段，以提高控制质量。上述送丝机构的控制方法均采用开环或半闭环方式，这种控制方法虽然能够使得驱动电动机运行得更加稳定，但对材料的输出质量（例如材料挤出过程中热熔喷头内熔融材料的输入压力、速度等）却未做定量的评价。在定向能量沉积工艺中，送丝机构一般与自动焊接中的送丝机构原理一样，但由于焊接时对形状要求不高，因此对送丝机构的性能要求也不高。但在3D打印过程中，对于不同的沉积部位，需要实时地改变送丝的速度，甚至改变送丝头的俯仰角度，因此丝材送进的响应特性及稳定性尤为重要。熔滴过渡对于激光或电子束类3D打印一直是一个难以解决的问题，而送丝特性曲线与熔滴过渡过程直接相关，因此需要送丝机构能够满足不同的过渡过程的要求，即需要保证送丝的高精度、低延时和小超调等。

采用送粉方式的3D打印工艺的材料送进多采用同轴送粉头来实现，送粉头直接集成在激光加工头前端。通过送粉器产生具有一定流速、压力的粉末流，再通过送粉管输送到喷头的多个输出口，并喷射汇聚到一点。整个过程中，粉末汇聚量的大小、汇聚速度等是最终考察的量，并且其对成形精度、致密度和材料的利用效率等具有较大的影响。铺粉方式具有多种，料筒下置时用得较多的是刮板和滚轮铺粉，料筒上置时则多使用刮板和振动落粉。铺粉过程中关注的指标是平整度、层厚误差、致密度和铺粉效率等。粉末的平整度和层厚误差会影响成形质量的均匀性，甚至会导致缺陷的出现。例如，粉层存在凸点或凹点，激光作用后容易出现熔化不充分或者过烧的现象。再如，在层厚过大时，容易造成层间熔化不充分，结合力不足，而层厚过小则会导致热影响区过大，熔池凝固过程中内应力较大，并且进一步导致缺陷的出现。而铺粉密度不足，也会导致制件最终的致密度较低，难以实现全致密度的3D打印。由于粉末较细，只能使用非接触式的方法来获得铺整状态信息。其中，照相技术能够获得整个铺粉表面的二维或三维信息，并且测试时间较短，因此被广泛使用。其他非接触式的、用于测量层厚或平整度的传感器包括激光测距仪等。激光测距仪只能进行定点测试，不能获得整个铺粉层面的信息，因此铺粉状态必须建立在经验和模型假设之上。此外，照相技术能够获得每一层打印的图片，在打印过程中可以实时地观察打印的效果，同时，可以对缺陷的出现进行预测，并采取必要的修复措施。

8.3.2 加工头系统过程监控

加工头系统包括激光加工头、电子枪、(阵列)喷头、振镜系统或者焊枪等能量输出装置，以及能量源和能量传递部分。由于能量源和传递部分往往较为成熟，也具有一定的反馈控制，因此，这里重点讨论能量输出装置的过程监控。

高能束加工头往往需要对能量密度、密度分布和能量波动进行监控，以保证加工过程中稳定的能量输入。3D Systems 公司针对立体光固化技术中激光的漂移误差和指针机构重复性扫描的精度问题设计了一种漂移定期校正装置和方法，采用光束传感器和光电探测器来确定漂移误差，并设计了一种漂移校正算法以补偿漂移误差。此外，3D Systems 公司还设计了一种光束强度和功率监测装置，其可通过光束分析传感器对光束移动进行检测，并进一步地通过控制光束扫描机构的运动来检测光束宽度和液态树脂深度的分布。而电子枪系统除了要满足能量方面的要求，还需要保证枪内的真空度。

金属 3D 打印设备的喷头包括两类：一类是激光、等离子体等高能束的熔覆头；另一类是黏结剂喷射成形工艺采用的间接金属 3D 打印喷头。激光或等离子熔覆利用集中的热量使被加工材料快速升温、快速冷却，在熔铸区域产生不同于其他熔覆方法(喷焊、堆焊、普通焊接等)下的组织结构，甚至产生非晶态组织。采用激光或等离子熔覆头时，在加工过程中需要准确测量加热区的温度，实时监控受热层的状态，从而确保成形组织结构的质量。在黏结剂喷射成形中，喷头选择性地将黏结剂沉积到粉末上，将金属粉末层黏结在一起。在创建每个层之后，成形基板向下移动，同时下一层粉末在前一层上铺展(典型的层厚度为 50～100 μm)。重复该过程直到生成完整的零件。该过程充满挑战性，熔融态流体的特性决定了喷头喷射的效果。有许多因素会对质量造成严重破坏，特别是在高速打印状态下。尤其需要注意以下关键因素：粉末分布一致性；粉末填充密度；黏结剂喷射精确度；黏结剂的饱和度；打印过程中黏结剂的干燥程度。因此，大部分黏结剂喷射成形装备都具有喷头温度反馈功能，并设计了喷头冷却装置以提高其使用寿命。

8.3.3 成形环境过程监控

成形环境不仅包括气体环境，还包括成形过程的材料环境，主要是铺粉过程的粉末预热温度、能量直接沉积成形(金属材料在激光、等离子、电子束等热源熔化下逐层沉积成形)的基底冷却环境等。气体环境的监测主要用于需在封闭腔内成形的 3D 打印工艺,例如激光选区熔化、电子束金属直接成形等工艺。对成形环境进行控制,一方面是装备热源的要求,另一方面是为了提供更优质的成形环境,以避免某些恶化现象的出现,例如,控制氧含量,以避免钛合金在成形过程中氧化。气体环境监测的目标是气体环境中的气体成分的含量/浓度,主要为氧的含量或惰性气体的浓度。通过将气体成分信息反馈至控制系统中,能实时地通过控制气体循环系统的气体流量实现成形气体环境的稳定控制。成形环境的监控目标是材料的温度。某些工艺需要对预置材料进行加热处理,使得材料在成形时应力减小,从而避免制件由于各部分膨胀量不同而出现缺陷,同时降低制件翘曲程度。

预置埋入式的热电偶或红外热像仪是测量预热温度情况的常用手段。预热处理仅需针对最顶层附近进行,并且不能破坏铺粉表面平整度,因此预热一般采用热辐射的方式。设计冷却水路是为了迅速地带走高能束加工中产生的大量热量,使得某些具有较好塑性的金属材料冷却下来后热变形尽可能地小。温度的稳定控制是冷却过程的主要研究内容,与预热系统一样,均属于温度控制的范畴,但冷却是通过冷却水的热交换实现的,而预热依靠的是电加热产生的热辐射。

控制算法是成形材料温度控制的关键。模糊控制、参考模型自适应控制等算法的提出为温度调控过程提供了较好的控制手段,其中模糊控制算法最为常用。模糊控制算法对温度的控制是建立在温度均匀化假设基础上的,但模型形状变化较大或者材料性能变化明显时,该算法会产生较大的误差;而参考模型自适应控制算法是基于成形模型提出的控制算法,根据切片形状的不同而设置了不同的控制算法,因此适应性更强。

8.3.4 熔池的过程监控

对熔池进行监测,主要是为了获得熔池的温度、形状和大小相关信息,这样一方面可以直观地了解打印过程中熔池的温度状态,另一方面也能够为缺陷预测提供依据。由于熔池附近的温度较高,并且温度梯度极大,因此熔池温度的测量一直是高能束加工领域的一个难点。熔池测温传感器一般都是辐射式的。使用接触式的热电偶作为测温传感器也是一种获得熔池的整体温度或最高温度的可选方案,但热电偶只能获得单点温度,并且无法直接测量熔池的温度。采用热电偶测温时,需要依据一定的假设条件,通过热传导模型反求熔池温度,因此测量准确性不高。这里着重讨论非接触式的辐射测温传感器。

辐射测温传感器有光热型和光电型两种。光热型是利用红外辐射热效应,使器件的电阻、电容发生变化来工作的，也被称为非制冷型探测器；而光电型是利用光电二极管的光电效应来工作的，通过光电二极管的反向电流随光强的变化而变化的原理实现测量，因此用光电二极管作为感温元件的热像仪获得的最准确的是光强信号，所测温度亦被称为亮度温度或辐射温度。物体的实际温度与亮度温度之间存在一定的对应关系，通过这种对应关系即可将物体的实际温度计算出来，这便是光电二极管的测温原理。

辐射测温根据所使用的辐射波段（光谱）的数量分为单色辐射测温、多光谱辐射测温和全辐射测温三种。采用特定波段的辐射能量，通过普朗克定律来计算温度为单色（波长）测温法，例如光学高温计、红外测温仪等均采用这种方法；采用多个波段的辐射能量来计算温度为多光谱辐射测温法，例如比色测温计（比色测温计是通过测量物体在特定的两个波段范围内的比值来实现测量的）、比色红外测温仪均采用这种方法；而采用全波长范围的辐射能量，由 Stefan-Boltzmann 定律积分来求得物体的温度为全辐射测温法，例如辐射温度计（热电堆）即采用这种测温方法。与单色测温和全辐射测温相比，多光谱辐射测温的准确性不会受物体表面的状态（表面粗糙度和表面的化学状态）的影响。而单色测温和全辐射测温都需要知道被测物体表面的实际光谱发射率。对于发射率较小的物体，单色测温和全辐射测温所得结果的相对误差较大，此时适合采用比色测温法。

此外，单色测温仪不能测量比视场范围小的物体。当目标不能充满视场时，测量温度会变低，而比色测温仪能测量比视场范围小的物体。因此，比色测温法比单色测温法对被测物的要求更低。3D 打印过程中的熔池监测主要采用高速摄像机和高温计、红外热像仪等设备。熔池监测的工作模式是：将熔池的辐射光通过镜头和中间的过滤器采集到探测器上，探测器再将采集到的信号传输给图像采集卡进行处理，并进行温度场或图像计算，最后由操作人员根据计算结果设定阈值，对工艺参数进行闭环控制。在有的情况下，计算得到的温度场和图像并不作为反馈使用，形成一个监测模块，而仅为作成形信息被记录下来。

8.3.5 过程监控实例

德国金属 3D 打印机制造商 EOS 的监控套件 EOSTATE 的最新成员——EOSTATE Exposure OT，是首个商业化光学层析成像系统，可以通过摄像头实时监控 EOS M290 的金属 3D 打印过程。EOSTATE Exposure OT 由一个高分辨率摄像机和一个工业级相机组成。其中后者能在“近红外范围内”高频记录打印机的构建平台状况，借此收集与被打印金属材料熔融过程有关的数据。随后，配备的软件会监控并分析这些数据，判断打印区域是否处于正常范围之内，并进行相应的标记。EOSTATE Exposure OT 适用于任何形状和尺寸的打印件，并且能实现逐层监控，以保证质量。

凭借光学相干断层扫描监测技术，这套系统能使用高分辨率动态工业摄像机对 3D 打印过程进行全程监控。在红外波长范围内，动态工业摄像机能够在完整的制造过程中，以高频率记录成形平台上的成形过程，并在整个成形空间内提供关于粉末材料熔化状态的详细数据。

通过特殊软件进行数据采集，可完整分析和监测钢、铝、钛，以及其他各种合金在 3D 打印过程中的熔化状态。该系统可以定义多种可能的错误来源，如果某项参数偏离系统定义的“正常区间”，系统会自动侦测并标记错误区域。随着数据的不断增加，系统将会更加精确地判断这些错误对部件质量产生的影响。

EOSTATE Exposure OT 是一个自主学习系统，能够随着数据量的增长变得更加智能。用户如果熟悉 EOSTATE Exposure OT 系统具体参数，就能在制造过程中更好地评估部件的质量与致密度。该系统的最终目的是识别生产过程中残次品产生的可能原因，并有效防止残次品的产生。图 8-11 所示为 3D 打印过程中实时显示的 EOSTATE Exposure OT 运行情况，图 8-12 所示为放大显示打印制件详细信息。利用该软件还可在数秒内连续浏览数千图层中的图片并获得质量相关数据，如 3D 打印过程中的热量分布情况（见图 8-13）。

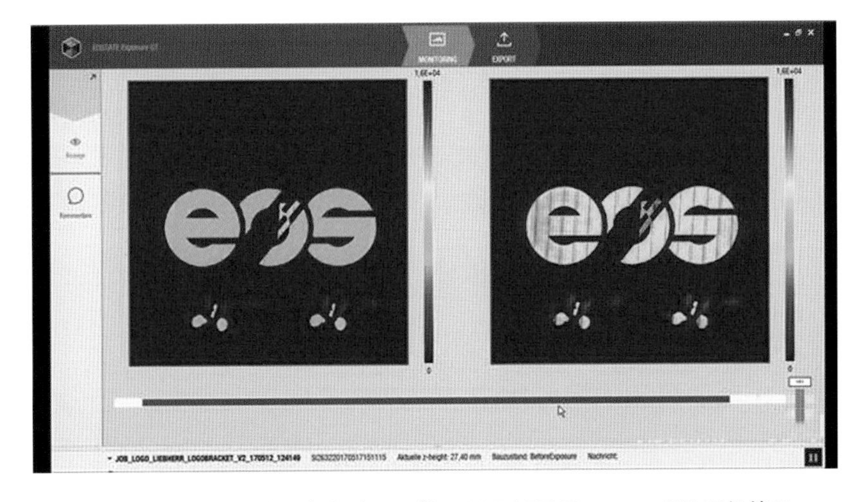

图 8-11　3D 打印过程中实时显示的 EOSTATE Exposure OT 运行情况

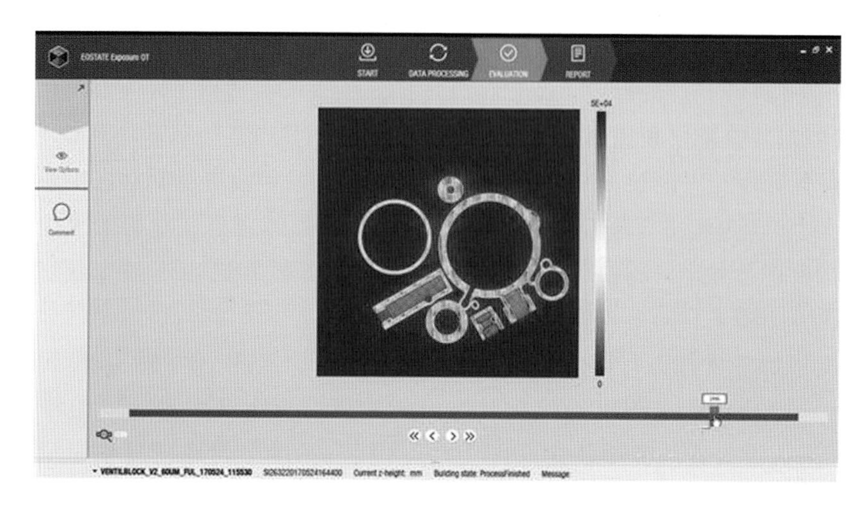

图 8-12　放大显示 3D 打印制件的详细信息

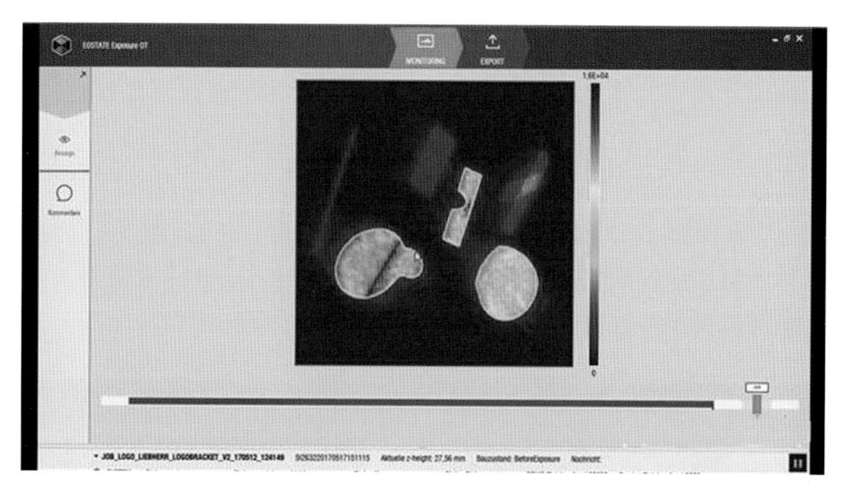

图 8-13　浏览图片获得热量分布情况

8.4　质量评价与过程监控中的检测技术

8.4.1　3D 打印的检测需求

3D 打印工件通常是一次性的，制造成本高昂，因此传统的破坏性试验不适用于 3D 打印制件的检测。同时，由于 3D 打印制件是一层层创建的，属性难以预测，这就对 3D 打印制件的质量检测提出了挑战。

在 3D 打印过程中，需要对可能产生的缺陷进行实时监测，需要克服表面形貌和制备温度的影响，需要检测技术与制造过程进行集成而不影响 3D 打印工艺，需要在验收阶段和使用寿命期间对加工完成的零件进行评估并确定其服役性能。此外，在零件的整个生命周期中，需要表征材料的微结构和形态，对原子和分子进行精细测量，表征内部应力状态等。总之，及时可靠地检测不同性质的缺陷和监测这些缺陷如何发展对 3D 打印工艺具有重要的意义。因此，所采用的检测方法需要满足材料、设计以及测试等方面的需求，能够用于材料的全寿命周期，包括制造过程中优化、实施过程检测、生产后的质量验收以及服役过程中的质量监测。因此，3D 打印的各个阶段对检测都有明确的需求。

8.4.2 无损检测技术

1. 无损检测概述

无损检测技术（nondestructive testing，NDT）是多学科交叉融合的技术，广泛应用于航空航天、石油化工、核工业以及机械制造等各个领域。对于激光 3D 打印合金钢构件的质量评价和在役期间的缺陷检测，特别是激光 3D 打印合金钢构件力学性能的评价与表征，无损检测技术相对传统机械方法（拉伸、压入、冲击等）具有快速、无破坏性、在役在线等独特优势。

零件通常需要经过视觉检测（VT）、尺寸检测、外部和内部检测以及相关的表面粗糙度检测等，但有时也可能需要做与这些完全不同的检测，因为许多组件都是经过合并和重新设计的。由于 3D 打印技术已经被广泛接受，检测技术也需要进一步发展，以确保产品保持最高质量水平。视觉和外部检测包括荧光液体渗透检测（PT）、视觉检测（通常放大 10 倍来检测）、表面粗糙度和尺寸检测等。尺寸检测可以使用量具、坐标测量机（CMM）和白色/红色/蓝色光扫描仪来完成。典型的内部检测则包括射线照相检测（RT）、电磁检测（ET）、超声波检测（UT），在有些情况下还会使用 CT 设备进行检测。

在 3D 打印中，无损评价主要涉及五个方面的需求：原料无损检测、制件无损检测、缺陷影响监测、产品数据库设计和物理参数参考标准建立。

（1）原料无损检测　原料无损检测的对象包括金属粉末尺寸、颗粒形状、微观结构、形态、化学成分、分子和原子组成，相关参数需要被量化并最终评价其性能一致性。

（2）制件无损检测　3D 打印成形制件无损检测包括成形工件（不需进一步处理）和后处理工件（需进一步处理）的无损检测，检测内容包括小尺寸孔隙、复杂工件几何形状和复杂的内部特征。

（3）缺陷影响监测　缺陷影响监测是指用无损检测方法对制件中缺陷的类型、产生频率和尺寸进行表征，以便于理解产品属性对产品质量和性能的影响。

（4）产品数据库设计　产品数据库可以通过编译阐明过程结构与性能（例如输入材料特性、原位过程监测及制造和后处理后生成的特征等）之间的关系。

（5）物理参数参考标准建立　目前缺乏合适的全尺寸工件来评价3D打印过程中的无损检测方法的可行性，由于3D打印的零件几何形状复杂，有包含在较深位置处的缺陷，有不同的微观结构（均与锻造相比），必须建立无损检测仪器的物理参考标准。

传统的无损检测方法，在检测通过3D打印技术制备出的零部件方面，与检测采用其他加工技术制备的零件方面有很多相似之处。但是，3D打印技术的兴起仍然给无损检测技术带来了一定的挑战。

2. 无损检测评价方法及其选择原则

无损检测评价是保证3D打印质量的关键技术内容，但只有根据零件对象特征和检测内容需要，选用正确的无损检测方法，才能达到检测评价目的。目前已有200余种不同的无损检测方法，其中，最常用的是五大常规方法，即渗透检测、磁粉检测、涡流检测、超声检测和射线检测[121]。此外还有多种非常规无损检测方法，如工业CT法、中子射线照相法、声发射法、巴克豪森噪声法和金属磁记忆法等。在3D打印生产中，应根据各检测方法的特点，针对检测对象的形状结构、材质、可能的缺陷特征以及检测内容和目的等，选用适当的无损检测评价方法。选择无损检测评价方法，一般应遵循技术性原则和经济性原则[122]。

技术性原则是指应根据检测对象特征、检测内容和目的，选择合适的无损检测评价方法。为此，应尽可能充分掌握检测对象信息，分析被检测工件的材质、成形方法、加工过程、服役经历、3D打印成形方法和成形过程等，对缺陷的可能类型、方位和性质进行预先分析，以便有针对性地选择恰当的无损检测评价方法。没有哪一种无损检测评价方法是万能的，各种无损检测评价方法都有其适用范围。一般而言，射线检测对体积型缺陷比较敏感，渗透检测用于表面开口缺陷的检测，涡流检测对导电材料表面开口或近表面缺陷都具有很好的适用性，超声检测可以评价金属和非金属内部缺陷以及残余应力等，金属磁记忆检测方法可以检测评价铁磁性材料零件应力集中情况和疲劳损伤。因此，对特定零件进行无损检测评价时，应首先按照技术性原则，科学选择检测方法、设计检测评价方案。

经济性原则就是在能够实现检测评价目的的前提下，综合考虑因实施无损检测评价而增加的仪器设备投入、生产成本增加以及因及时剔除不合格件和提高产品质量带来的效益，也就是说应当综合考虑无损检测评价的“投入”与“产出”。一般而言，在满足检测评价目的的条件下，应当优先选择检测仪器设备成本低、操作简单、检测评价过程无污染、对人体无危害的检测评价方法。

3. 无损检测技术在 3D 打印中的应用

无损检测在 3D 打印中的应用存在许多问题，无损表征需要描述的内容有小尺寸孔隙、固有缺陷、复杂几何尺寸和复杂的内部特征等。对于材料和产品缺陷，无损检测方法中的原位检测方法目前还不完善，例如对材料沉积过程的实时测量和高速成像技术，对不连续的热梯度、空隙和夹杂物的原位检测技术还有待改进。此外，目前对于 3D 打印中的裂纹、孔隙等微观结构缺陷，无法利用传感器实现反馈控制。若想解决应用中的这些问题，就必须进一步开发和实施原位无损检测技术，确保最大限度地检测材料缺陷。由无损检测方法测得的工艺参数一般包括材料在线传送速度、送粉密度、制件变形量、残余应力、结构成分、吸收功率、裂纹和孔隙等。

目前无损检测技术尚不能作为一种原位检测技术得到广泛应用，其原因在于：

(1) 材料熔化和凝固速度快，使得实时监测微小缺陷十分困难；

(2) 任何无损检测方法都必须维持 3D 打印成形环境所需的条件，如室内气压和激光保护安全系统；

(3) 大部分 3D 打印设备的设计都不便于集成无损检测传感器，必须采取预防措施确保无损检测传感器的插入不影响 3D 打印成形过程；

(4) 大多数 3D 打印设备无法开放控制。

3D 打印技术成形过程的各个阶段都对无损检测提出了明确的要求，缺乏足够的无损检测手段是阻碍 3D 打印技术进一步广泛应用的关键原因。总而言之，目前金属 3D 打印技术在制件无损检测方面存在的主要问题是，无损检测技术本身有应用的局限性，以及 3D 打印和无损检测设备的集成技术有待提升。关于 3D 打印技术的无损检测研究还有许多工作要做，对 3D 打印成形制件缺陷的特征及形成机理还需要做更深入的探索。3D 打印技术发展的瓶颈是现有的无损检测方法和技术无法用于 3D 打印材料检测和制造过程中的相关检测，或者无法用于原位检测。同时，采用传统的无损检测技术对 3D 打印成形制件进行检测，仍然很具有挑战性。

第9章 金属3D打印成形制件后处理

9.1 概述

3D打印技术能够直接成形力学性能优良、结构复杂的金属构件，具有传统加工方法无法比拟的优点，因此该技术有望为航空航天、国防工业重大装备中大型难加工金属构件的制造提供一条快速、柔性、低成本的技术新途径。但由于未能有效解决制造过程中热/内应力、内部缺陷等的控制问题，3D打印技术还难以应用于航空航天关键及主承力构件、大型复杂模具等高端领域[123]。

3D打印具有高性能粉末制备、复杂结构直接制造、表面控形、后处理控性一体化的独特特征。以现阶段最受关注的SLM技术为例，在成形过程中材料的非平衡物理冶金和热物理过程十分复杂，同时存在激光束与粉体、熔池与粉床的交互作用，熔池超高温梯度和强约束力下的快速凝固，构件内部组织演变，循环条件下热应力演化等过程。因此，3D打印技术面临的最大问题在于成形过程中，铺粉层与铺粉层之间、单一铺粉层内部等局部区域会产生各种特殊的内部缺陷，如粉末团聚（见图9-1(a)）、层间局部未融合、气隙、气孔（见图9-1(b)）、夹渣、内部特殊裂纹，同时还会出现晶粒异常形核与长大、粉末挥发飞溅

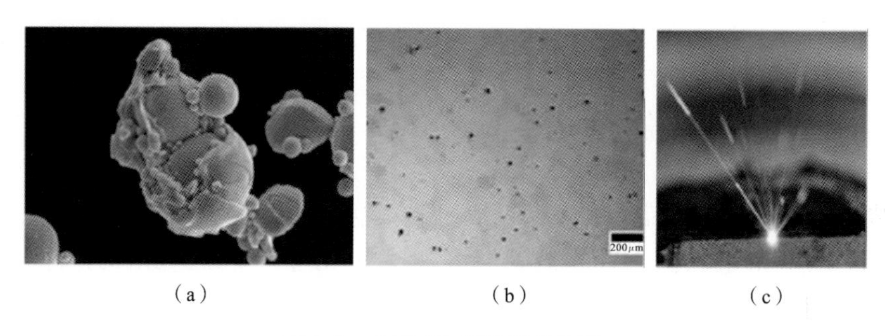

图9-1 金属3D打印常见缺陷

(a) 粉末团聚；(b) 气孔；(c) 飞溅

(见图9-1(c))等现象,以至于影响最终成形部件的内部质量、力学性能和部件的服役使用安全性。事实上,内部冶金缺陷控制一直是3D打印技术领域亟待攻克的难关之一。

国内金属3D打印专家普遍认为,3D打印过程中出现内部冶金缺陷的主要原因是粉末材料基础存在问题,同时我们对3D打印内部特有冶金缺陷的基本特征、形成机理及控制方法的研究也不够深入。材料能否从根本上得到改性,在很大程度上取决于后处理工艺与设备。3D打印成形的部件必须经过后续热等静压、开模锻造等致密化处理以及"四把火"——淬火、退火、回火、正火等热处理,并制定配套工艺标准,这样才能从根本上减少或消除3D打印关键金属部件存在的冶金缺陷及晶粒、显微组织等方面问题。

9.2 后处理方式

9.2.1 热等静压致密化处理

热等静压(hot isostatic pressing,HIP)是一种集高温、高压于一体的处理工艺。被加工件在高温高压的共同作用下,各向均衡受压,故加工产品的致密度高、均匀性好、性能优异。吴鑫华院士新近开发的近净成形热等静压工艺,与国内市场大部分热等静压工艺截然不同。采用该工艺处理的3D打印成形制件各方面性能有了实质性提高,特别是在微观组织与力学性能方面保持高度的一致性与重复性。3D打印成形制件不可避免存在孔洞与缺陷,需要借助外力作用来消除,而HIP毫无疑问是最佳选择之一。HIP工艺通过使材料发生蠕变及塑性变形,可减少部件内部的空隙及缺陷,甚至可使空隙和缺陷消失。

热等静压的具体做法是:将制件放置到密闭的容器中,向制件施加各向同等的压力,同时施以高温,在高温高压的作用下,制件得以烧结和致密化。热等静压是高性能材料生产和新材料开发不可或缺的手段。热等静压可以用于直接粉末成形,粉末装入包套(作用类似模具,可以采用金属,如低碳钢、镍、钼制作,也可采用陶瓷制作)中,然后使用氮气、氩气作加压介质,通过加热加压使粉末直接烧结成形;或者对成形后有缩松、缩孔的铸件(包括铝合金、钛合金、高温合金铸件等)进行热致密化处理,通过热等静压处理后,铸件致密度可以达到100%,铸件的整体力学性能得到提高。图9-2所示为热等静压处理系统结构示意图。

图9-3所示为Avure Technologies公司制造并于2010年2月安装在日本Metals Technologies公司的世界上最大的HIP装置giga-HIP。这台HIP装置

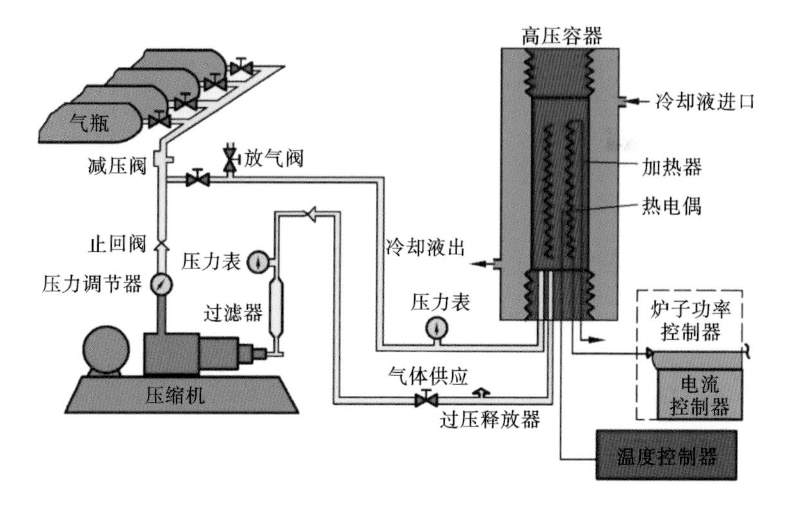

图 9-2 热等静压处理系统结构示意图

图 9-3 Avure Technologies 公司生产的 HIP 装置 giga-HIP

内部的工作直径为 2050 mm，高度为 4200 mm，可在 1350 ℃的高温与 1171 MPa 的压力下加工零件。由于这种大型 HIP 装置的可用性好、冷却速度快，加工周期较短，用 HIP 作为固结粉末的生产工艺，比 20 年前的生产成本要低得多。

9.2.2 真空淬火与回火处理

按采用的冷却介质的不同,真空淬火处理可分为油淬、气淬、水淬等。其中气淬是指将工件在真空中加热后再在充以高纯度中性气体(如氮气)的冷却室中进行冷却。适用于气淬的有高速钢和高碳高铬钢等马氏体临界冷却速度较低的材料。液淬是将工件在加热室中加热后,移至充入高纯氮气的冷却室中,并立即送入淬火油槽,快速冷却。真空淬火可使工件表面光亮,不增碳、不脱碳,并可使服役中承受摩擦和接触应力的工件寿命提高,如经真空淬火后模具钢H43产品的使用寿命可提高几倍甚至更高。淬火后工件大小和形状变形小,这样一般可省去修复变形的机械加工,从而提高经济效益并弥补3D打印成本高的不足。

真空回火目的是将已经过淬火的3D打印成形制件的优势(产品不氧化、不脱碳、表面光亮、无腐蚀污染等)保持下来,并消除淬火应力,稳定组织。如3D打印成形的TC4钛合金制件,经真空回火处理后其强度与常规机加工制件所差无几,但塑性却明显增强。如果需要高的表面质量,制件在完成真空淬火和固溶热处理后,进行回火和沉淀硬化时仍应采用真空炉。

采用GCr15轴承钢制造的纺机零件锭底的光亮淬火,技术要求非常高,锭底的内部顶尖处冷冲压后不再进行任何机加工,淬火后表面不允许有任何脱碳等缺陷。在传统工艺中采用50%NaCl+50%Na_2CO_3的中温盐加热进行淬火,淬火介质是20%浓度的NaOH水溶液,操作条件较差。用真空炉淬火后零件质量得到了很大提高,操作条件得到了极大的改进。用Cr12MoV钢制造的针织机上的三角经真空淬火后产品质量很稳定又耐磨,寿命得到了提高。

9.2.3 真空退火与正火处理

真空退火除了要达到改变3D打印金属构件晶体结构、细化组织、消除应力等改性目的以外,还要发挥真空加热防止氧化脱碳、除气脱脂、使氧化物蒸发的作用,从而进一步增大制件表面光亮度和提高其力学性能。

正火既可以作为3D打印金属构件的最终热处理工序,也可以作为预备热处理工序。正火代替退火可提高零件的力学性能;对于一些受力不大的工件,正火可代替调质处理作为最终热处理工序,简化热处理工艺;也可作为用感应加热方法进行表面淬火前的预备热处理工序。

退火指将金属材料加热到适当的温度,保持一定的时间,然后缓慢冷却的热处理工艺。正火指将钢材或钢件加热到钢的上临界温度或上临界温度以上

30～50 ℃，保持适当时间后，在静止的空气中冷却的热处理工艺。

图 9-4 所示为中航工业集团自主发明的立式底装料真空退火炉。立式底装料真空退火炉主要用于工具钢、模具钢、高速钢、超高强度钢、磁性材料、不锈钢、有色金属等材料的退火。特别适用于长杆形零件、轴类、板类零件等大型易变形工件的真空退火等。

图 9-4　立式底装料真空退火炉

9.2.4　真空渗碳与渗氮处理

渗碳、渗氮是目前应用最广泛的化学热处理方法。渗碳、渗氮介质在工件表面产生的活性碳、氮原子，经过表面吸收和扩散后将渗入工件表层，经工件淬火和低温回火后，将使工件表层的硬度、强度特别是疲劳强度显著提高，而工件心部仍保持一定的强度和良好的韧性。

真空渗碳是金属表面处理方法中的一种，采用渗碳处理的多为低碳钢或低合金钢工件，具体方法是将工件置入具有活性的渗碳介质中，加热到 900～950 ℃（单相奥氏体区），保温足够长时间后，使渗碳介质中分解出的活性碳原子渗入钢件表层，从而获得表层高碳、心部仍保持原有成分的产品。

真空渗氮工艺是向真空炉中通入氨气，对工件进行真空渗氮，其方式类似于脉冲式真空渗碳，即工件装入真空炉后开始抽气，当真空度达到设定值时，炉子通电升温，同时抽真空，以保持炉子的真空度。炉温达到渗氮温度时，保温一段时间，其作用是净化工件表面和透烧。之后停止抽真空并向炉内通入渗氮用气体，使炉压升高至一定值，保持一段时间，然后抽真空并保持一段时间，再通入渗氮用气体。如此反复进行多次，直到渗氮层深达到要求为止。在此过程中炉温保持不变。

9.2.5 喷砂处理

通过对SLM成形过程进行优化，可以成形表面粗糙度Ra小于10 μm的金属零件，但是这样的表面粗糙度在很多场合还是无法满足应用的要求。为了进一步改善SLM成形制件的表面粗糙度，需要对其进行手工打磨、喷砂、电解抛光等处理[124]。

喷砂是一种很常见的零件加工后处理技术，是指采用高压空气形成高速喷射束将喷料喷射到待处理零件表面，通过磨料对零件表面的冲击和切削作用，改善零件表面的清洁度和粗糙度。喷砂处理是一种通用、迅速、效率较高的清理方法，而且可以任意选择处理后的粗糙度。

喷砂工艺流程为：清洗、去油→喷砂→防锈，具体步骤如下。

(1) 仔细检查，清除粉末、飞溅物等附着物，并清洗表面油脂及可溶污物，对无用的支撑或连接物也应做妥善处理。

(2) 先开照明灯，后开压缩空气阀门，将喷嘴空喷2～5 min，使管道中的水分喷掉，以免使砂子潮湿，然后关严压缩空气阀门，将输砂管插到砂中。

(3) 将零件送入工作箱，关上箱门。

(4) 启动抽风设备，打开压缩空气阀门，进行喷砂。喷砂时，应倾斜喷头30°～40°；均匀地旋转或翻转零件并缓慢地来回移动制件或喷嘴，使制件表面受到均匀喷射，直到制件表面全呈银灰色为止。(对于箩装小部件，抖动翻转制件至达到喷砂要求即可。)

在SLM成形过程中，若成形室内氧含量过高，制件会出现氧化现象，成形后的零件表面有氧化层，无法呈现出金属光泽。而且由于激光加工时的热影响，还会产生粉末黏附现象，使制件表面呈现散沙状形态，如图9-5所示，铜钱算盘表面就发生了较明显的粉末黏附现象。为了去除零件表面的氧化层和黏附的未熔化粉末，可以采用喷砂后处理工艺对SLM成形制件进行后处理[125]。

喷砂工艺可以采用铜矿砂、石英砂、金刚砂等多种材料作为喷料。由于

图 9-5　SLM 成形的免组装算盘喷砂处理前

SLM 成形制件较精细，为了防止喷砂处理对制件造成破坏，选用粒径小、硬度大的金刚砂磨料，使用鑫欧液体手动喷砂机对成形后的铜钱算盘进行喷砂后处理。从图 9-6 可以看出，经过喷砂处理后，铜钱算盘表面质量有很明显的改善，其表面更光亮，呈现出金属光泽，表面更平整，没有了散沙状的形态。由此可见，喷砂处理对 SLM 成形制件的表面质量有很好的改善效果，可以去除零件表面的氧化层并去除黏附的粉末。

图 9-6　SLM 成形的免组装算盘喷砂处理后

9.2.6 电解抛光处理

手工打磨和喷砂虽然可以使SLM成形制件的外表面粗糙度得到较大的改善，但是对于一些内表面和间隙表面等难以触及的表面无能为力。可以采用电解抛光处理来降低难以触及表面的粗糙度。

电解抛光原理如图9-7所示。抛光过程中工件位于阳极，阴极通常采用铅板，通电之后，电解溶液会溶解掉阳极零件中的凸起，零件表面会出现一层黏液层，填补零件表面的凹陷部分，从而使零件变得平整光亮。电解抛光具有生产效率高、设备投资低、电解液可以连续使用等优点，而且电解抛光加工成本低于机械抛光。

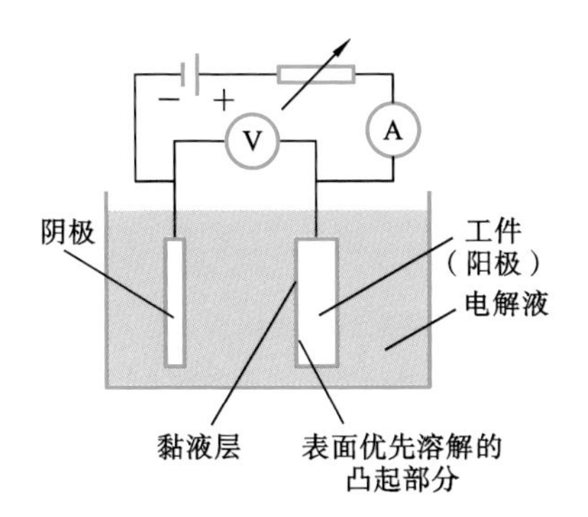

图9-7　电解抛光原理图

电解抛光的步骤如下：

(1) 将零件悬挂于容器内；

(2) 除油约5 min；

(3) 水洗3次；

(4) 超声波清洗5 min；

(5) 水洗3次；

(6) 电解抛光5～20 min；

(7) 水洗2次；

(8) 钝化10 min；

(9) 水洗2次；

(10) 烘烤5～20 min。

为了研究电解抛光处理对3D打印成形制件表面粗糙度的改善作用，作者对一个 SLM 成形的小方块进行了电解抛光，对比其抛光前后的表面形貌变化。试验采用的是 YQ 系列高频开关电解抛光设备，采用的电解抛光液是 316 不锈钢专用电解液。电解抛光过程中，采用定电压变电流的抛光模式，其中电压设置为 8 V，抛光时间为 7 min，阴极和阳极的距离为 50 mm。成形方块电解抛光前后的表面微观形貌如图 9-8 所示。

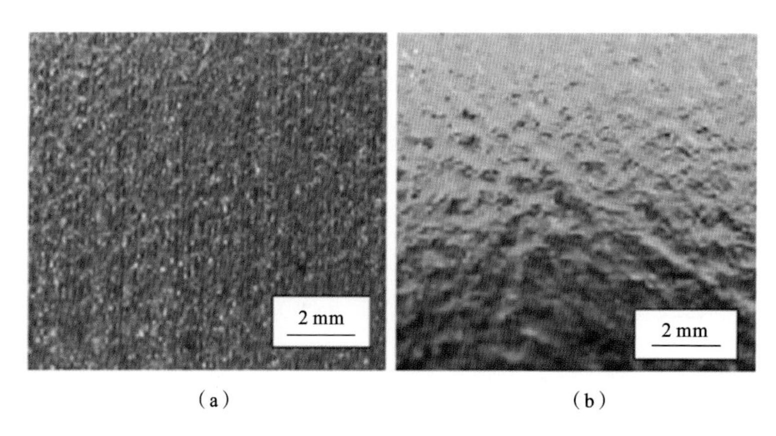

图 9-8 电解抛光前后金属表面微观形貌对比

(a) 电解抛光前；(b) 电解抛光后

从图中对比可以看出，抛光前的方块表面较粗糙，呈现细线状。对该 SLM 成形方块进行电解抛光处理后，表面质量有明显的提升。处理后的制件表面变得很光滑，呈现出光亮的金属光泽，原来的细线状形貌消失了。

测量该方块电解抛光前后的表面粗糙度，测量结果如表 9-1 所示。

表 9-1 电解抛光前后金属表面粗糙度对比

项目	$Ra/\mu m$	$Rz/\mu m$
电解抛光前	9.64	24.72
电解抛光后	2.34	7.41
表面粗糙度降低效果	75.73%	70.02%

从表 9-1 可以看出，制件经过电解抛光处理之后，表面粗糙度有极大的降低。对比电解抛光前后制件表面轮廓线，可以发现经过电解抛光处理之后，制件表面轮廓更加平滑，轮廓单元里的峰高和峰谷距离减小，轮廓也更规则。处理之后，Ra 降低了 75.73%，Rz 降低了 70.02%。

电解抛光处理后的制件 Ra 值为 2.34 μm，表面质量可以达到普通机加工的表面质量水平。由此可知，SLM 成形制件表面质量有很大的提升空间，优化工艺参数和采用合理的后处理步骤都能大幅度改善制件表面质量，降低表面粗糙度，使其能够应用在更多的场合。

SLM 直接成形的经内腔结构优化的喷嘴如图 9-9 所示。利用线切割技术将喷嘴切离基板，并加工出螺纹段，对喷嘴表面进行打磨，最后得到的喷嘴如图 7-19(a)所示。

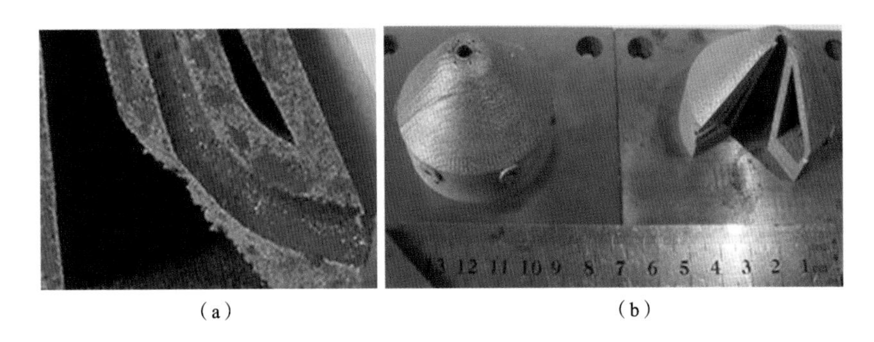

(a)　　(b)

图 9-9　SLM 成形喷嘴结构

(a) 喷嘴内部坍塌的结构；(b) SLM 直接制造的喷嘴

9.2.7　物理与化学气相沉积

1. 物理气相沉积

物理气相沉积（physical vapor deposition，PVD）是利用物理过程实现物质转移，将原子或分子由源材转移到基材表面上的过程。PVD 的基本原理是：在真空条件下，采用低电压、大电流的电弧放电技术，使气体放电，造成靶材蒸发，被蒸发物质与气体发生电离；再利用电场的加速作用，使被蒸发物质及其反应产物沉积在工件上。如图 9-10 所示，通过 PVD 技术可将某些有特殊性能（高强度、耐磨性、散热性、耐蚀性等）的微粒喷涂在性能较低的母材上，使得母材具有更好的性能[126]。PVD 分为真空蒸发镀、真空溅射镀和真空离子镀（包括空心阴极离子镀、热阴极离子镀、电弧离子镀、活性反应离子镀、射频离子镀、直流放电离子镀）。通常所说的 PVD 指的是真空离子镀，而不导电电镀（NCVM）指的是真空蒸发镀和真空溅射镀。

真空蒸发镀基本原理：在真空条件下，采用电阻加热（也可采用其他加热方式）、电子束轰击镀料方法，使金属、金属合金等蒸发成气相，沉积在基材表

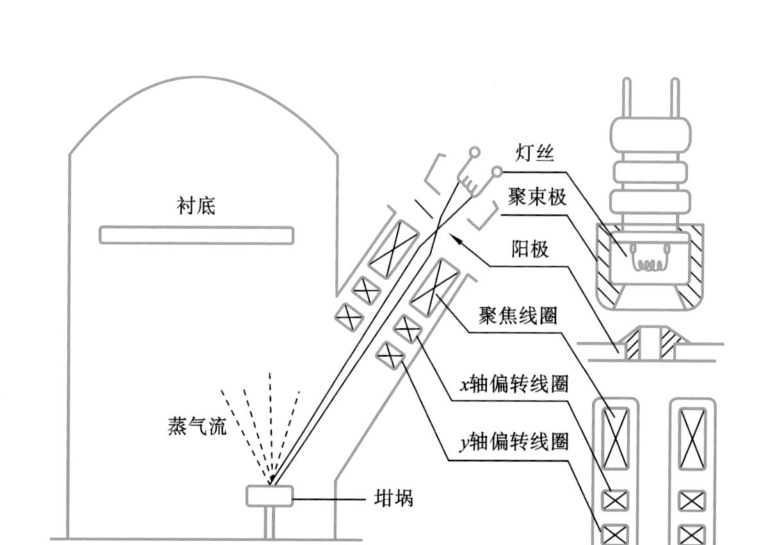

图 9-10　物理气相沉积系统

面上。

真空溅射镀基本原理：在充氩气的真空条件下，使氩气发生辉光放电，这时氩原子将电离成氩离子；氩离子在电场力的作用下，加速轰击以镀料制作的阴极靶材，靶材被溅射出来而沉积到工件表面。溅射镀膜中的入射离子一般采用辉光放电获得，真空室内气压在 10^{-2}～10 Pa 范围内，溅射出来的粒子在飞向基体的过程中，易和真空室中的气体分子发生碰撞，故其运动方向随机性强，沉积膜较均匀。

真空离子镀基本原理：在真空条件下，采用某种等离子体电离技术，使镀料原子部分电离成离子，同时产生许多高能量的中性原子，在被镀基体上加负偏压。在深度负偏压的作用下，离子沉积于基体表面，形成薄膜。

2. 化学气相沉积

化学气相沉积（chemical vapor deposition，CVD）是把含有构成薄膜元素的气态反应剂或液态反应剂的蒸气及反应所需的其他气体引入反应室，在衬底表面发生化学反应生成薄膜的过程[127]。在超大规模集成电路中很多薄膜都是采用 CVD 方法制备的。经过 CVD 处理后，表面处理膜密着性约提高 30%，可防止高强度钢在弯曲、拉伸等成形过程中产生刮痕。图 9-11 所示为化学气相沉积系统。

化学气相沉积过程分为三个重要阶段：反应气体向基体表面扩散，吸附于

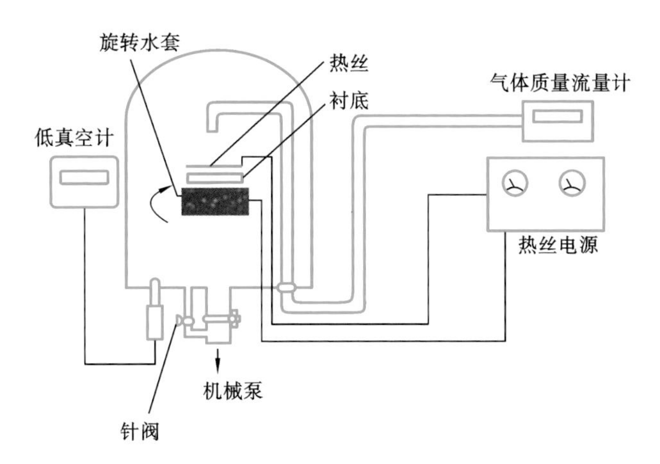

图 9-11　化学气相沉积系统

基体表面;反应气体与基体发生化学反应,形成固态沉积物;产生的气相副产物脱离基体表面。最常见的化学气相沉积反应有:热分解反应、化学合成反应和化学传输反应等。通常是向 850～1100 ℃的反应室通入两种或两种以上的气体(如 $TiCl_4$、H_2、CH_4 等气体),经化学反应,在基体表面上形成 TiC 或 TiN 镀层。

化学气相沉积制备镀层的必要条件:

(1) 在沉积温度下,反应气体具有足够的蒸气压,并能以适当的速度将其引入反应室;

(2) 反应产物除了形成固态薄膜物质的镀层外,都必须是挥发性的;

(3) 沉积薄膜和基体材料必须具有足够低的蒸气压。

第 10 章 金属 3D 打印在制造业中的应用

10.1 在航空航天行业中的应用

航空航天领域集成了一个国家所有的高精尖技术，具有知识密集、技术密集、高风险、高附加值的特点。金属 3D 打印技术在航空航天制造方面主要有以下优势[128]。

(1) 节约材料、降低成本。航空航天制造领域使用的大多都是价格昂贵的战略材料，比如钛合金、镍基高温合金等难加工的金属材料。传统制造方法对材料的利用率很低，而金属 3D 打印技术作为一种近净成形技术，可使材料的利用率达到 60%，有时甚至达到 90%以上，3D 打印成形制件只需经少量的后处理即可投入使用。对于那些难加工的技术零件，采用传统机械加工方式加工周期会大幅度增加，从而造成制造成本的增加，而对 3D 打印技术而言，零件的复杂程度对制造成本的影响很小。

(2) 优化设计、减轻重量。对于航空航天业，产品的重量控制至关重要。卫星的重量越轻，将卫星送入轨道所需的能量越少，发射成本越低；飞机越轻，飞行的油耗也越低，从而越能降低运行成本。受传统制造方法的限制，现在已经难以通过优化结构减重，而利用 3D 打印技术则可以优化复杂零部件的结构，在保证性能的前提下，进行全新的结构设计，实现结构重量占比的大幅下降。

天线是一种在商业或军用飞机、卫星、无人机以及地面终端中经常使用的组件。2017 年，Optisys 公司通过和美国软件公司 ANSYS 合作，利用仿真软件设计出了一种可以 3D 打印天线的新方法。通过将 3D 打印技术和先进的仿真工具结合在一起来设计射频天线和组件，Optisys 公司能够设计出重量更轻、节省材料高达 95%的零件。为了验证这种生产方法，Optisys 公司生产了一个演示件——一个集成在 X 波段卫星通信上的跟踪阵列(XSITA)天线(见图 10-1)。利用 3D 打印技术和先进仿真软件，Optisys 公司将零件数量从 100 多个减少到

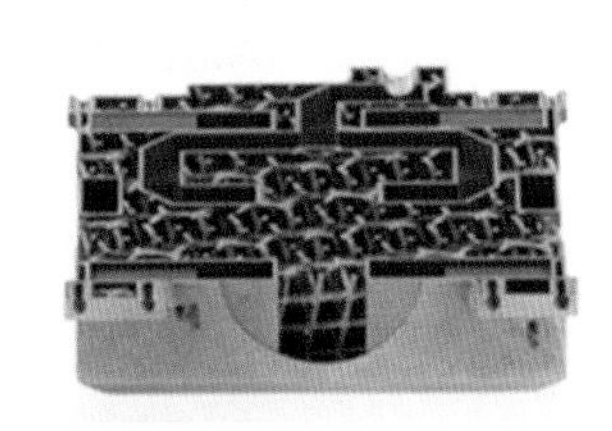

图 10-1 采用金属 3D 打印技术制造的射频天线部件

仅有的 1 个,集成组件制造时间从 11 个月减少到 2 个月,生产成本至少降低了 20%[129]。

2018 年 5 月 21 日,我国连通地月的中继卫星“鹊桥”发射成功,并于 6 月 14 日进入使命轨道,为“嫦娥四号”探测器在月球背面着陆提前架好了信息之桥。中继卫星上面不乏首秀太空的新产品,其中就包含中国航天科技集团五院 529 厂采用 3D 打印技术研制的多个复杂形状铝合金结构件。这些 3D 打印产品全部采用拓扑优化构型,实现了轻量化设计,零件重量大幅降低,承载比大幅提升,3D 打印的技术优势得到了充分体现[130]。

在飞行器制造领域,美国波音 777、787 民用飞机,以及 F-15、F-18、F-22 军用飞机研制生产过程中,约有 10 类产品 200 多个构件采用了 3D 打印技术。2013 年底,GE 公司宣布将采用 SLM 技术为其下一代 Leap 发动机生产喷嘴,如图 10-2 所示。新一代的 Leap 发动机要求减少排放,降低燃油消耗,而燃油喷嘴则是实现这一目标的重要部件,燃油喷嘴头部迷宫式的复杂流道结构不仅要使燃油与空气高效混合,同时又要防止喷嘴在接近 1600 ℃的温度下熔化。为此,GE 公司研究团队设计出了一种理想的燃油喷嘴顶部结构,这个结构最终只有核桃大小,里面却有 14 条精密的流体通道。该结构虽然巧妙,但内部流道过于复杂,需要将 20 个部件焊接在一起,研究团队通过传统制造加工方式尝试了 8 次,均以失败告终。最终,研究团队决定尝试金属 3D 打印技术,并对燃油喷嘴进行重新设计,将原来的 20 个部件变成了一个精密整体,并与其他组件通过钎焊连接,喷气燃料通过喷嘴内部的复杂流道实现自身冷却。最终,新喷嘴重量比上一代喷嘴减轻了 25%,耐用度提高了 5 倍,成本效益上升了 30%。到 2018 年 10 月,GE 公司已成功交付 30000 个 3D 打印的燃油喷嘴[131]。

在国内,以往 3D 打印技术主要应用于军用飞机,在 2012 年之后 3D 打印技

图 10-2 GE 公司 3D 打印的燃油喷嘴

术在军用飞机领域的应用呈现出井喷式发展态势，应用部位逐渐向次承力、主承力构件过渡，应用数量也从之前的几件猛增至几十件。同时，在民用飞机研制方面，中国商用飞机有限责任公司目前也在 C919 飞机型号研制中采用 3D 打印技术进行零部件生产。为达到减重及提高安全性等目的，在 C919 的结构设计及制造过程中多次使用了 3D 打印技术和特种金属（如钛合金）。其中具有代表性的大型零部件为 C919 天窗骨架和机翼中央翼缘条（见图 10-3），而小型、精度要求较高的 3D 打印零部件则主要应用于导向槽、摇臂等舱门结构[132]。

图 10-3 3D 打印钛合金机翼中央翼缘条

10.2 在工业模具行业中的应用

模具是用来制作成形物品的工具，被誉为“工业之母”。在传统的模具制造工艺中，采用的是机械加工、电加工、线切割等材料去除的手段。而金属3D打印技术在模具制造方面主要有以下优势。

(1) 对于一些小批量或过于复杂模具的生产具有经济优势。

(2) 能实现复杂形状的冷却通道，实现随形冷却，且冷却更均匀，效率高，能带来质量更好的产品并提高生产效率。传统模具设计则只能采用直线冷却水道，通常存在不能均匀冷却的问题，导致塑料发生翘曲变形。

2015年9月，轮胎制造商米其林(Michelin)与法国法孚(Fives)集团组建了合资企业AddUp Solutions，研发新型金属3D打印机，并利用3D打印的模具来开发性能更好的轮胎[133](见图10-4)。传统的轮胎模具主要靠计算机数控系统加工完成，具体方法如下：首先，将铝块的轮廓铣削成所需的形状和曲面；然后，在铝块上面制造沟槽，以便后期将轮胎沟槽的模具手动插入；最后，将插入的模具与铝块底部通过激光束焊接在一起，制成完整的模具。其中轮胎花纹复杂多变，其加工的精密程度直接影响到轮胎的精度和质量，甚至轮胎的安全性能、驾驶的舒适度，等等。当花纹多变且复杂时，模具的制造不仅困难，而且耗费的人力和时间也会大幅增加。

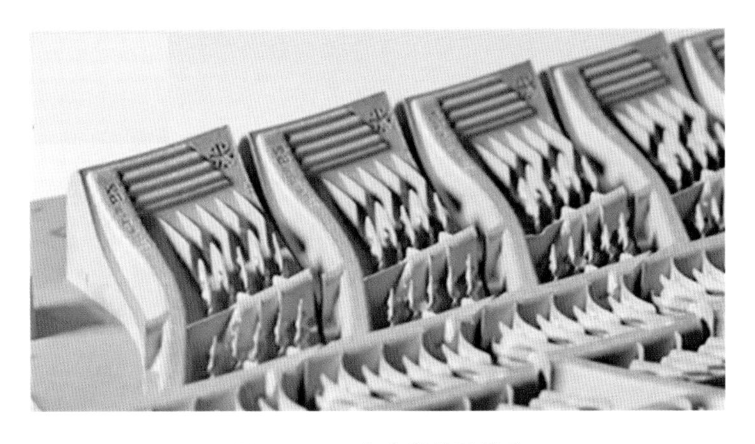

图10-4 3D打印的轮胎模具

金属3D打印可以制造出传统加工方法很难加工的小而复杂的模具，而且从设计到打印生产出来的周期比传统的建模转数控加工的周期短，可以更快地研制新模具。图 10-5 所示为 SLM Solutions 公司打印出的轮胎模具,其外层是一个铝制的机加工的支撑外壳,用以提供足够的强度、稳定性以及圆度,内部是金属打印的模具部分,出于成本的考虑,这部分会在保证模具本身强度的同时尽量做得轻薄。如今 SLM Solutions 金属 3D 打印机已经成功打印出了最薄处厚度只有 0.3 mm 的钢轮胎模具,免去了冲压、折弯这些价格不菲的工艺,同时还省去了人工安装和焊接的成本。

图 10-5　SLM Solutions 公司打印出的轮胎模具

早在 1997 年,美国麻省理工学院的 E. Sachs 教授就提出了注塑模随形冷却技术。注塑模具的随形冷却方式与传统的冷却方式的区别在于,其冷却水道的形状随着注塑制品的外形变化而不再呈直线状,这种冷却水道很好地解决了传统冷却水道与模具型腔表面距离不一致的问题,可以使得注塑制品得到均匀的冷却,冷却效率更高[134]。随着近年来 3D 打印技术的发展,随形冷却技术成为注塑模具冷却系统研究的热点。用 3D 打印技术制造随形冷却模具,不仅可简化制造工艺,而且可方便随形冷却水道的设计,提高设计的效率,且使模具随形性更为理想。图 10-6 所示为 SLM 成形的具有螺旋冷却通道的型芯,其冷却通道的直径为 2 mm,通道自上而下随着实体直径的增加逐渐扩大,以达到均匀冷却的目的。图 10-7 所示为螺旋冷却通道截面形貌,可以看到圆孔边界清晰,成形质量良好,在圆孔顶部存在少量的挂渣。挂渣会引起通道内部的局部湍流,湍流可以更加充分地带走模具表面传递的热量,但这也会增加冷却水的流动阻力[135]。

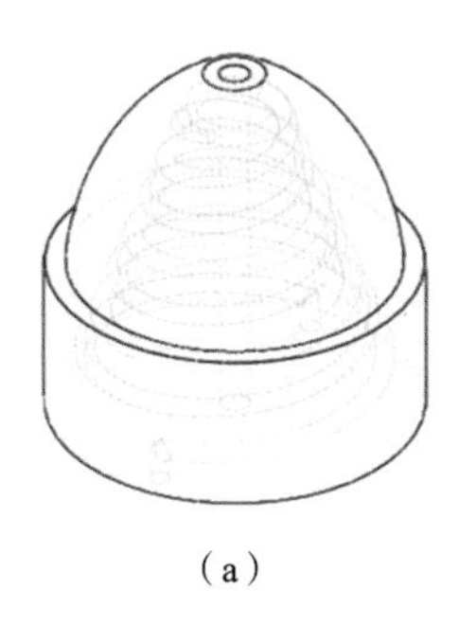

(a)

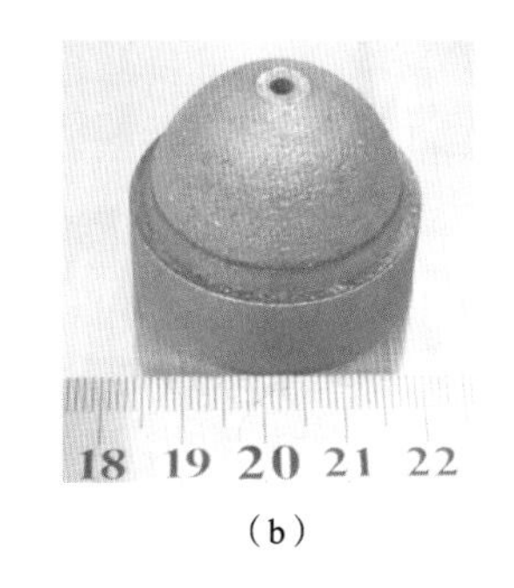

(b)

(c)

图 10-6　螺旋冷却通道模具

(a) 三维设计图；(b) SLM 成形模具；(c) 机加工后的模具

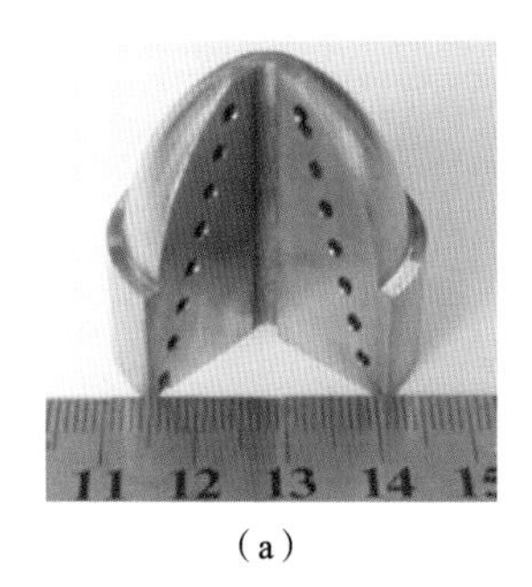

(a)

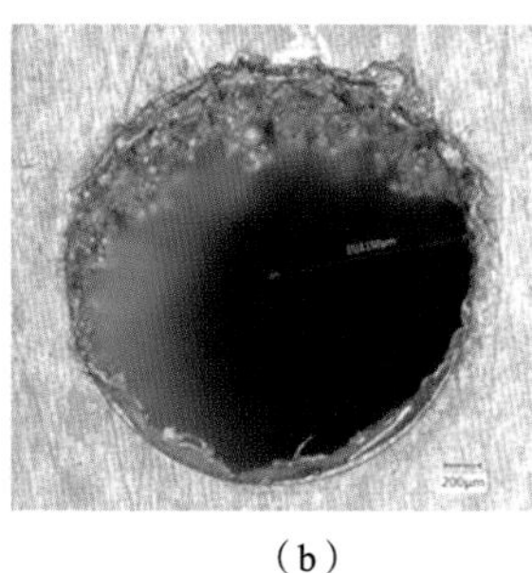

(b)

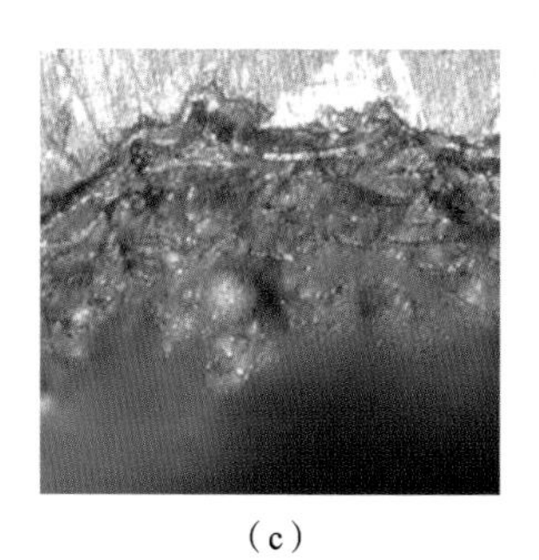

(c)

图 10-7　螺旋冷却通道截面形貌

(a) 切割后；(b) 孔界面形貌；(c) 孔内挂渣

10.3　在珠宝首饰行业中的应用

私人定制是近年来珠宝行业的新时尚，为满足消费者个性化、定制化的消费需求，一些珠宝制造商正在积极探索提升珠宝制造工艺的新方式。3D 打印作为具有代表性的前沿技术之一，也逐渐被珠宝制造商用于珠宝产品的设计及制造。目前 3D 打印技术在珠宝首饰制造中的应用主要分为两类。一类是间接应用，即首先通过 3D 打印蜡或者 3D 打印树脂制造出熔模母模，再通过失蜡铸造法间接制造金属首饰。这类方法目前已被市场广泛接受，也提升了设计自由度，但仍受失蜡铸造技术的先进程度限制。另一类则是直接应用，即采用 3D 打印技术直接打印贵重金属，相较于间接制造首饰，直接打印首饰实现了真正意义上的自由设计。但直接打印贵金属现在还处于初期阶段，未来市场的发展空间非常大。

在 2014 年，3D 打印设备商 EOS 公司就与欧洲贵金属制造供应商 Cooksongold 公司联合推出了全球第一款专用的贵金属 3D 打印设备 Precious M080，用于直接 3D 打印珠宝首饰以及高档手表。Precious M080 是一款直接金属激光烧结（DMLS）系统，配置了一个 100 W 的光纤激光器。该激光器产生的激光光斑尺寸小，使得 Precious M080 的打印分辨率很高，可以出色展现细节，打印出精细的结构。Cooksongold 公司同时也开发了多种贵金属粉末。目前该公司可以打印黄金、银、铂金等材料的首饰。

另一方面，珠宝设计工作室也与 Cooksongold 公司合作，用 Precious M080 来打印定制的奢华首饰。图 10-8 为美国设计工作室 Nervous System 利用 Precious M080 制造的 Kinematics 系列首饰。Kinematics 系列首饰在是由许多不同的部分通过铰链机构相连接而构成的。但在制造中，其不需要组装，而是整体直接进行 3D 打印而成[136]。

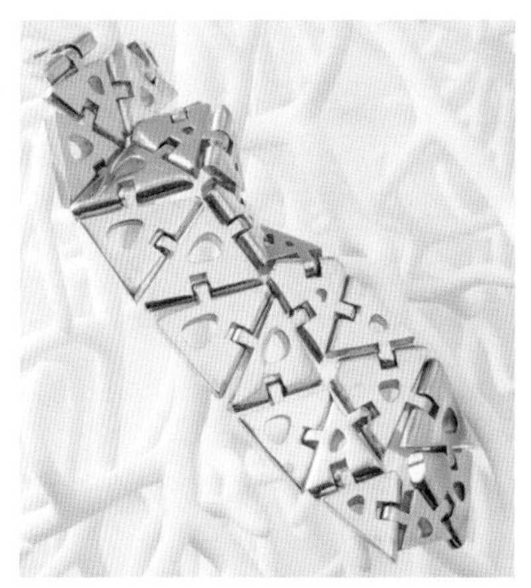
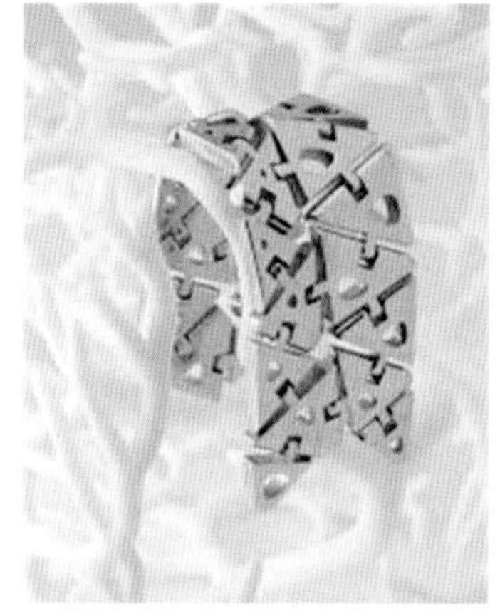

图 10-8 Kinematics **系列首饰**

相对于传统首饰较为烦琐耗时的制作流程，以及对技艺的严格要求，金属 3D 打印强大的个性化定制优势，以及节约生产时间和成本的特点越来越深入人心。无论是在精度还是在设计的自由度上，金属 3D 打印相对于传统失蜡铸造的优势，都体现得越来越明显。

10.4 在船舶海工行业中的应用

金属 3D 打印在船舶海工领域的应用已经证明，通过该技术加工的零部件力学性能、材料性能是可以保证的。金属 3D 打印技术在船舶海工行业中的应用主要有以下优势[137]：

(1) 船舶海工装备中有不少稀有金属和贵金属材料的零部件，金属 3D 打印技术能极大量地节省材料，从而大幅降低成本。

(2) 金属 3D 打印技术能将数据模型整体打印成形，避免零件焊接；在海洋高压容器和深水密封件中，减少焊缝有十分重要的意义。

(3) 在传统加工中，高硬度零件、薄壁类零件加工难度都十分大，加工周期很长；金属 3D 打印技术能够从本质上解决该类问题。

(4) 金属 3D 打印技术的应用能给源头的数字设计增加广泛的自由性，能够促进目前海洋装备在结构设计方面的简化，提高结构的性能。

2017 年，荷兰达门造船集团与 RAMLAB 实验室、德国螺旋桨制造商 Promarin 公司、美国软件巨头 Autodesk 公司及法国船级社(BV)组成联盟，开发出世界上第一个船级社认证的 3D 打印船用螺旋桨 WAAMpeller(见图 10-9)。这个螺旋桨是 RAMLAB 实验室采用增减材复合制造方法制造的，整个过程首先使用 Autodesk 的软件完成 3D 建模，然后使用 RAMLAB 实验室的电弧焊接式六轴机械臂 3D 打印，打印材料为镍铝青铜合金，最后通过车削和研磨等传统减材工艺精加工得到成品。在这之后，整个团队在初代产品的基础上做出了改进，顺利制作出了第二个螺旋桨原型，该原型很快被安装在测试用船舶上，顺利通过了测试[138]。

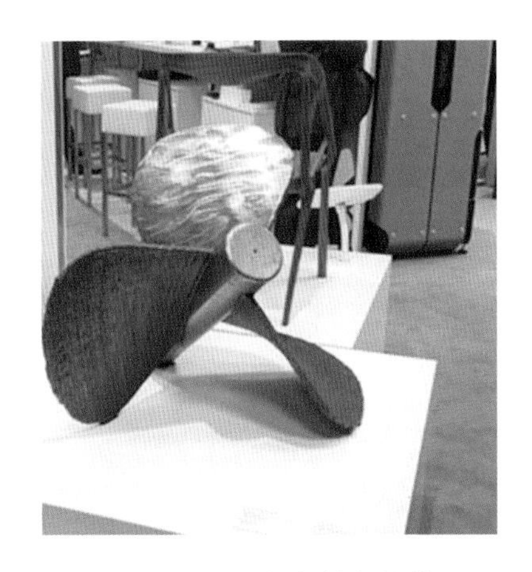

图 10-9　3D 打印的螺旋桨

2018 年 10 月，美国海军海上系统司令部宣布批准首个 3D 打印金属部件上舰使用。该部件为一个排水过滤孔原型件(见图 10-10)。此排水过滤孔属于蒸汽系统部件,主要用途是通过蒸汽管道进行排水。该部件被安装在杜鲁门号航母上进行了为期一年的测试,通过了所有测试,包括材料性能、焊接性能,以及冲击、振动、静液压和蒸汽等环境下的工作性能测试,并将被安装在低温和低压饱和蒸汽的工作环境中继续进行评估。在测试和评估期之后,该部件将被移除以进行进一步的分析和检查。虽然美国海军多年来一直在使用 3D 打印技术,但将其用于海军系统的金属部件还是一个较新的尝试[139]。

图 10-10　3D 打印的船舶部件

对船舶尤其是远洋油轮和远海航行或作战的军船来说,设备故障是很常见的。为了应付突发状况,要么随船带足事先预想的各种可能需要的零件,要么想办法靠岸修理,这两种选择无论哪种都会带来较高的修理成本和风险。将 3D 打印技术应用到船舶备件的供应链中,不失为一种很好的解决方法。早在 2014 年,美国海军就在其一艘两栖攻击舰上永久安装了一台 3D 打印机,用于打印各种塑料部件。如今,美国海军也将金属 3D 打印技术运用到了船舶的制造和维修上。可以预见,金属 3D 打印技术将改变船舶工业的设计标准,成为该行业最重要的制造创新之一。

10.5　在汽车行业中的应用

汽车行业的 3D 打印市场(包括金属 3D 打印零件,金属粉末材料,金属 3D 打印设备,塑料 3D 打印零件、材料及设备和 3D 打印软件市场)最近几年一直保持快速增长的态势。根据 SmarTech 公司的预测，2020 年汽车行业的 3D 打印市场将达到 25 亿美元的市场总量。而随着 3D 打印技术在汽车行业应用的推广，其应用范围也逐渐由快速成形和小批量、个性化与工具制造向着正向设计、功能集成和离散制造方向发展。

以美国戴姆勒公司为例，为确保汽车的顺利维修，每种汽车的每个零件都需备齐，使得在有人需要购买时可以供应。但是，保持大量零件库存不仅会花费大量资金、占用大量空间，而且许多公司的旧备件不可能使用传统制造技术进行复制。3D 打印备用零件非常方便，无须保留大量库存的零件。美国戴姆勒公司每年使用商用 3D 打印机生产 100000 多个原型零件，2016 年夏天，梅赛德斯奔驰卡车的客户服务和零件部门宣布将开始向客户提供更大的 3D 打印汽车零部件目录。在 2017 年，该部门的首款 3D 打印金属零部件——旧款卡车车型的恒温器盖（见图 10-11）已上市，它通过了梅赛德斯奔驰所有的质量测试。该恒温器盖由 AlSi10Mg 粉末经 SLM 打印而成，可达到 100%的致密度和高纯度。该恒温器盖用于十多年前停止生产的旧系列 Unimog 型卡车，订购量小，3D 打印生产这些零件不需要耗资巨大的开发工作或昂贵的特殊工具，为公司节省了更多的成本[140]。

图 10-11 SLM 打印 AlSi10Mg 恒温器盖

除了生产旧型号汽车的零部件，金属 3D 打印技术也被用于新车型的轻量化设计。图 10-12 所示为宝马公司为 Roadster 敞篷跑车设计的轻量化车顶支架，采用金属 3D 打印技术，一批可以打印超过 600 个这样的支架，实现了一次性批量生产。车顶支架用于支撑敞篷车顶盖，并采用了弹簧铰链，使其能够在车辆上折叠和展开。其结构非常复杂，难以用传统的工艺进行加工。为此，宝马公司的设计师和工程师使用拓扑优化软件对原来的设计进行优化，实现了在设计负载重量下材料用量的最小化，最终这个支架比以前 Roadster 车型的常规制造车顶支架轻 44%。

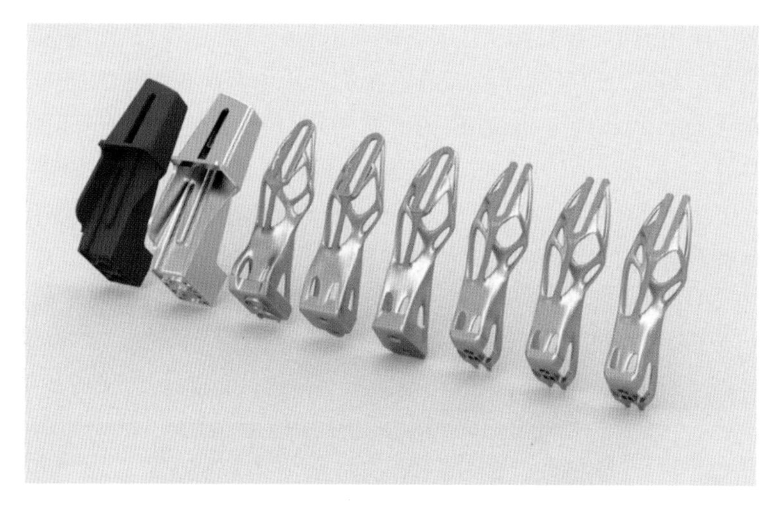

图 10-12　拓扑优化的轻量化车顶支架

第 11 章 金属 3D 打印在医学领域中的应用

11.1 3D 打印一类医疗器械

一类医疗器械是指通过常规管理足以保证其安全性、有效性的医疗器械。一类医疗器械只需进行备案，而无须进行临床试验，一般为手术刀具这类辅助器械。

图 11-1 所示是德国骨科手术器械制造商 Endocon 公司推出的一款金属 3D 打印的髋臼杯切割器[141]，这款器械的作用是移除患者体内已出现松动、磨损的髋臼杯，以便于植入新的髋臼杯。植入髋臼杯是髋关节植入手术中的普通操作，但是在手术后移除髋臼杯是一个非常复杂的过程。在专用的髋臼杯移除工具出现之前，外科医生一般使用凿子来取出植入的髋臼杯，这样容易损伤患者的骨骼和软组织，并影响到新的髋臼杯的植入。Endocon 公司开发的 EndoCupcut髋臼杯切割器是一种可重复使用的手术器械。它的作用是沿着髋臼杯边缘进行精确的切割，快速松动和取出髋臼杯。这款器械允许外科医生植

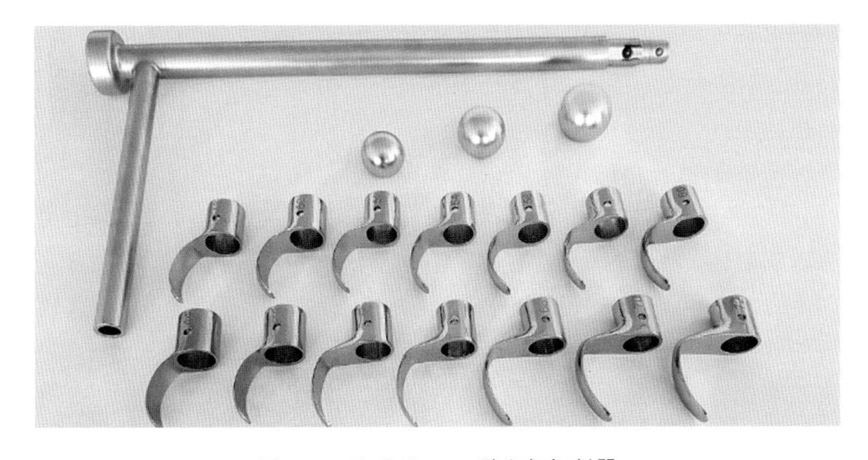

图 11-1　EndoCupcut 髋臼杯切割器

入与之前植入的尺寸相同的髋臼杯。EndoCupcut 髋臼杯切割器采用模块化设计，通过 3D 打印技术制造的部分为手术刀片，Endocon 公司为这款手术器械开发了 15 种不同尺寸和形状的 3D 打印刀片，尺寸从 44 mm 到 72 mm 不等。

在采用 3D 打印技术来制造 EndoCupcut 髋臼杯切割器之前，这些手术刀片是通过铸造的方式制造出来的，通常制造一套这种刀片的时间长达 3 个半月，而且铸造的刀片在质量可重复性和耐蚀性方面存在问题，这些因素导致传统铸造刀片的废品率高达 30%。随后，Endocon 公司开始采用 GE 公司提供的 SLM 设备制造这些刀片，刀片材料为 17-4 PH 不锈钢。包括表面处理、硬化等后处理工艺在内，制造一套刀片的时间缩短到了 3 周。此外，3D 打印刀片的制造成本较铸造刀片低 40%～45%，耐蚀性也较后者更好。传统刀片在承受 600 N 的力之后会出现裂纹，而 3D 打印刀片在施加 1.8 kN 的力之后才出现塑性变形。3D 打印刀片的硬度可达(42±2) HRC，而铸造刀片的硬度仅为 32 HRC。

11.2 3D 打印二类医疗器械

二类医疗器械是指对其安全性、有效性应当加以控制的医疗器械，其风险性稍高，可能会间接对人体造成较大的伤害。

11.2.1 个性化手术导板

手术导板是用于将手术预规划方案准确地在手术中实施的辅助手术工具，就像在制造过程中使用夹具一样，医生使用导板来准确定位手术期间使用的器械。手术导板的应用很广，如关节类导板、脊柱导板、口腔种植体导板和肿瘤内照射源粒子植入时所用的导向定位导板等。借助定制化的 3D 打印导板，医生能更轻易、精准地实施手术，并提高手术效果。图 11-2 所示为 3D 打印个性化手术导板的设计、制造与应用。

脊柱畸形是由脊柱的椎体形态严重失常引起的，临床上主要表现为侧凸、后凸、前凸以及旋转等多种复杂畸形。脊柱畸形患者的脊柱由于解剖结构和解剖标志严重变异，难以发挥正常支撑和运动功能，需及时实施手术，进行畸形矫正。随着脊柱外科手术的发展，出现了较为成熟的椎弓根内固定术，适用于不稳定性的骨折、脱位等多种病症，且其稳定性高于其他的脊椎内固定术，但是较高的失误率让该技术的发展受到一定的阻碍。椎弓根内固定术失败主要是由于置钉位置和方向不够准确。螺钉植入位置不佳容易导致固定强度下降，造成不稳，影响神经和血管等重要组织，尤其是螺钉穿破椎弓根壁或者皮质层时容

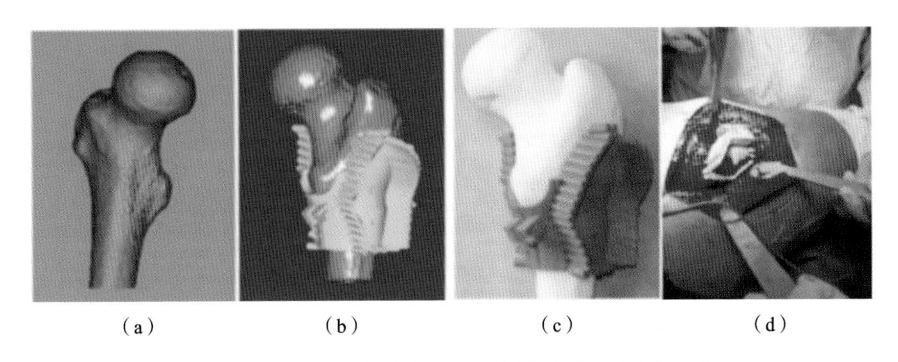

图 11-2　3D 打印个性化手术导板的设计、制造与应用

(a) CT 数据三维重建;(b) 个性化手术导板设计;(c) SLM 成形后试装;(d) 临床应用

易引起并发症。

而 3D 打印技术的发展正在逐步改变这种状况。早在 1998 年 Radermacher 等人[142]就对辅助腰椎椎弓根置钉的 3D 打印导板进行了研究。2001 年,Birnbaum 等人[143]对 13 例腰椎标本进行椎弓根置钉试验,在同块椎体两边置钉,观察试验结果发现利用导板辅助置钉取得了更高的准确率和更低的穿破率。2012 年,胡勇等人[144]对 22 例寰枢椎不稳患者采用个性化设计并 3D 打印双导板辅助行寰枢椎后路椎弓根螺钉固定术,手术效果良好,无血管神经损伤等症状发生。

广州军区广州总医院(现更名为中国人民解放军南部战区总医院)与华南理工大学增材制造(3D 打印)实验室合作实现了个性化置钉导板的临床应用,图 11-3 所示为个性化脊柱置钉导板应用流程。设计人员先根据患者的螺旋 CT(计算机断层扫描)数据提取目标脊椎模型,再根据临床医生术前规划确定螺钉位置与方向,经由软件处理和设计,分别得到脊椎骨头数据与个性化导板模型数据,最后将两者装配在一起并检查干涉情况。

人体的椎弓根钉参数有较大的变异性,主要受身高和体重这两个重要因素的影响,不同个体脊椎的不同部位有较大的不同。目前徒手置钉的不良率较高就与椎体的差异性相关,本来就细窄的椎弓根部位呈畸形又会更进一步增加置钉的难度。结合上述分析可知,个性化置钉导板设计要求主要有:

(1) 导板表面和椎体结构表面贴合度良好,置钉前导板能与椎体结构临时固定,在术中置钉时位置不会产生偏移;

(2) 导板横向长度在保证置钉导孔长度的情况下尽量缩短,以减小患者的伤口,减少对患者的伤害;

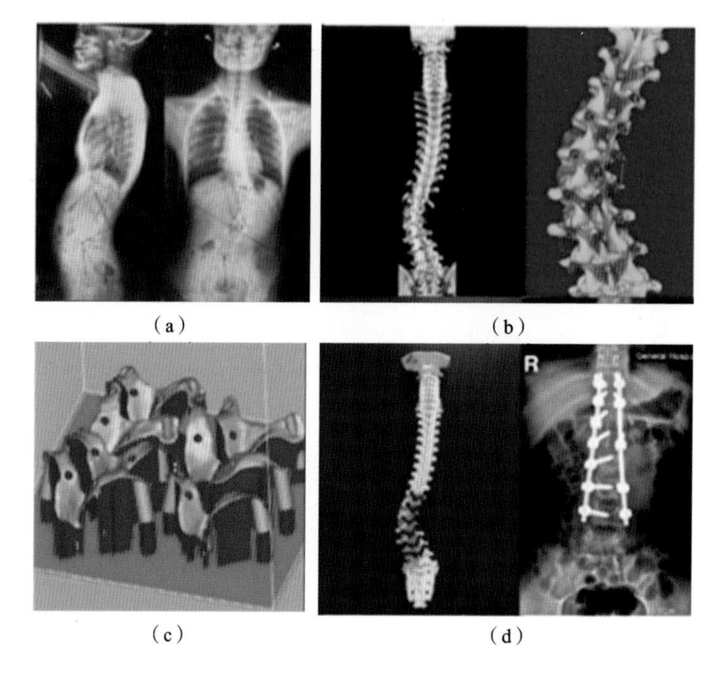

（a）　　（b）　　（c）　　（d）

图 11-3　个性化脊柱置钉导板应用流程

（a）进行 CT 扫描获取数据；（b）确定导板螺钉位置；（c）设计并 SLM 成形个性化导板；（d）患者手术

（3）保证置钉导孔的长度，导孔过短会导致置钉方向不稳定。

临床试验表明，将计算机与金属 3D 打印技术结合应用于脊柱外科是可行的、有效的。特别是在脊椎畸形矫正术中，椎体的形状已经随脊椎的畸形产生变化，手术实施者难以根据固有经验准确置钉。术前根据患者脊椎 CT 数据 3D 打印出树脂椎体和金属导板，不仅可为施术者提供最直观的患者信息，而且可提高手术置钉的连贯性。整套的置钉导板降低了手术难度，待该置钉技术趋于成熟，则能治疗病情更为复杂的病例。

11.2.2　牙科植入体

随着人们经济生活、文化消费水平的提高以及对口腔健康认识的加深，口腔医疗产业快速发展，口腔医疗市场具有巨大潜力。传统口腔金属修复体的主要加工方式为熔模失蜡铸造，但其加工过程烦琐、耗时长，且修复体精确性和质量会因操作人员的不同存在较大误差，铸造不完全、表面粘砂等问题经常发生，加工周期长、人力成本高、质量良莠不齐。传统技师的手工工艺和材料技术的落后严重制约了牙科临床应用的发展，需要有新的技术来推动牙科医学的进步，而 3D 打印正是这样一项先进的制造技术，它结合 3D 扫描等技术和计算机软件算法，可以很好地替代人工。3D 打印技术不仅可大量用于制造个性化的义齿，还可在隐形矫正和颌面修复等领域发挥出巨大的作用。目前，3D 打印在牙科行业主要应用于制造牙冠、牙桥、牙科模型及矫正器(见图 11-4)。

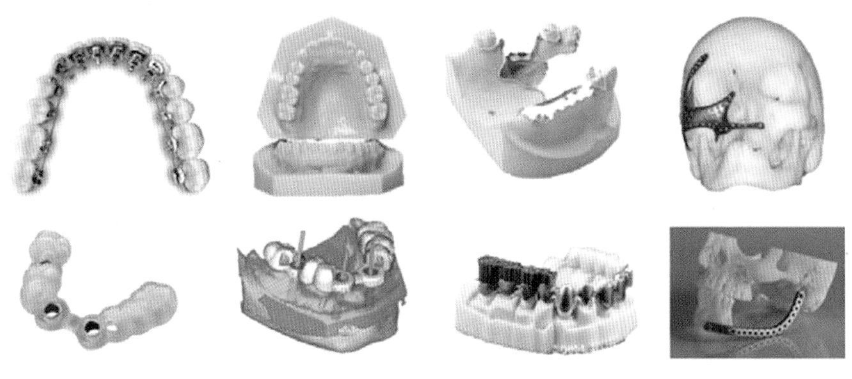

图 11-4　3D 打印口腔修复体

牙齿正畸是通过将托槽黏结在牙齿表面上，并用弹性弓丝穿过托槽的槽沟传递矫正力，逐渐将不整齐的牙齿排列整齐。在传统的牙齿正畸中，多采用标准化、批量生产的通用托槽。但是，人体牙齿的牙面不规则，个体差异性大，采用通用托槽会使患者的口腔异物感变严重，手术时难以定位，影响矫正效果。而采用针对不同患者牙齿结构形态特点而设计和制造的个性化托槽时，托槽底板能与牙面完全吻合，易于定位，可以直接黏结，缩短手术时间，减轻患者的口腔异物感。由于利用了 3D 打印技术，个性化托槽在近年迅速发展和推广。与常用的熔模铸造方法相比，采用 3D 打印技术可以实现个性化托槽的直接成形(见图 11-5)，并且避免空穴、孔洞等铸造缺陷。

在设计个性化托槽时主要需考虑两点：一是托槽的基底应设计成更加贴合牙齿舌侧的形态，以提高托槽的稳定性和定位的精确性；二是减小托槽竖直方向高度，以降低托槽对舌头的刺激。具体来说，个性化托槽的设计可以分为两个过程：首先采用逆向工程的方法，获取患者牙齿的三维数字模型；然后根据排牙模型，进行个性化弓丝和托槽的设计。在这一过程中，由专业医生根据病例分析，得出矫治方案，并将预期的矫治结果在病人的石膏模型上进行重排，得到排牙模型，在进行矫治之前，即预测矫治结果。再将排牙模型输入计算机，建立数字化的牙颌模型。然后，由排牙模型的牙弓牙列形态，设计个性化的矫治弓丝，包括确定弓丝平面和弓丝形态；在单颗牙齿的舌侧面基础上设计托槽底板，

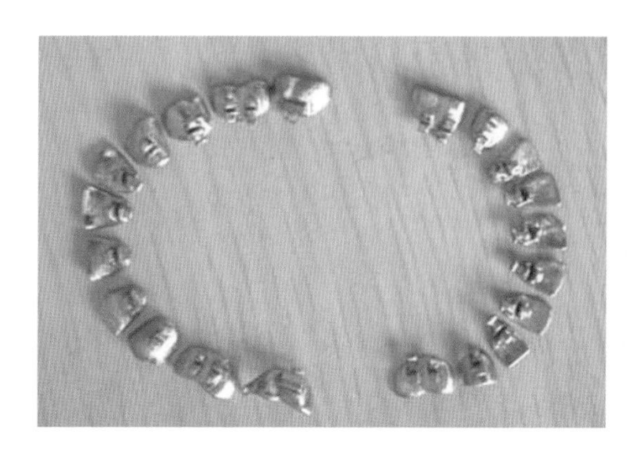

图 11-5　3D 打印个性化托槽

并根据放置位置确定托槽的结构，包括拾取舌侧面和托槽体、托槽沟翼的设计[145]。图 11-6 所示为 SLM 成形个性化牙冠、牙桥工艺流程。

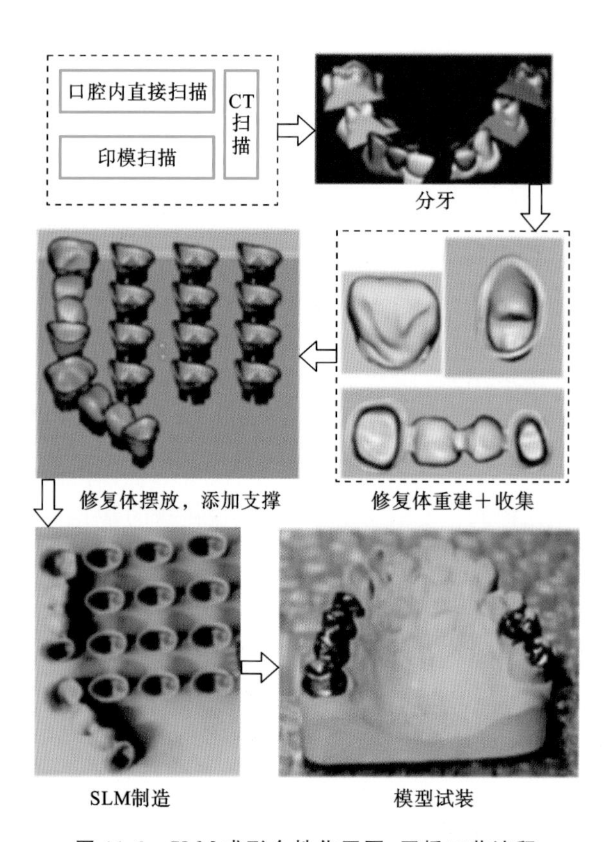

图 11-6　SLM 成形个性化牙冠、牙桥工艺流程

11.3 3D 打印三类医疗器械

三类医疗器械是最高级别的医疗器械，是植入人体，用于支持、维持人的生命，对人体具有潜在危险，对其安全性、有效性必须严格控制的医疗器械。目前通过三类医疗器械认证的金属 3D 打印医疗器械有全膝关节假体、髋臼杯、人工椎体和脊柱椎间融合器等。

11.3.1 个性化全膝关节假体

全膝关节置换手术是治疗骨性关节炎和膝关节畸形的有效手段，也是目前最常见和最有效的关节置换手术之一。全膝关节置换手术过程中，医生对患者股骨远端和胫骨近端进行截骨，切除受损骨组织，同时暴露平整的截骨面以完成假体的安装和固定。全膝关节置换手术的目标之一就是重建患者的下肢力线并使患者能进行屈膝运动，因此，如何准确实现截骨面的准确切除和假体的准确安装是全膝关节置换手术的核心问题。膝关节假体以及手术器械的设计对手术质量有着决定性的影响，同时手术医师的经验水平对手术效果的影响也非常明显。

膝关节几何形状设计是假体设计的基础之一，植入体的形状影响手术质量与术后长期疗效。由于患者存在个体差异，而手术过程中使用的膝关节假体尺寸固定且型号有限，很难实现假体的高度匹配。而早在 20 世纪 90 年代后期，个性化膝关节假体就已经有了明确的定义。随着 3D 打印技术的应用领域逐渐拓展，基于金属 3D 打印技术和 CAD 技术的个性化植入体的设计方法也得到广泛的研究。

为解决商用标准膝关节假体的匹配性不佳的问题，华南理工大学增材制造团队与北京大学第三医院合作，对基于数字化设计和 3D 打印的全膝关节制造体系进行了探索。图 11-7 所示为个性化设计的全膝关节假体。膝关节假体的个性化设计不是单纯地对膝关节外观和形状进行重建，而需要结合患者个体特征和手术方案进行有针对性的设计。个性化设计的过程包括实体模型个性化特征的提取和以结果为导向的正向设计这两个主要过程，前者即逆向设计过程，后者则是在前者的基础上为实现特定目标而进行的正向设计过程。

假体的逆向设计过程主要包括下肢力线的重建、个性化截骨位置的选取和解剖特征的提取。人工全膝关节置换手术的患者术后满意度和假体使用寿命在很大程度上取决于术后膝关节力线。正确的人工膝关节力线可以让患者获

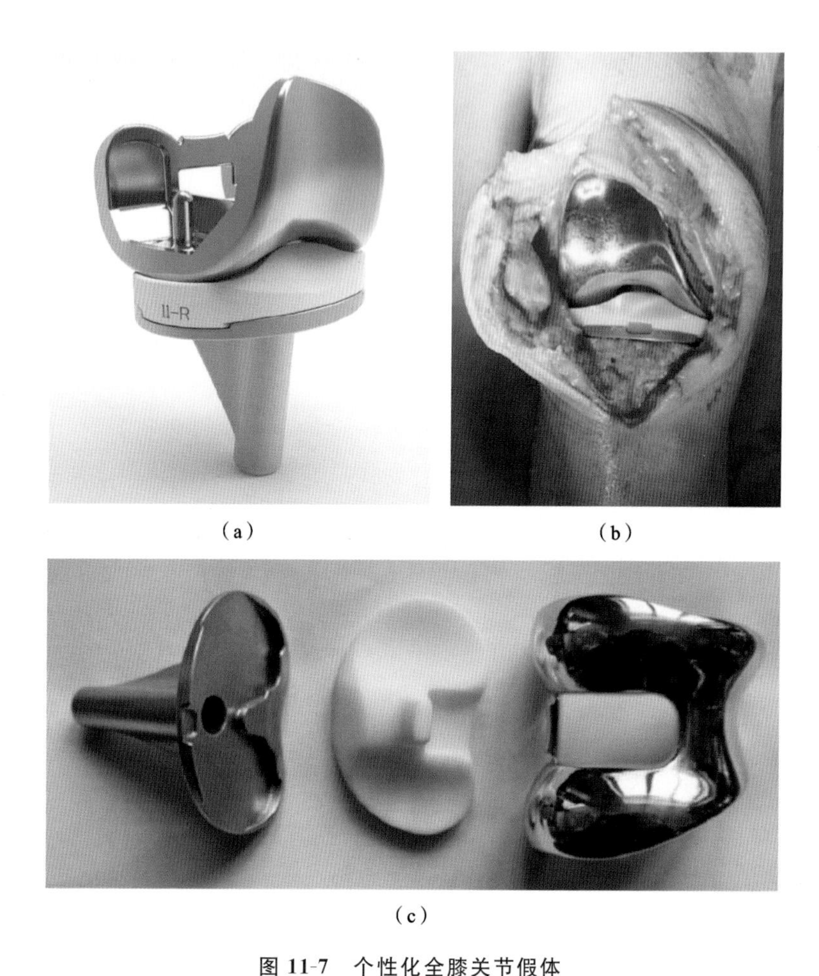

图 11-7　个性化全膝关节假体

(a) 假体设计效果图；(b) 假体植入效果；(c) 加工后的全膝关节假体

得理想的重力矢量传导并优化膝关节运动能力。截骨面不仅是假体设计过程的基准平面，也是全膝关节置换手术过程中安放假体的基准面。在全膝关节置换手术中要切除多余的骨组织、暴露出准确的截骨面，截骨面的位置确定不仅影响假体的设计，也影响手术的效果。在假体关节曲面的设计过程中，尤其是在膝关节股骨假体曲面的设计过程中，可以通过截取各平面上股骨表面的轮廓特征，构造高质量的参数化曲线，以实现与患者股骨外形高度贴合的股骨假体关节曲面的设计。图 11-8 所示为个性化全膝关节假体设计流程。

假体的正向设计过程主要包括假体轮廓的个性化设计和关节曲面的个性化设计。商用膝关节假体的截骨面匹配性普遍较差，原因在于固定型号假体的

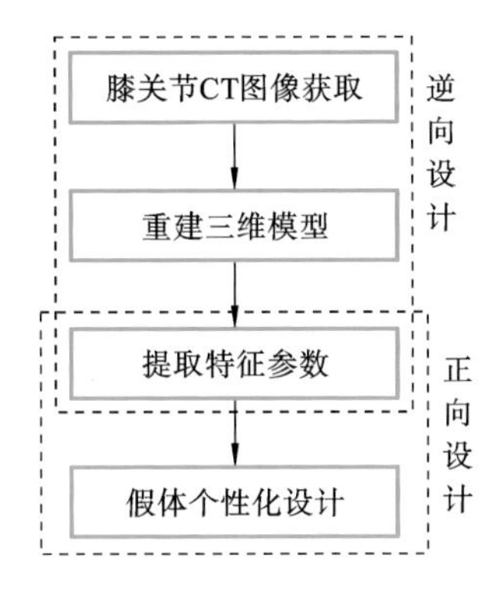

图 11-8　个性化全膝关节假体设计流程

截骨面轮廓形状难以满足患者的个性化需求。在膝关节假体的个性化设计过程中，对患者截骨面轮廓进行参数化拟合，可提高假体轮廓的匹配性，在增加覆盖率的同时降低假体的过覆盖程度，保证假体轮廓在外观上的流畅性。图 11-9 和图 11-10 所示分别为个性化膝关节股骨和胫骨假体截骨面轮廓优化过程。关节曲面的个性化设计流程大致为：首先提取平行于某一轴线的关节截面的轮廓曲线，拟合为曲率连续的参数化样条曲线；随后提取轴向、法向平面的轮廓曲线，拟合为参数化三次曲线，并以此为引导曲线创建出与原生骨面高度贴合的参数化曲面。

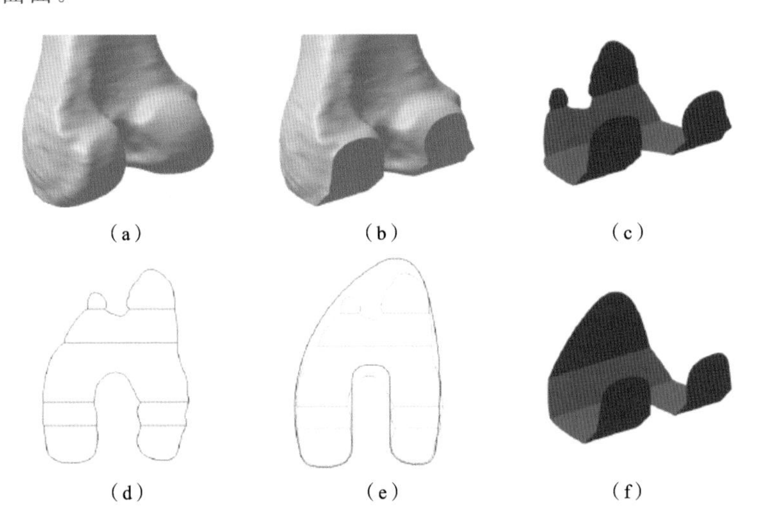

图 11-9　个性化膝关节股骨假体截骨面轮廓优化过程

(a) 确定股骨截骨面；(b) 模拟截骨；(c) 提取截骨面轮廓；
(d) 确定轮廓曲线；(e) 光滑曲线；(f) 优化轮廓曲线

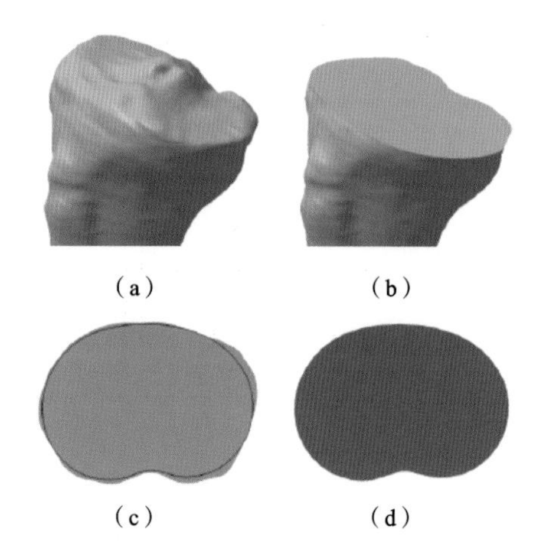

图 11-10　个性化膝关节胫骨假体截骨面轮廓优化过程

(a) 胫骨截骨前；(b) 胫骨截骨后；(c) 提取截骨面轮廓；(d) 胫骨轮廓优化

作者团队采用个性化的 3D 打印假体对标本进行全膝关节置换实验，观察术后下肢的形态并结合 X 光照片对下肢髋膝踝夹角进行测量，发现术后的下肢形态良好，未出现明显的内外翻现象。在 X 光照片中测量得到的髋膝踝夹角为 178.46°，偏差不超过 2°。由此可见，该套个性化膝关节假体对下肢力线的重建效果良好[146]。

11.3.2　个性化多孔下颌骨假体

人体面部下颌骨是唯一可活动的骨骼，双侧关节可联动，功能复杂。下颌骨节段性缺损多是由于良、恶性肿瘤累及下颌骨，而不得不进行切除；其他创伤和感染等造成的下颌骨连续性中断，也会导致患者出现不同程度的生理功能障碍和面部畸形。下颌骨的重建既要考虑患者生理功能恢复要求，又要考虑患者外部形貌。但是由于不同个体组织形态的差异，难以建立完全符合患者要求的逼真假体。

自体骨移植是目前采用最多的一种颌面缺损的修复方式，其具体操作往往是：取一定长度和形状的患者自体骨，使用颌面外科预制钛板将其固定到缺损部位，完成修复。自体骨移植的优点很明显，那就是不会发生排异反应，移植部位与缺损两端健康骨骼结合较好。然而，自体骨资源有限，且不仅会对取骨部位造成创伤，还不利于面部外形的修复。采用金属假体、金属植入体进行颌面修复是一种具有广阔前景的颌面缺损修复方法，通过将计算机辅助技术、3D 打印技术相结合，能够设计并成形具有高度个性化外观的颌骨植入体和假体。同时，多孔金属的出现也为金属植入体和假体的骨长入性能提供了保障。图 11-11所示为根据人体下颌骨正中咬合状态下的正应力分布规律设计的镍钛合金多孔下颌骨假体。该下颌骨假体主要分为个性化外壳与轻量化多孔内胆两部分，对个性化多孔下颌骨假体进行优化设计，主要是对这两个部分进行优化设计。

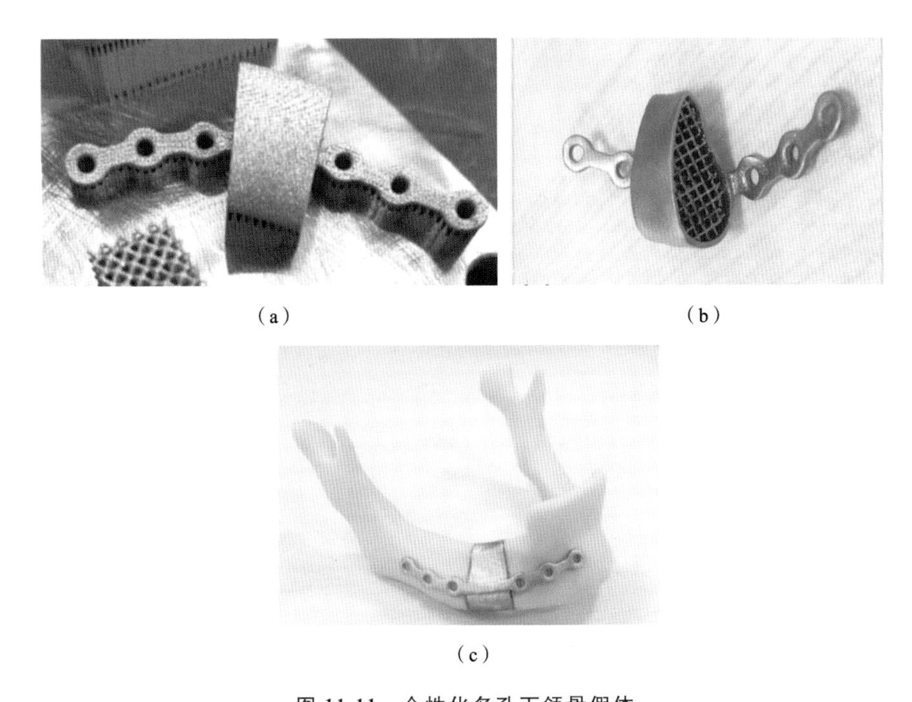

（a） （b）

（c）

图 11-11 个性化多孔下颌骨假体

(a) SLM 成形的下颌骨假体；(b) 经过后处理的下颌骨假体；(c) 树脂模型试戴

下颌骨假体的外部壳体结构的优化设计主要是基于假体植入部位的个性化要求而进行的，其重点在于最大限度地实现壳体设计的个性化，并对假体与植入部位之间的固定结构进行优化。经过一系列的逆向建模操作和正向设计而得出的下颌骨假体外壳具有高度个性化的外形，能实现与植入部位的高度匹配。同时，在保持其一贯的个性化特点的基础上，参考传统颌面外科钛板的形态，对连接植入部位两端健康骨的固定结构进行优化设计，最终设计出具有广泛借鉴价值的个性化固定结构。

下颌骨假体的多孔内胆结构需要进行进一步的轻量化设计。即按照下颌骨的应力分布特点和规律，对下颌骨假体内部多孔结构的孔隙率参数进行具有梯度化规律的设计，使得孔隙率参数无须按照下颌骨的最大应力值均匀分布，可以为高应力区设计相对密实的孔，为低应力区设计相对稀疏的孔，从而使得下颌骨假体内部的多孔结构在孔隙率的分布上呈现出一定的梯度。按照这样的设计构想，就能够在满足假体植入部位强度要求的基础上，尽可能地降低低应力区域的材料浪费，从而从整体上尽可能地减轻假体重量[147]。

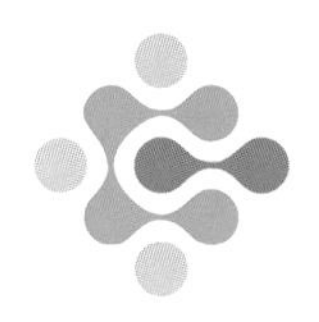

第 12 章 金属 3D 打印技术的发展前沿与趋势

12.1 多材料金属 3D 打印

每种材料都具有其自身的功能特点，在某些领域，采用单种材料成形的传统零件已不能满足应用需求，迫切需要具有特殊功能或性能的机械零件或产品，这些机械零件或产品往往采用多种不同性能的材料制造。3D 打印由于采用材料添加原理实现成形，因而在成形过程中仅需增加所要添加的材料，即可实现多材料实体的成形，因此，可直接成形多材料零件的 3D 打印直接制造工艺，在众多的材料成形工艺中具有十分独特的优势。

华南理工大学自主研发的工业级金属 3D 打印设备 DiMetal-300 采用多缸落粉的方式，实现了多材料金属 3D 打印。其支持单一材料 SLM 成形、2～4 种材料梯度成形、4 种材料不同位置成形。该设备成形的多材料零件如图 12-1 所示[148]。

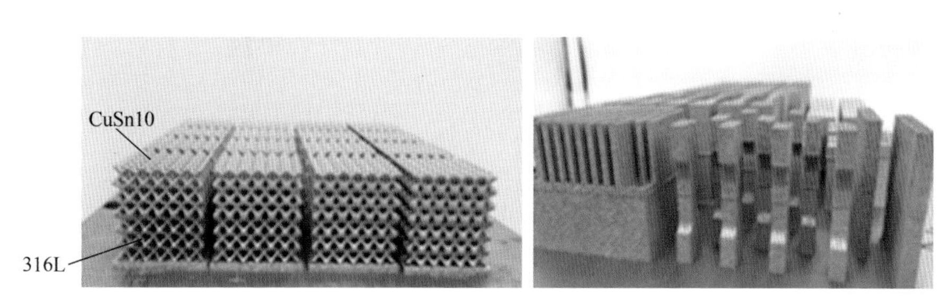

图 12-1　DiMetal-300 成形的多材料零件

华盛顿州立大学的 Bonny Onuike 等人使用激光近净成形（LENS）技术打印出了镍基合金 Inconel 718 和铜基合金 GRCop-84 的复合结构。这两种材料都是常用的航空合金，其中 Inconel 718 在高温下仍具有高强度和抗氧化性，但其冷却速度非常慢，常用于制造飞机发动机和液体燃料火箭的钣金部件，而 GRCop-84 则具有非常强的导热性。在 Inconel 718 上沉积 GRCop-84，能改善

Inconel 718 的导热性，同时保持 Inconel 718 在高温下的高强度。结合这两种合金的优点，Inconel 718/ GRCop-84 双金属结构（见图 12-2）具有较强的导热性和良好的力学性能。

图 12-2 Inconel 718/ GRCop-84 **双金属结构**

多材料成形的主要问题在于材料特性不匹配，研究人员尝试过直接在 Inconel 718 上沉积 GRCop-84，但这两种材料难以产生良好的冶金结合，材料的激光吸收率、热导率等物理性质的不同使得工艺控制变得复杂。研究人员通过改变两种材料粉末的比例，构建了具有渐变成分的过渡界面，最终成形的双金属结构的冷却速度比单一的 Inconel 718 快了 250%。

目前多材料零件的 3D 打印技术还处于试验阶段，成形装备多是在传统单材料 3D 打印系统的基础上改进而成，成形的多材料结构较为简单，成形工艺尚不成熟，针对多材料 3D 打印的数据处理软件、成形控制软件还有待开发。

12.2　纳米颗粒喷射成形

2016 年 11 月，在德国法兰克福市举办的“2016 年法兰克福国际精密成形及 3D 打印制造展览会”上，以色列 XJet 有限公司展示了其首创的可喷射纳米颗粒材料的金属 3D 打印系统（见图 12-3）。使用该系统，可以产生含有纳米金属颗粒或一些起支撑作用的纳米颗粒的液滴，将这些颗粒材料沉积在这套系统的构建托盘上，能制作出具有丰富的细节层次和极高表面精度的高质量零件产品。该系统用于生产金属零件时具有易用性和通用性，并且生产速度不会降低。打印用的金属墨被装在一个封闭的盒中，不必直接处理金属粉末。在这套系统的构件室内部有可使包覆在纳米颗粒周围的液体蒸发的高温系统，其产生的效果与传统的金属零件制造设备产生的冶金效果一样。零件的制造包括一个烧结过程，在烧结完成后，只需要将零件从支撑材料上移开即可，工艺过程几乎不需要人为的干预[149]。

图 12-3　以色列 XJet 公司的新型喷射成形金属 3D 打印系统

纳米颗粒喷射成形的具体流程如下：

(1) 彻底粉碎。金属 3D 打印系统首先会将大分子金属颗粒粉碎成纳米级金属颗粒。

(2) 注入墨水。液态金属材料由两部分组成：纳米级金属颗粒和特殊黏合墨水。粉碎后的金属颗粒会注入 XJet 公司研发的黏合墨水中，金属不会在墨水中融化，而是形成悬浮物，充满整个腔体(见图 12-4)。

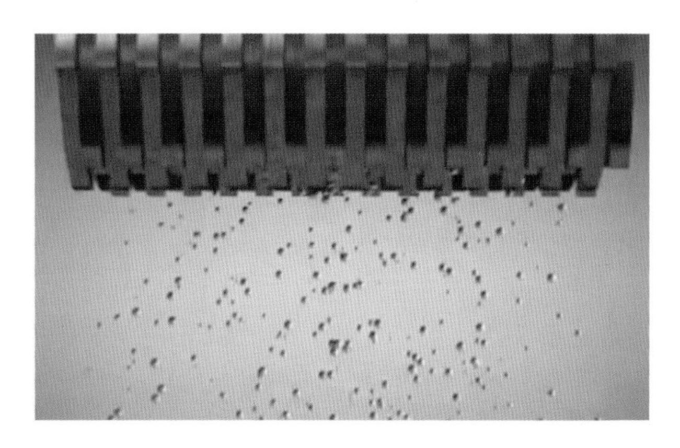

图 12-4　金属喷墨融合

(3) 挤出液态金属混合物(见图 12-5)，固化成形，打印产品。

图 12-5 金属液滴成形

纳米颗粒喷射成形技术的另一个创新是其使用了一种独特的支撑材料，支撑材料无须通过任何机械方式即可去除。基于粉床熔融原理的大部分技术的一个主要缺陷是昂贵的材料经常会以支撑的形式被浪费掉，而且还需要后工序来去除支撑。XJet 公司的纳米颗粒喷射成形技术则使用了一种单独的材料制作支撑，该材料可通过一种专门的工艺来熔化去除。由此，XJet 公司的金属 3D 打印系统可以随意使用支撑，从而使设计师在设计几何形状时具有更大的自由[150]。另外与惠普的多射流熔融技术类似，这项同样基于喷墨的技术也是可扩展的。

纳米颗粒喷射成形技术的主要优点有：可获得更高的产品精度；产品尺寸设计更灵活；材料利用率高，降低成本；能直接获得可应用的产品，不用打磨；不需惰性气体或者真空环境，更加安全；材料选择方便，颗粒度也可调节；支撑更容易去掉，整个打印流程更加简单。其缺点则是系统的温度耐受能力较传统金属 3D 打印设备差。

XJet 公司表示，除了金属零件外，该技术还能用于陶瓷零件的 3D 打印。打印机一层层地喷射含有陶瓷纳米颗粒的液滴，构建室内的极高温度会导致液体蒸发，从而迫使陶瓷纳米粒形成一个真正的高细节度的陶瓷零件[151]。这些零件随后会被烧结，其支撑结构可手动拆除。在陶瓷材料成形方面的突破将促使纳米颗粒喷射成形技术的应用扩展至牙科、医疗和特定工业领域，更多的行业将选用陶瓷 3D 打印技术来定制化生产零件和较大规模地制造小零件。

12.3 微纳金属 3D 打印技术

3D 打印技术诞生至今，已经衍生出数十种打印技术。传统的 3D 打印技术由于装备和工艺的限制，打印尺度大多数在 100 μm 以上。微纳 3D 打印是可打印尺度在微米级乃至纳米级工件的精细加工手段，在高深宽比微纳结构、复杂三维微纳结构制造方面具有很高的潜能和突出优势。微纳 3D 打印技术根据原理的不同可以分为双光子聚合、电喷印、原子层沉积（ALD）等多种类别。这里主要介绍可打印金属材料的电喷印、微激光烧结和电化学沉积[152]。

12.3.1 电喷印

电喷印亦称为电流体动力喷射打印（electrohyd-rodynamic jet printing，E-Jet），是由 Raje 等人[153]提出的一种基于电流体动力学的微液滴喷射成形沉积技术，与传统喷印技术（热喷印技术、压电喷印技术等）采用“推”方式不同，电喷印采用电场驱动，以“拉”的方式从液锥顶端产生极细的射流。其基本原理如图 12-6 所示：在导电喷嘴（第一电极）和导电衬底（第二电极）之间施加高压电源，

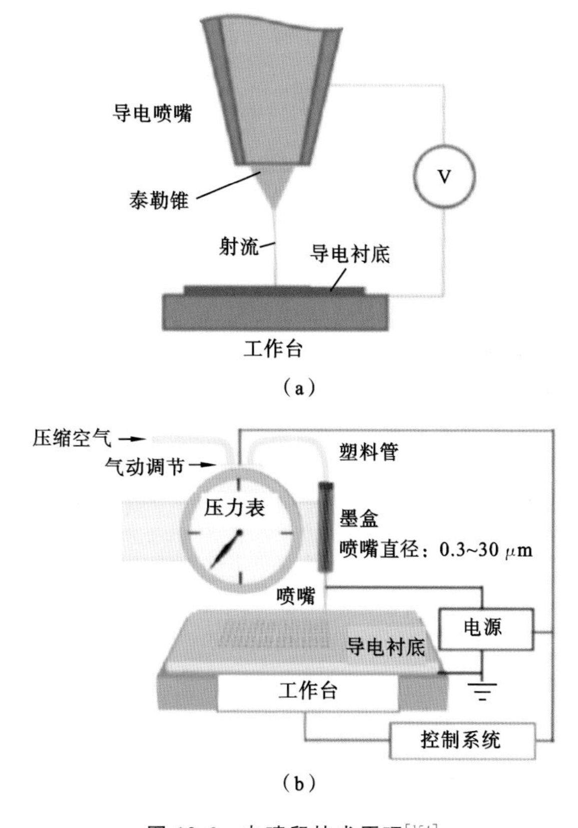

图 12-6 电喷印技术原理[154]

利用在喷嘴和衬底之间形成的强电场力将液体从喷嘴口拉出，形成泰勒锥，由于喷嘴具有较高的电势，喷嘴处的液体会受到电致切应力的作用，当局部电荷力超过液体表面张力后，带电液体从喷嘴处喷射，形成极细的射流喷射并沉积在衬底之上，结合承片台（x-y 方向运动）和喷嘴工作台（z 向）的运动能够实现复杂三维微纳结构的制造。

由于电喷印采用微垂流按需喷印的模式，能够产生非常均匀的液滴并形成高精度图案；打印分辨率不受喷嘴直径的限制，能在保证喷嘴不易堵塞的前提下，实现亚微米、纳米尺度分辨率复杂三维微纳结构的制造[155]。而且可用于电喷印的材料范围非常广泛，从金属材料、无机功能材料到生物材料等一系列材料都适合电喷印。因此，电喷印具有兼容性好（适用材料广泛）、成本低、设备结构简单、分辨率高等优点，尤其是对于高黏度液体能够打印出比喷头结构尺寸低一个数量级的图案。目前它已经被看作最具有应用前景的微纳3D打印技术之一。图12-7所示为采用电喷印技术制造的各种三维微纳结构。

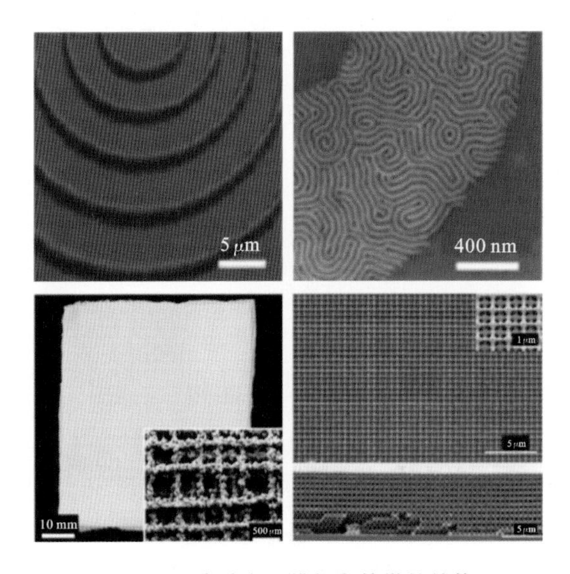

图12-7　电喷印三维打印的微纳结构

电喷印技术已被用于微光学器件，如微透镜阵列（见图12-8(a)）、光学波导（见图12-8(b)）等的制造。尤其值得一提的是，人们利用电喷印技术，采用多喷头、多材料工艺，成功制造出了具有多种折射率的衍射光栅（见图12-8(c)(d)），实现了具有不同光学特性多种异质材料的低成本、柔性集成。

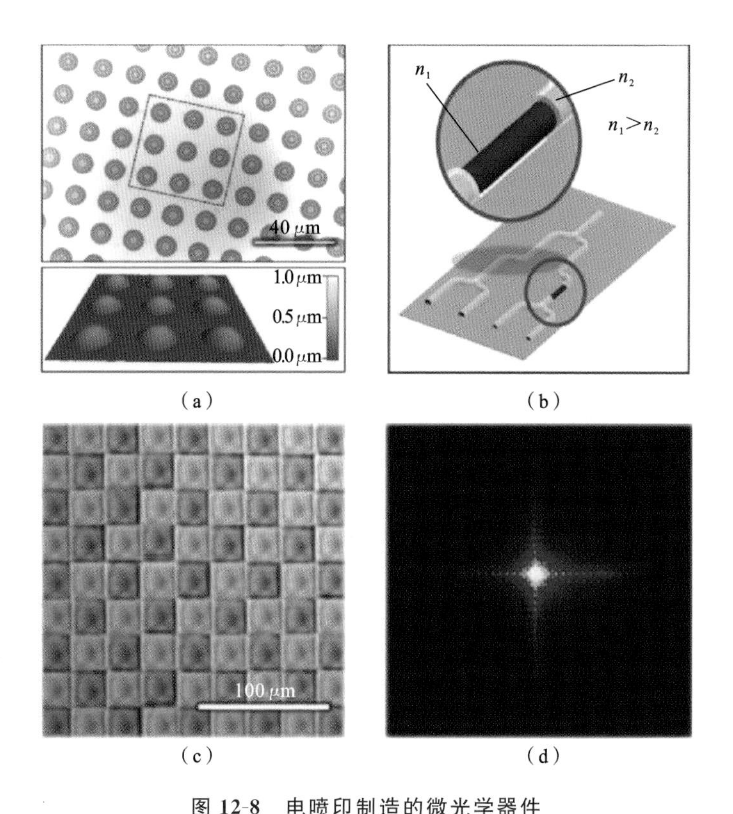

(a)　(b)　(c)　(d)

图 12-8　电喷印制造的微光学器件

(a) 微透镜阵列；(b) 光学波导；(c)(d) 多种折射率的衍射光栅

12.3.2　微激光烧结

微激光烧结是在传统 SLS 工艺基础上开发的一种微尺度 3D 打印技术[156]，通过采用亚微米的粉末材料、圆柱形涂层刮刀，以及调 Q 固体激光器(调制脉冲)技术，实现了金属、陶瓷等材料微尺度结构的制造。与传统 SLS 工艺相比，采用微激光烧结工艺所制造的结构，其分辨率要高一个数量级而表面粗糙度要低一个数量级。各种金属材料(如铝、银、铜、钼、钛、钨及不锈钢材料等)都可以使用，打印分辨率已经达到 15 μm，表面粗糙度 *Ra* 达到 1.5 μm，深宽比可达到 300，烧结材料的相对密度高于 95%。

2013 年，金属 3D 打印 EOS 公司与激光微加工系统供应商 3D-Micromac 公司合作，共同成立了一个新的合资公司 3D-MicroPrint，将两个公司各自拥有的核心技术融合，开发出了一种新的微型激光烧结工艺，并已经以此为基础研制出了微型激光烧结金属 3D 打印机。微型激光烧结技术为个性化、功能整合和小型化的需求提供了解决方案。该技术的打印层厚已经可以达到 5 μm 以下，焦点光斑直径在 30 μm 以下，所使用的金属粉末颗粒直径大小也在 5 μm 以下。微激光烧结技术甚至可以用于制造免组装的微型活动部件。图 12-9 展示了采用微激光烧结技术制造的典型微尺度金属制件[157]。

图 12-9　微激光烧结金属 3D 打印制件

微激光烧结是目前制造复杂三维金属微结构最理想的工艺之一，随着其成本进一步降低、分辨率进一步提高，未来发展潜力巨大，是当前金属材料微纳 3D 打印亟待开发突破的重点方向[158]。

12.3.3　电化学沉积

电化学沉积（electrochemical fabrication，EFAB）是美国南加州大学 Cohen 等人[159]提出的一种可制作任意形状三维金属微结构的技术，其基于 3D 打印的原理，可利用实时掩模技术选择性沉积多个金属层，制造出任意形状的金属三维微结构。它可以用于直接批量生产复杂三维高深宽比微尺度金属结构。使用电化学沉积技术制作复杂微结构的工艺流程如下：

（1）利用实时掩模在阴极基底上选择性沉积金属层，该层可为牺牲层也可为结构层，如图 12-10(a)所示；

（2）利用常规电沉积法在前层材料上覆盖新材料，若第一步沉积牺牲层，则该步沉积结构层，反之亦然，如图 12-10(b)所示；

（3）平坦化：利用微细铣削、微细磨削等手段将牺牲层和结构层一起磨平，保证精确的厚度和高平整度，如图 12-10(c)所示；

（4）循环第(1)至第(3)步，直到达到加工厚度要求，如图 12-10(d)所示；

（5）用电化学或化学腐蚀法去除牺牲层，得到复杂三维金属微结构，如图 12-10(e)所示。实时掩模是电化学沉积技术的核心，用于实现金属选择性电沉积。实时掩模由衬底和硅胶层两部分组成。电化学沉积采用两种材料，分别用于结构层及牺牲层。结构层材料除要满足应用需求外，还必须满足去除牺牲层材料时不会被破坏的要求。目前，常用镍作为结构层材料，铜作为牺牲层材料。

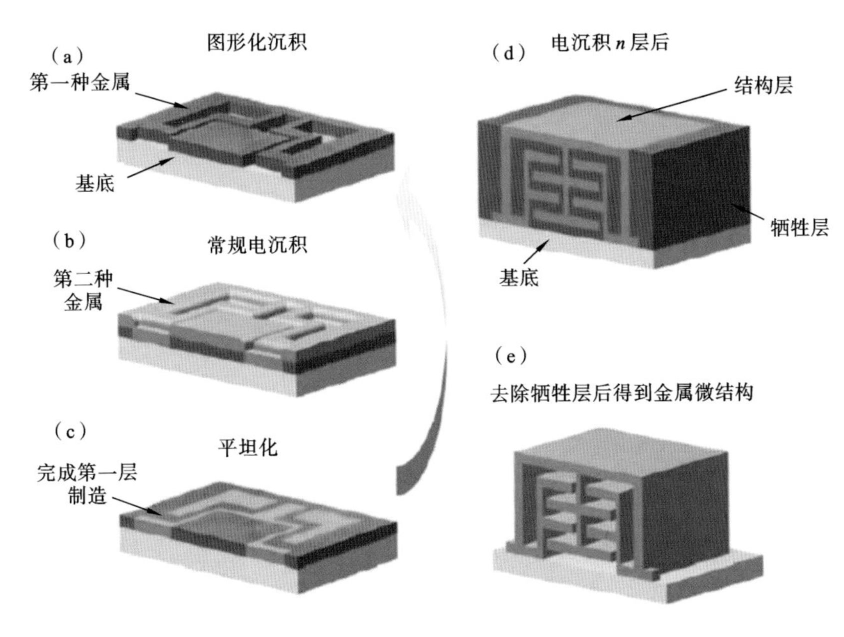

图 12-10　电化学沉积流程

12.4　在线监测与闭环控制

目前，世界上主流的金属 3D 打印设备基本上采用开环控制的方式，尚不支持在线检测及闭环控制，金属 3D 打印的质量控制尚停留在依靠工艺参数试验及离线材料测试表征优化的层次。开展针对 3D 打印技术的在线检测技术研究，进而探究各类缺陷的形成机制，实现对典型缺陷类型的科学界定，制定相应检测方法，是提高 3D 打印技术层次、保障成形质量及实现质量回溯的必然要求，也是近几年该领域的前沿研究热点。

12.4.1　检测技术分类及概念

面向 3D 打印技术的检测技术可以分为在线检测（on-line inspection，in-line inspection）和离线检测（off-line inspection）两类。

在线检测用在生产过程中，具有高实时性，支持向控制系统及时反馈过程信息，便于系统的决策修改。面向 3D 打印技术的在线检测技术可以细分为原位检测和抽出检测等。其中，原位检测能够获取 3D 打印过程中热源（如激光）与物质相互作用的整个过程，从而获取综合全面的信息，对理解 3D 打印技术中的科学问题以及过程监控具有非常重要的作用。抽出检测可以检测 3D 打印成形过程中成形环境的氧含量等。因此，原位检测是在线检测的重点。

离线检测具有比较高的时滞性，往往不能形成闭环的反馈控制系统，但是离线检测通常具有高精度，并能执行全面的检测，可作为在线检测手段所无法替代的基准或补充。

12.4.2 在线检测技术架构及信号源

1. 同轴架构可见光及红外信号原位在线检测

2011 年，德国弗劳恩霍夫激光技术研究所的 Lott 等人[160]介绍了一种能够实现高扫描速度和熔池流动动力学监测的光学系统的设计。其采用同轴光路以及二向色镜、分光镜巧妙地实现了同轴架构下 SLM 熔池区域的可见光及红外光信息的原位综合采集。图 12-11 所示为同轴式 SLM 可见光及红外信号综合在线监测系统构成。

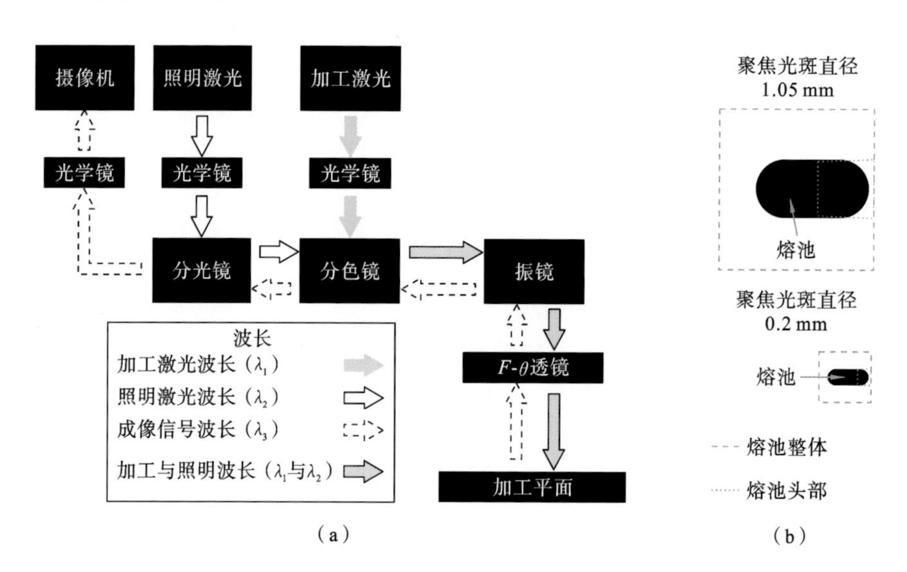

图 12-11 同轴架构 SLM 可见光及红外信号综合在线监测系统

(a) SLM 在线监测系统框架；(b) SLM 熔池监测

在激光熔融金属粉末过程中，高速相机和红外摄像机可实时采集熔池中的可见光图像和红外图像，其中高速摄像机实时采集熔池在熔融过程中的流场变化信息，红外摄像机实时采集熔池在熔融过程中的温度场变化信息。通过高速信号处理控制系统对高速摄像机和红外摄像机实时采集的数据进行高速、大容量连续存储，数据存储过程中亦可通过现场可编程逻辑门阵列实时处理数据。图 12-12所示为同轴式 SLM 可见光及红外信号综合在线监测系统结构。

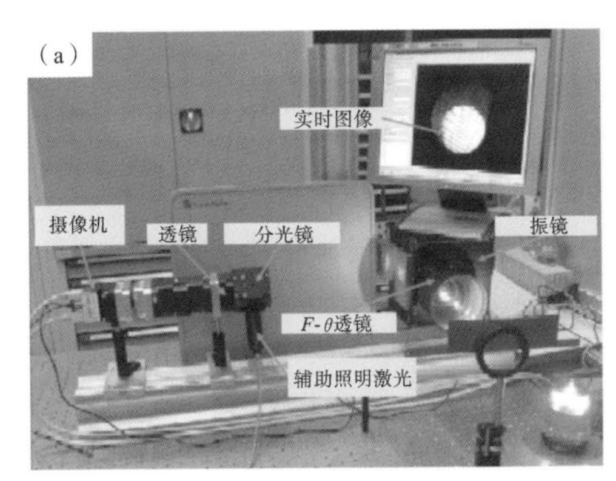

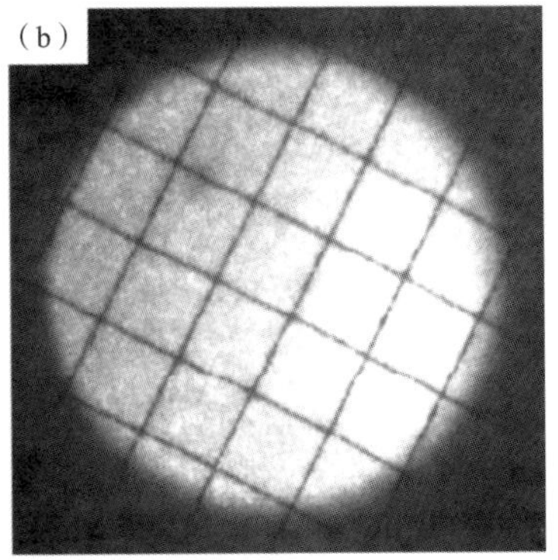

图 12-12　同轴式 SLM 可见光及红外信号综合在线监测系统结构

2. 旁轴架构可见光及红外信号原位在线检测

旁轴架构相对于同轴架构具有光路及机械结构设计简单等诸多优点，不对已有的金属 3D 打印装备进行较大工程量的改装即可进行在线检测（见图 12-13）。因此，目前有很多研究机构采用此架构开展相应的研究。当然，采用此架构相对同轴架构，要增加后续图像预处理及检测算法的研究[161]。

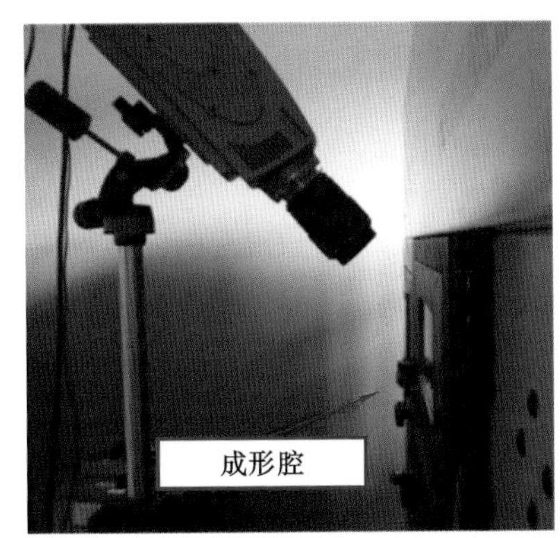

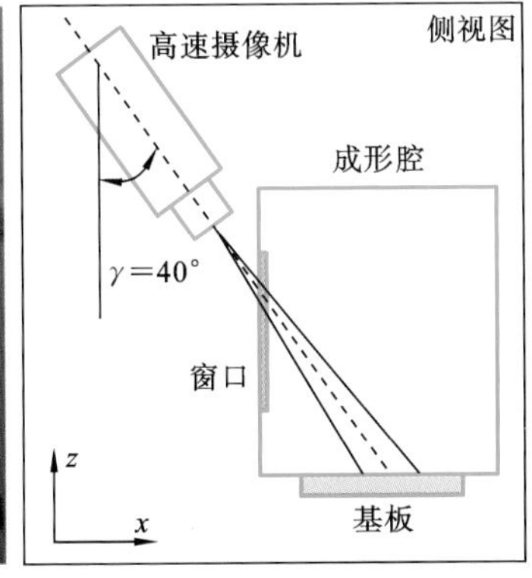

图 12-13　旁轴架构可见光及红外信号综合在线监测平台

红外与可见光高速摄像机采用清晰成像光路随动控制系统，能实时跟随激光的扫描位置，进行原位熔池成像。图12-14所示为SLM热成像检测原理。

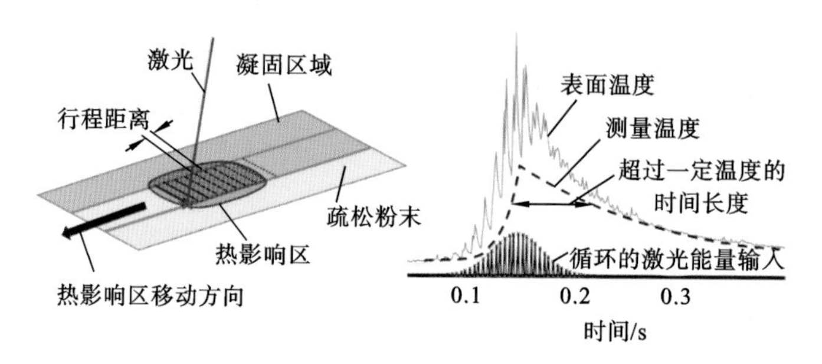

图12-14　SLM热成像检测原理[162]

3. 声信号原位在线检测

利用声信号进行在线检测，具有数据采集量较小的优点，便于实时处理。基于声信号的在线检测，是实现焊接过程中焊缝质量在线检测的有效手段。3D打印成形过程中的金属熔池状态、等离子体以及产生的飞溅与其产生的声音信号具有内在联系，因此可以利用3D打印成形过程中的声音信号实现3D打印熔道成形状态的预测。图12-15所示为SLM设备超声在线检测装置（麦克风置于铺粉臂上）。

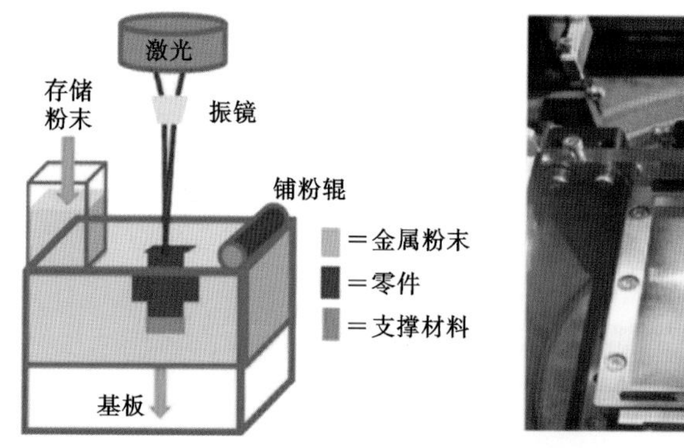

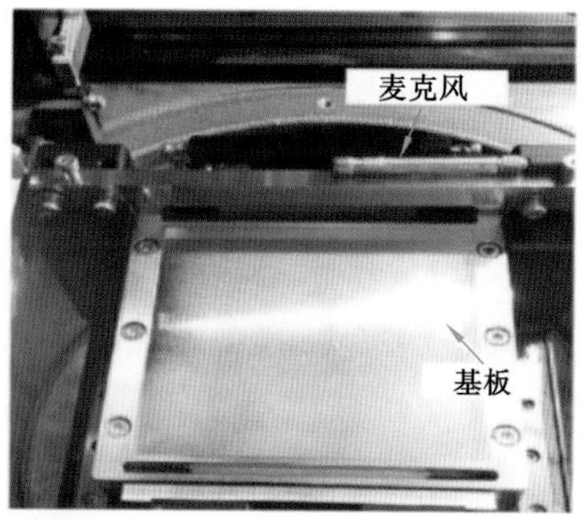

图12-15　超声在线检测装置（麦克风置于铺粉臂上）

2018年，中国科技大学的叶东森等人[163]基于声音信号特征提取采用了机器学习相关模型，实现了SLM成形过程的五种典型熔道模式的高效分类预测（见图12-16和图12-17）。

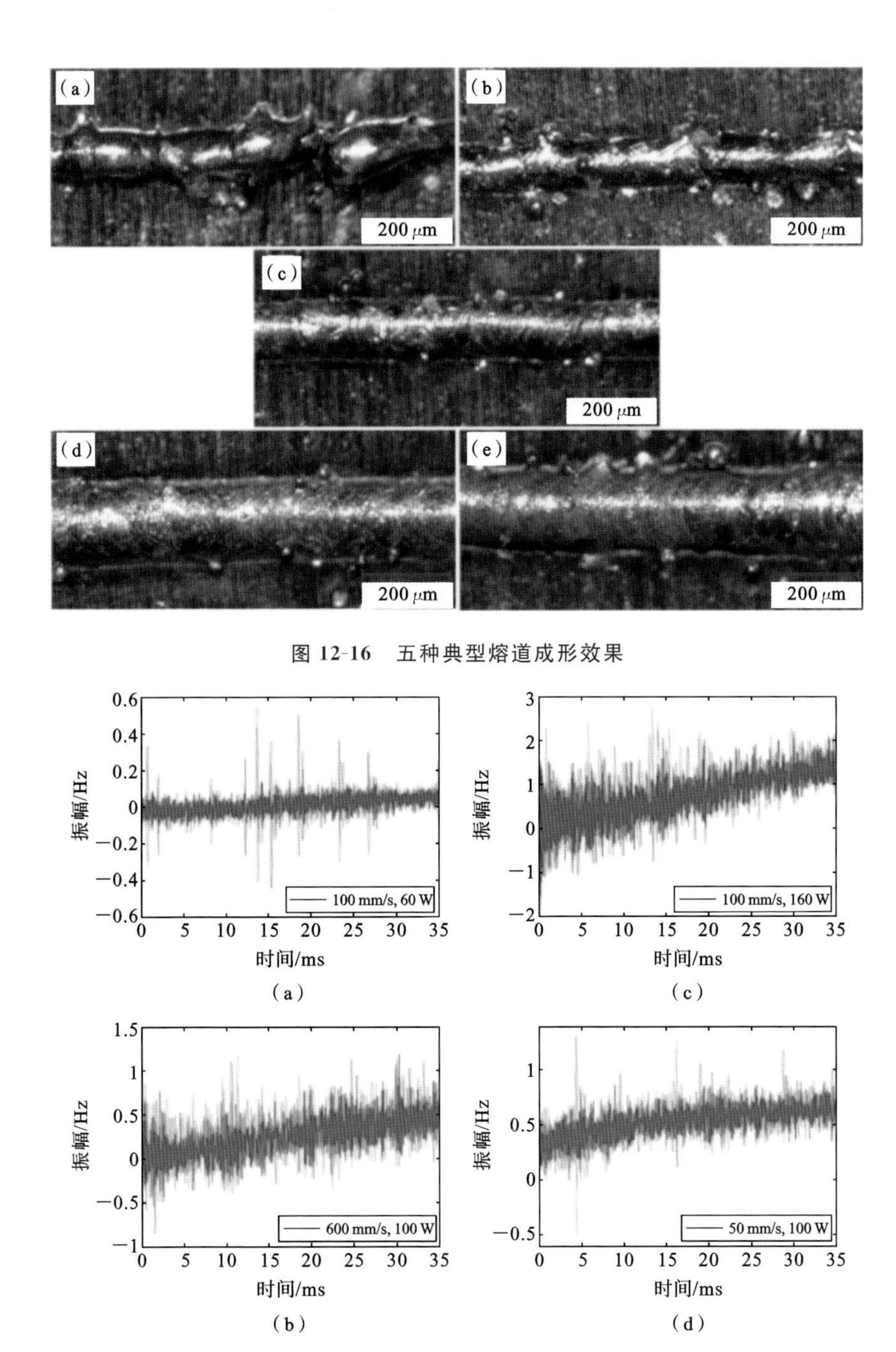

图 12-16　五种典型熔道成形效果

图 12-17　对应四种熔道成形效果的声波信号

注:图(a)对应图 12-16(a);图(b)对应图 12-16(b);图(c)对应图 12-16(d);图(d)对应图 12-16(e)

4. 光电二极管原位在线检测

光电二极管可以将采集到的光照强度转化为电压信号，已经广泛应用于很多工业场合。3D 打印成形过程中，高能激光熔化待成形粉末材料会导致强烈的辐射，因此，使用光电二极管检测熔池信息具有一定的可行性（见图 12-18、图 12-19）。

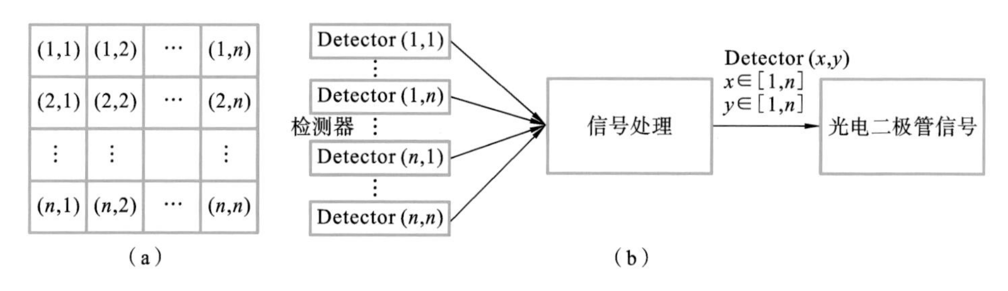

图 12-18　光电二极管检测原理

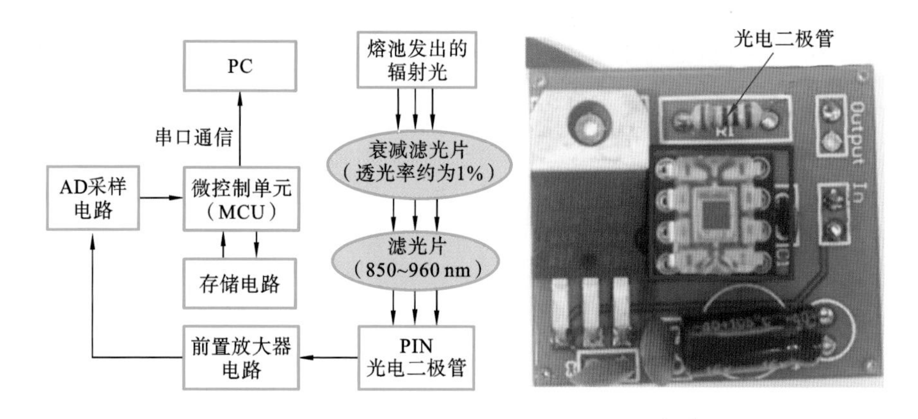

图 12-19　光电二极管采集系统原理及实物[164]

12.4.3　在线监测与反馈控制策略

12.4.2 节介绍了多种 3D 打印的在线监测系统、检测架构及信号源。监测到的原始信号经过特征分析后，都可以成为算法识别的输入信号，最终用于对加工过程的优劣做出评价。换言之，面向 3D 打印的在线监测可以简单归结为：① 大量原始信号输入，对算法框架进行训练、学习及判别；② 当实际信号输入时，借助算法框架形成的数据库进行数据比对；③ 得到实际加工过程的缺陷及加工过程稳定性信息。因此，这里有必要对监测与反馈策略进行简要分析。

1. 机器学习模型监测策略

机器学习(machine learning,ML)是一门多领域交叉学科,涉及概率论、统计学、逼近论、凸分析、算法复杂度理论等多门学科。该学科通过专门研究计算机怎样模拟或实现人类的学习行为,以获取新的知识或技能,重新组织已有的知识结构,使机器不断改善自身的性能。机器学习的算法基础以人的学习行为框架为依据,通过大量的数据输入训练,使机器逐渐习得一种类似于人的"后天行为"。对于 3D 打印成形过程中多种信号源的特征分析、缺陷识别以及过程稳定性判断,机器学习技术具有很好的应用前景。目前,国内外的一些团队已将机器学习技术应用于 3D 打印的在线监测系统的研究。图12-20所示为 3D 打印成形过程中应用图像处理及特征分析。

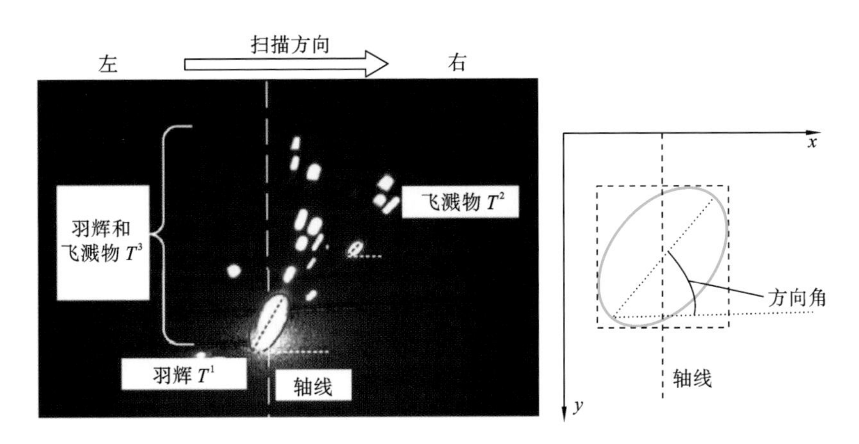

图 12-20 图像处理及特征分析[165]

2. 基于统计过程控制的监控策略

统计过程控制(statistical process control,SPC)是一种传统的质量控制方法,是应用统计技术对过程中的各个阶段进行评估和监控,使统计保持过程处于可接受的并且稳定的水平,从而保证产品与服务符合规定的要求的一种质量管理技术。统计过程控制作为在线监控研究的基础分析工具,离不开统计过程分析,如特征量的散布图分析、直方图分析、描述统计量分析、相关分析、回归分析等等。统计过程控制图对成形过程的稳定性和质量控制也有重要的意义。

金属 3D 打印过程中会产生大量数据,如激光粉末层熔融区温度场的红外与近红外图像数据、光电二极管的测试数据、声音数据等,3D 打印的在线监测系统可以借助统计学相关的算法模型对这些数据进行分析、整合及发掘,大概率地实现监测的可靠性和稳定性。其算法原理主要是:由采集并输入的大量原始数据形成监测系统的数据库,同时,将每一个原始数据根据不同的性能指标特征化,这样在线监测系统工作时就能够根据实时显示的原始数据特征在数据库中进行数据索引、匹配、比较,从而对当前加工状态的优劣做出判定。图 12-21 所示为 SLM 飞溅和激光热影响区描述子散点图。图 12-22 所示为羽辉、飞溅物、熔池量化评估指标的选取与确定。

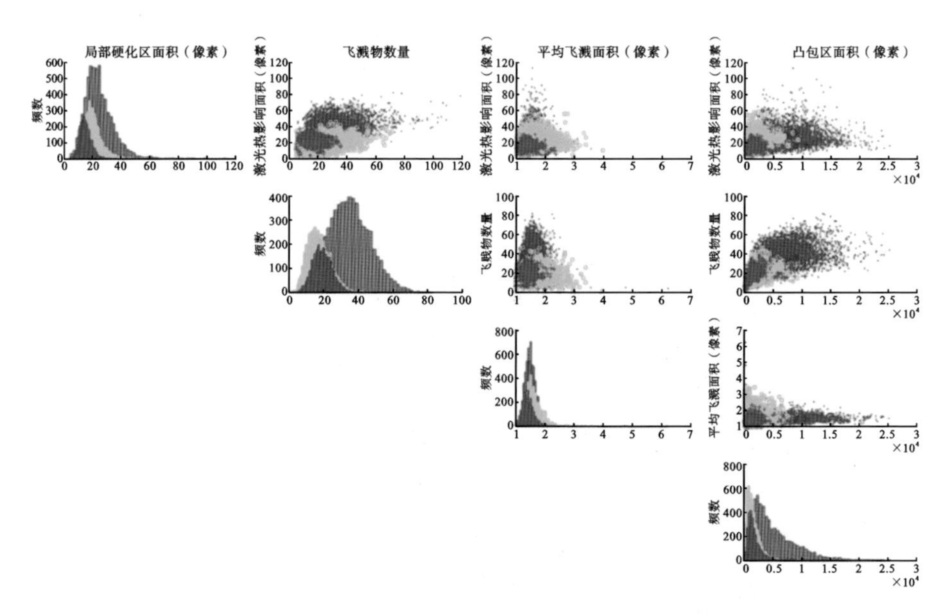

图 12-21　SLM 飞溅和激光热影响区描述子散点图[166]

注:蓝色表示欠熔化;绿色表示正常熔化;红色表示过度熔化。

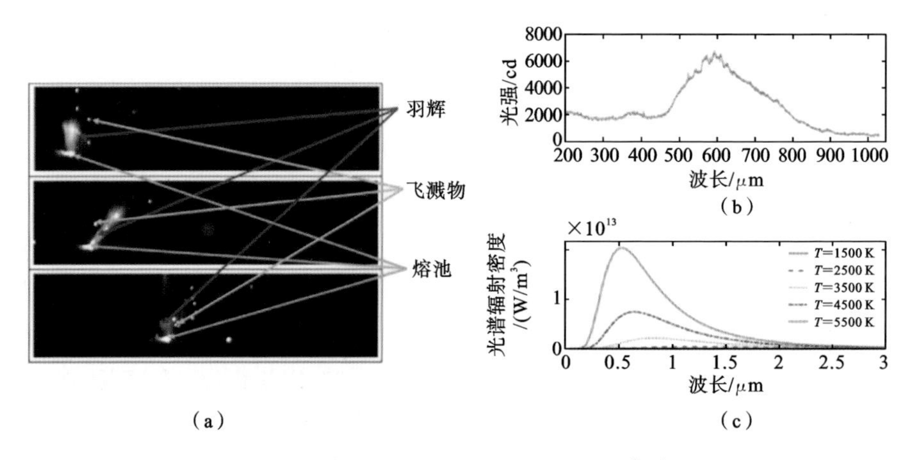

图 12-22　量化评估指标的选取与确定[167]

Garmendia 等人[168]针对 LENS 金属 3D 打印技术提出了一种基于结构光扫描仪数据来在线控制制件成形精度的方法，根据测量误差采取相应的校正措施，过程控制策略的流程方案如图 12-23 所示。该方法对于 SLM 过程的成形精度控制同样具有很好的借鉴意义。

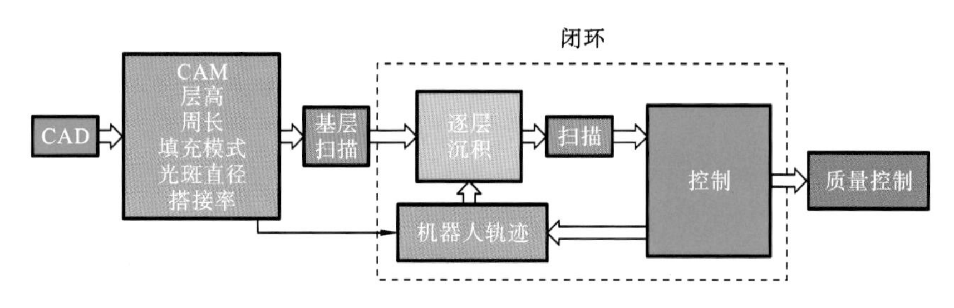

图 12-23　过程控制策略的流程方案

12.5　4D 打印技术

4D 打印是近几年来基于 3D 打印技术快速兴起的一种新型快速成形技术，引起了广大研究者的兴趣。4D 打印概念最初是在 3D 打印的基础上引入时间这一维度而形成的，意指 3D 打印的形态、性质、结构和功能能够随着时间的推进而产生一些变化。随着研究的不断推进，研究者希望这种变化能够尽可能地智能化，或者说能够按照某种规律进行变化。

4D 打印的材料需要具备的特点，一是可打印性，二是智能性。如果材料不能够采用 3D 打印的方式成形，那么肯定无法对该材料进行 4D 打印。智能性则可以指受到任何刺激时均能够在形状和结构上产生变化的性质。尽管产生这种变化的机理可能千差万别，但只要具备这一性质，任何材料都可以成为智能材料。由于这一性质与计算机领域中的编程有相似之处，这一性质也称为可编程性。在目前的研究中，4D 打印材料主要可分为非金属材料和金属材料两类，下面主要对一些金属 4D 打印材料进行介绍。

金属材料的 4D 打印是一个很热门的话题，该技术如果研究成功将会得到十分广泛的应用。1932 年，瑞典人奥兰德在金镉合金中首次发现形状记忆现象。现在最热门的形状记忆合金是镍钛形状记忆合金，它的形状记忆原理主要是相变。低温时利用外力使镍钛形状记忆合金发生变化，温度升高，则原来常温下具有 B19 单斜晶体结构(低对称性)的镍钛马氏体相就会转变为具有 B2 晶体结构的奥氏体相，这种结构具有很高的对称性，所以合金形状会恢复到一开始的样子[169]。镍钛形状记忆合金还具有超弹性。当对其施加载荷时，应力诱发马氏体相变，载荷释放后应力消失，合金发生可逆相变，恢复到原来的状态。图 12-24 形象地显示了镍钛形状记忆合金各状态及其相互转化的条件[170]。

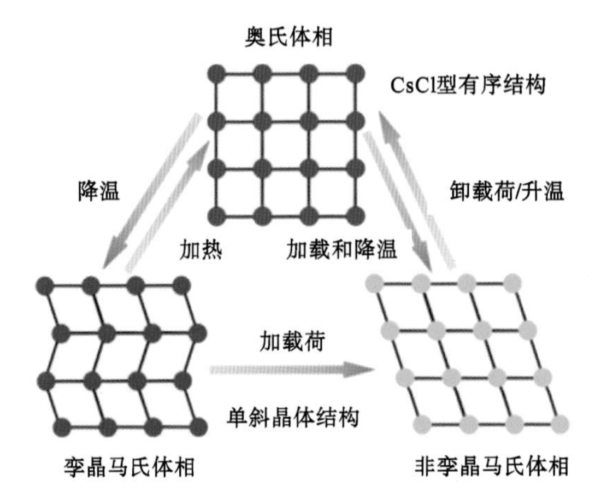

图 12-24　镍钛形状记忆合金各状态及其相互转化的条件

镍钛合金虽然具有良好的耐蚀性和耐磨性，形状记忆性能好，生物相容性优异，但它的可加工性很差，而且价格十分昂贵[171]。

铜基形状记忆合金是继镍钛形状记忆合金之后的第二大形状记忆合金，具有和镍钛形状记忆合金相近的形状记忆性能，且其记忆的温度范围宽。虽然其可加工性也不佳，但价格较为低廉。其形状记忆原理与镍钛形状记忆合金的原理基本相同，这里不再赘述。

以上两种材料的形状记忆效应基于温度变化而引起的相变。还有一些以其他原理为基础的新型智能材料，比如磁驱动形状记忆合金，这种材料不仅具有传统的受温度场和应力场控制的形状记忆性能，而且具有受磁场控制的磁驱动形状记忆性能。因此，磁驱动形状记忆合金兼具输出应变大、响应频率快以及控制性精准的特性[172]。还有许多别的种类的形状记忆合金，有兴趣的读者可以自行查阅。

参考文献

[1] 周鑫. 激光选区熔化微尺度熔池特性与凝固微观组织[D]. 北京:清华大学,2016.

[2] 杨永强,刘洋,宋长辉. 金属零件3D打印技术现状及研究进展[J]. 机电工程技术,2013,42(4):1-8.

[3] 杨永强,王迪,吴伟辉. 金属零件选区激光熔化直接成型技术研究进展[J]. 中国激光,2011,38(6):54-64.

[4] 杨永强,罗子艺,苏旭彬,等. 不锈钢薄壁零件选区激光熔化制造及影响因素研究[J]. 中国激光,2011,38(1):54-61.

[5] CIOCCA L,FANTINI M,DE CRESCENZIO F,et al. Direct metal laser sintering(DMLS)of a customized titanium mesh for prosthetically guided bone regeneration of atrophic maxillary arches[J]. Medical & Biological Engineering & Computing,2011,49:1347-1352.

[6] HERNANDEZ J,MURR L E, GAYTAN S M, et al. Microstructures for two-phase gamma titanium aluminide fabricated by electron beam melting [J]. Metallography, Microstructure and Analysis, 2012, 1(1):14-27.

[7] RAMIREZ D A,MURRA L E,LI S J,et al. Open-cellu-lar copper structures fabricated by additive manufacturing using electron beam melting [J]. Materials Science and Engineering:A,2011,528(16-17):5379-5386.

[8] 刘海涛,赵万华,唐一平. 电子束熔融直接金属成形工艺的研究[J]. 西安交通大学学报,2007,41(11):1307-1310,1325.

[9] SUO H B, CHEN Z Y, LIU J R,et al. Microstructure and mechanical properties of Ti-6Al-4V by electron beam rapid manufacturing[J]. Rare Metal Material and Engineering,2014,43(4):780-785.

[10] KRISHNA B V,BOSE S,BANDYOPADHYAY A. Low stiffness porous Ti structures for load-bearing implants[J]. Acta Biomaterialia, 2007,

3(6):997-1006.

[11] 赵志国,柏林,李黎,等. 激光选区熔化成形技术的发展现状及研究进展[J]. 航空制造技术,2014(19):46-49.

[12] 戴煜,李礼. 浅析激光选区熔化增材制造技术产业链现状及存在的若干问题[J]. 新材料产业,2017(10):35-38.

[13] 刘文胜,彭芬,马运柱,等. 气雾化法制备金属粉末的研究进展[J]. 材料导报,2009,23(3):53-57.

[14] 朱杰,宗伟,李志,等. 水气联合雾化法制备微细球形金属粉末[J]. 材料研究与应用,2016,10(3):201-204.

[15] 张升, 桂睿智, 魏青松,等. 选择性激光熔化成形 TC4 钛合金开裂行为及其机理研究[J]. 机械工程学报,2013,49(23):21-27.

[16] KEMPEN K,THIJS L,VAN HUMBEECK J,et al. Mechanical properties of AlSi10Mg produced by selective laser melting[J]. Physics Procedia,2012,39:439-446.

[17] LOUVIS E,FOX P,SUTCLIFFE C J. Selective laser melting of aluminium componets[J]. Journal of Material Processing Technology,2011,211(2):275-284.

[18] 李瑞迪,史玉升,刘锦辉,等. 304L 不锈钢粉末选择性激光熔化成形的致密化与组织[J]. 应用激光,2009,29(5):369-373.

[19] 潘琰峰. 316 不锈钢金属粉末的选择性激光烧结成形研究[D]. 南京:航空航天大学,2005.

[20] 姜炜. 不锈钢选择性激光熔化成形质量影响因素研究[D]. 武汉:华中科技大学,2009.

[21] 张颖,顾冬冬,沈理达,等. INCONEL 系镍基高温合金选区激光熔化增材制造工艺研究[J]. 电加工与模具,2014(4):38-43.

[22] 王赟达. CoCrMo 合金激光选区熔化成形工艺与组织性能研究[D]. 广州:华南理工大学,2015.

[23] 麦淑珍. 个性化 CoCr 合金牙冠固定桥激光选区熔化制造工艺及性能研究[D]. 广州:华南理工大学,2016.

[24] ZHOU X,LIU X H,ZHANG D D,et al. Balling phenomena in selective laser melted tungsten[J]. Journal of Materials Processing Technology,2015,222:33-42.

[25] 何兴容. 选区激光熔化直接成形个性化外科手术模板研究[D]. 广州:华南理工大学,2010.

[26] 宋建丽,李永堂,邓琦林,等. 激光熔覆成形技术的研究进展[J]. 机械工程学报,2010,46(14):29-39.

[27] 徐海岩,李涛,李海波,等. 激光熔覆成形薄壁件离焦量和 Z 轴提升量选择方法[J]. 大连理工大学学报,2017,57(6):557-563.

[28] 李旭宾,石玗,朱明. 半导体激光熔覆 Ni60 粉末的熔覆层成形机理分析[J]. 电焊机,2018(6):24-28.

[29] 高超峰,余伟泳,朱权利,等. 3D 打印用金属粉末的性能特征及研究进展[J]. 粉末冶金工业,2017,27(5):53-58.

[30] MURR L E , QUINONES S A , GAYTAN S M , et al. Microstructure and mechanical behavior of Ti-6Al-4V produced by rapid-layer manufacturing, for biomedical applications[J]. Journal of the Mechanical Behavior of Biomedical Materials, 2009, 2(1):20-32.

[31] 罗煌. 镍合金零件激光熔覆成形工艺研究[D]. 上海:上海交通大学,2015.

[32] 汪新衡,匡建新,何鹤林,等. CeO_2 对镍基金属陶瓷激光熔覆层组织和耐磨蚀性能的影响[J]. 材料保护,2009,42(2):13-15.

[33] 马兴伟,金洙吉,高玉周. 稀土 La_2O_3 对激光熔覆铁铝基合金及 TiC 增强复合材料涂层组织及摩擦磨损性能的影响[J]. 中国激光,2010(1):271-276.

[34] 黎柏春,赵雨,于天彪,等. 面向激光熔覆 Ni204 合金工艺参数选择的单道成形试验研究[J]. 应用激光,2018,38(5):13-19.

[35] 林英华,陈志勇,李月华,等. TC4 钛合金表面激光熔覆原位制备 TiB 陶瓷涂层的微观组织特征与硬度特性[J]. 红外与激光工程,2012,41(10):2694-2698.

[36] 张霜银,林鑫,陈静,等. 工艺参数对激光快速成形 TC4 钛合金组织及成形质量的影响[J]. 稀有金属材料与工程, 2007, 36(10):1839-1843.

[37] 张庆茂,钟敏霖,杨森,等. 送粉式激光熔覆层质量与工艺参数之间的关系[J]. 焊接学报, 2001, 22(4):51-54.

[38] KAUL R, GANESH P, ALBERT S K, et al. Laser cladding of austenitic stainless steel with hard facing alloy nickel base[J]. Surface Engineer-

ing, 2013,19(4):269-273.

[39] 李福泉,高振增,李俐群,等. TC4 表面丝粉同步激光熔覆制备复合材料层的微观组织和性能[J]. 稀有金属材料与工程,2017,46(1):177-182.

[40] 任维彬,董世运,徐滨士,等. FV520(B)钢叶片模拟件激光再制造工艺优化及成形修复[J]. 材料工程,2015,43(1):6-12.

[41] 邵其文. 基于光内送粉的激光熔覆快速成形技术研究[D]. 苏州:苏州大学,2008.

[42] 李婷. 冷作模具凹曲面激光熔覆修复工艺研究[D]. 石家庄:石家庄铁道大学,2016.

[43] 周斌,周俊,李宏新,等. 电子束选区熔化和激光选区熔化在低真空下成形 Ti6Al4V 的微观组织和力学性能对比研究[C]//中国机械工程学会特种加工分会.第 17 届全国特种加工学术会议论文集(摘要). 北京:[出版者不详],2017:190.

[44] 邢希学,潘丽华,王勇,等. 电子束选区熔化增材制造技术研究现状分析[J]. 焊接,2016(7):22-26.

[45] 童邵辉,李东,邓增辉,等. 电子束选区熔化成形角度对 TC4 合金组织的影响[J]. 热加工工艺, 2017,46(18):83-85.

[46] 于振涛,余森,程军,等. 新型医用钛合金材料的研发和应用现状[J]. 金属学报,2017,53(10):1238-1264.

[47] SUN S H,KOIZUMI Y,KUROSU S,et al. Build direction dependence of microstructure and high-temperature tensile property of Co-Cr-Mo alloy fabricated by electron beam melting [J]. Acta Materialia, 2014, 64: 154-168.

[48] BIAMINO S,PENNA A,ACKELID U,et al. Electron beam melting of Ti-48Al-2Cr-2Nb alloy: Microstructure and mechanical properties investigation[J]. Intermetallics,2011,19(6):776-781.

[49] 郭超,张平平,林峰. 电子束选区熔化增材制造技术研究进展[J]. 工业技术创新,2017,4(4):6-14.

[50] MURR L E, MARTINEZ E, GAYTAN S M,et al. Microstructural architecture, microstructures, and mechanical properties for a nickel-base superalloy fabricated by electron beam melting[J]. Metallurgical and Materials Transactions: A, 2011, 42(11):3491-3508.

[51] AL-BERMANI S S,BLACKMORE M L,ZHANG W,et al. The origin of microstructural diversity, texture, and mechanical properties in electron beam melted Ti-6Al-4V[J]. Metallurgical and Materials Transactions: A,2010,41(3): 3422-3434.

[52] 闫文韬,钱亚,林峰. 选区熔化过程多尺度多物理场建模研究进展[J]. 航空制造技术,2017(10):50-58.

[53] MILBERG J, SIGL M. Electron beam sintering of metal powder[J]. Production Engineering, 2008, 2(2):117-122.

[54] 韩建栋,林峰,齐海波,等. 粉末预热对电子束选区熔化成形工艺的影响[J]. 焊接学报,2008,29(10):77-80.

[55] RAYLEIGH L. On the instability of a cylinder of viscous liquid under capillary force [J]. Philosophical Magazine(Series 5), 1892, 34(207): 145-154.

[56] KÖRNER C, ATTAR E, HEINL P. Mesoscopic simulation of selective beam melting processes [J]. Journal of Materials Processing Technology, 2011, 211(6): 978-987.

[57] 高建成. 焊接熔池相变传热特性及流体动力学分析[D]. 北京:北京工业大学,2009.

[58] 陈玮,陈哲源. 电子束选区熔化增材制造技术[N/OL]. 中国航空报. 2014-12-18(T02).

[59] MATSUMOTO M, SHIOMI M, OSAKADA K, et al. Finite element analysis of single layer forming on metallic powder bed in rapid prototyping by selective laser processing [J]. International Journal of Machine Tools & Manufacture, 2002, 42(1): 61-67.

[60] 徐蔚,常辉,李东旭,等. 熔覆面积对电子束选区熔化 TC4 合金组织及硬度的影响[J]. 热加工工艺, 2015(13):53-56.

[61] ANTONYSAMY A A, MEYER J, PRANGNELL P B. Effect of build geometry on the β-grain structure and texture in additive manufacture of Ti-6Al-4V by selective electron beam melting [J]. Materials Characterization, 2013, 84: 153-168.

[62] HRABE N, QUINN T. Effects of processing on microstructure and mechanical properties of a titanium alloy (Ti-6Al-4V) fabricated using elec-

tron beam melting (EBM), Part 1: Distance from build plate and part size[J]. Materials Science and Engineering: A, 2013, 573(3): 264-270.

[63] 柏林,黄建云,吉芬,等. 高能束流增材制造技术引领飞行器结构设计新变革[J]. 航空制造技术,2013(21):26-29.

[64] 郭超,林峰,张平平. 增材制造让生产线更柔性——增材制造技术之电子束选区熔化[J]. 现代制造,2016(47):10.

[65] 陈彬斌. 电子束熔丝沉积快速成形传热与流动行为研究[D]. 武汉:华中科技大学,2013.

[66] 赵健,张秉刚. 电子束原型制造技术研究进展[J]. 焊接,2013(6):16-19.

[67] WANJARA P, BROCHU M,JAHAZI M. Electron beam free forming of stainless steel using solid wire feed[J]. Materials & Design,2007,28(8):2278-2286.

[68] 黄志涛,锁红波,杨光,等. TC18 钛合金电子束熔丝成形送丝工艺与显微组织性能[J]. 稀有金属材料与工程,2017,46(3):760-764.

[69] 陈哲源, 锁红波, 李晋炜. 电子束熔丝沉积快速制造成形技术与组织特征[J]. 航天制造技术, 2010(1):36-39.

[70] 罗园青. 基于送丝熔敷的激光成形技术研究[D]. 武汉:华中科技大学,2016.

[71] 付贝贝. 电子束送丝系统及增材制造工艺研究[D]. 南京:南京理工大学,2017.

[72] TAMINGER K M B, HAFLEY R A. Electron beam freeform fabrication: A rapid metal deposition process[J]. Advanced Material and Processes,2003,167(11-12):41-45.

[73] BUSH R W ,BRICE C A. Elevated temperature characterization of electron beam freeform fabricated Ti-6Al-4V and dispension strengthened Ti-8Al-1Er[DB/OL]. [2020-02-26]. https://www. researchgate. net/publication/241890883_ELECTRON_BEAM_FREEFORM_FABRICATION_A_RAPID_METAL_DEPOSITION_PROCESS.

[74] 刘楠,贾亮,杨广宇,等. 扫描策略及束流参数对 TC4 合金电子束快速成形过程的影响[J]. 热加工工艺, 2015, 44(12):47-49,52.

[75] 李晓燕. 3DP 成形技术的机理研究及过程优化[D]. 上海:同济大学,2006.

[76] 王位,陆亚林,杨卓如. 三维快速成形打印机成形材料[J]. 铸造技术,2012,33(1):103-106.

[77] 钱超,樊英姿,孙健. 三维打印技术制备多孔羟基磷灰石植入体的实验研究[J]. 口腔材料器械杂志,2013,22(1):22-27.

[78] 张迪湼,杨建明,黄大志,等. 3DP 法三维打印技术的发展与研究现状[J]. 制造技术与机床,2017(3):38-43.

[79] 李晓燕,伍咏晖,张曙. 三维打印成形机理及其试验研究[J]. 中国机械工程,2006(13):1355-1359.

[80] 吴皎皎. 三维打印快速成形石膏聚氨酯基粉末材料及后处理研究[D]. 广州:华南理工大学,2015.

[81] 纪宏超,张雪静,裴未迟,等. 陶瓷 3D 打印技术及材料研究进展[J]. 材料工程,2018,46(7):19-28.

[82] TENG W D,EDIRISINGHE M J,EVANS J R G. Optimization of dispersion and viscosity of a ceramic jet printing ink[J]. Journal of the American Ceramic Society,2005,80(2): 486-494.

[83] MOTT M,EVANS J R G. Zirconia /alumina functionally graded material made by ceramic ink jet printing [J]. Materials Science and Engineering: A,1999,271(1-2):344-352.

[84] TRUONG D,CHANG S S,STETSKO D,et al. Improving structural integrity with boron-based additives for 3D printed 420 stainless steel [J]. Procedia Manufacturing,2015(1):263-272.

[85] TURKER M,GODLINSKI D,PETZOLDT F. Effect of production parameters on the properties of IN 718 superalloy by three-dimensional printing[J]. Materials Characterization,2008,59(12):1728-1735.

[86] SUWANPRATEEB J,SANNGAM R,SUWANPREUK W. Erratum to: Fabrication of bioactive hydroxyapatite/bis-GMA based composite via three dimensional printing[J]. Journal of Materials Science: Materials in Medicine,2014,25(9):2217.

[87] 钱超. 基于三维打印的钛/羟基磷灰石复合体及功能梯度材料制备的实验研究[D]. 上海:上海交通大学,2012.

[88] WILLIAMS C B,COCHRAN J K,ROSEN D W. Additive manufacturing of metallic cellular materials via three-dimensional printing[J]. The

International Journal of Advanced Manufacturing Technology,2011,53:231-239.

[89] 封立运,殷小玮,李向明. 三维打印结合化学气相渗透制备 Si3N4-SiC 复相陶瓷[J]. 航空制造技术,2012(4):62-65.

[90] DCOSTA D J, SUN W, LIN F, et al. Freeform fabrication of Ti_3SiC_2 powder-based structures: Part I—Integrated fabrication process [J]. Journal of Materials Processing Technology,2002,127(3):343-351.

[91] CARRENO-MORELLIA E, MARTINERIEB S, MUCKS L, et al. Three - dimentional printing of stainless steel parts [J]. Materials Science Forum,2008,591-563:374-379.

[92] NAN B Y, YIN X W, ZHANG L T, et al. Three - dimensional printing of Ti_3SiC_2-based ceramics [J]. Journal of the American Ceramic Society, 2011,94(4): 969-972.

[93] 王素玉,刘站. 3DP 技术成形基体质量改善方法研究进展[J]. 兵器材料科学与工程,2016,39(5):124-128.

[94] 曹雅莉,李宗义. 3D 打印技术的应用与发展[J]. 产业与科技论坛,2017,16(4):44-45.

[95] 董一巍,赵奇,李晓琳. 增减材复合加工的关键技术与发展[J]. 金属加工(冷加工),2016(13):7-12.

[96] 马立杰,樊红丽,卢继平,等. 基于增减材制造的复合加工技术研究[J]. 装备与技术,2014(7):57-62.

[97] 曹修全,余德平,姚进. 层流等离子体再制造及其应用[J]. 机械,2014,41(增刊):159-167.

[98] 乌日开西·艾依提,赵万华,卢秉恒,等. 基于脉冲等离子弧焊的快速成形中的搭接参数[J]. 机械工程学报,2006,42(5):192-197.

[99] 方建成,徐文骥,赵紫玉,等. 精细饰纹件等离子熔射快速制造技术研究[J]. 大连理工大学学报,2004,44(6):805-809.

[100] 徐富家. Inconel 625 合金等离子弧快速成形组织控制及工艺优化[D]. 哈尔滨:哈尔滨工业大学, 2013.

[101] 向永华,徐滨士,吕耀辉,等. 微束等离子粉末熔覆金属零件直接快速成形研究[J]. 中国表面工程, 2009, 22(4):44-48.

[102] 张海鸥,熊新红,王桂兰,等. 等离子熔积成形与铣削光整复合直接制造

金属零件技术[J]. 中国机械工程，2005,16(20):1863-1866.

[103] WANG F,WILLIAMS S,COLEGROVE P,et al. Microstructure and mechanical properties of wire and arc additive manufactured Ti-6Al-4V [J]. Metallurgical and Materials Transactions: A,2013,44(2): 968-977.

[104] Fronius 公司. CMT 冷金属过渡工艺[EB/OL]. [2020-02-12]. https://www.fronius.com.cn/Fronius-130.html.

[105] 张满,李年莲,吕建强,等. CMT 焊接技术的发展现状[J]. 焊接,2010(12):25-27.

[106] 姜云禄. 基于冷金属过渡技术的铝合金快速成形技术及工艺研究[D]. 哈尔滨:哈尔滨工业大学,2013.

[107] 张瑞. 基于 CMT 的铝合金电弧增材制造(3D 打印)技术及工艺研究[D]. 南京:南京理工大学,2016.

[108] 熊江涛,耿海滨,林鑫,等. 电弧增材制造研究现状及在航空制造中应用前景[J]. 航空制造技术,2015(23-24):80-85.

[109] 张广军,耿正,蔡珂. 弧焊机器人用多功能 TIG 焊机的研制[J]. 电焊机,1997(6):26-28.

[110] AYARKWA K F,WILLIAMS S W,DING J. Assessing the effect of TIG alternating current time cycle on aluminium wire + arc additive manufacture[J]. Additive Manufacturing,2017,18:186-193.

[111] 杨修荣. 超薄板的 MIG/MAG 焊——CMT 冷金属过渡技术[J]. 电焊机,2006,36(6):5-7.

[112] 齐乐华,钟宋义,罗俊. 基于均匀金属微滴喷射的 3D 打印技术[J]. 中国科学:信息科学,2015,45(2):212-223.

[113] 肖冬明. 面向植入体的多孔结构建模及激光选区熔化直接制造研究[D]. 广州:华南理工大学,2013.

[114] DANIEL T. The development of design rules for selective laser melting [D]. Cardiff: University of Wales Institute,2009.

[115] 苏旭彬. 基于选区激光熔化的功能件数字化设计与直接制造研究[D]. 广州:华南理工大学,2011.

[116] 肖泽锋. 激光选区熔化成形轻量化复杂构件的增材制造设计研究[D]. 广州:华南理工大学,2018.

[117] 叶志鹏,李骞,雷柏茂,等. 增材制造过程监控技术现状综述[J]. 电子产品可靠性与环境试验,2018,36(5):77-82
[118] 张乔石. SLM 成形质量影响因素分析与提高[D]. 合肥:合肥工业大学,2016.
[119] 杨永强,王迪. 激光选区熔化 3D 打印技术[M]. 武汉:华中科技大学出版社,2019.
[120] 王迪. 选区激光熔化成形不锈钢零件特性与工艺研究[D]. 广州:华南理工大学,2011.
[121] 徐滨士,董世运,门平,等. 激光增材制造成形合金钢件质量特征及其检测评价技术现状[J]. 红外与激光工程,2018,47(4):3-7.
[122] 陈建伟,赵扬,巨阳,等. 无损检测在增材制造技术中应用的研究进展[J]. 应用物理,2018,8(2),91-99.
[123] 戴煜,李礼,马卫东. 基于快速增材制造关键金属部件组织性能调控的后处理技术及设备探究[J]. 新材料产业, 2017(05):55-60.
[124] 刘睿诚. 激光选区熔化成形零件表面粗糙度研究及在免组装机构中的应用[D]. 广州:华南理工大学,2014.
[125] 刘洋,杨永强,王迪,等. 激光选区熔化成形免组装机构的间隙特征研究[J]. 中国激光,2014,41(11):88-95.
[126] TILLMANN W,SCHAAK C,NELLESEN J,et al. Functional encapsulation of laser melted Inconel 718 by Arc-PVD and HVOF for post compacting by hot isostatic pressing[J]. Powder Metallurgy, 2015,58(4):259-264.
[127] SHISHKOVSKY I,MOROZOV Y,YADROITSEV I,et al. Titanium and aluminum nitride synthesis via layer by layer LA-CVD[J]. Applied Surface Science,2009,255(24):9847-9850.
[128] 北京航天情报与信息研究所. 3D 打印技术发展及在航空航天领域应用[EB/OL]. (2016-10-24)[2018-02-10]. https://www. sohu. com/a/116952163_465915.
[129] 3D 打印世界. 神助攻:Optisys 3D 打印天线减重 95%,100+的部件集成为 1 个[EB/OL]. (2017-06-21)[2018-02-12]. https://www. i3dpworld. com/application/view/3607.
[130] 蒋疆. 航天科技五院 529 厂自主研制 3D 打印产品首次实现在轨应用

[EB/OL].(2018-07-20)[2019-08-25]. http://www.sohu.com/a/242354904_313834.

[131] SHER D. GE Aviation already 3D printed 30,000 fuel nozzles for its LEAP engine[EB/OL].(2018-10-5)[2019-08-25]. https://www.3dprintingmedia.network/ge-aviation-already-3d-printed-30000-fuel-nozzles-for-its-leap-engine/.

[132] 栗晓飞.关于增材制造标准技术体系现状与思考[EB/OL].(2016-08-16)[2018-06-23]. http://www.51shape.com/? p=6920.

[133] PokerJoker.详解米其林如何用SLM金属3D打印制作轮胎模具[EB/OL].(2017-07-24)[2018-06-25]. https://3dprint.ofweek.com/2017-07/ART-132107-8300-30157060.html.

[134] 刘斌,谭景焕,吴成龙.基于3D打印的随形冷却水道注塑模具设计[C]//中国机械工程学会.第16届全国特种加工学术会议论文集(下).北京:[出版者不详],2015.

[135] 白玉超.马氏体时效钢激光选区熔化成形机理及其控性研究[D].广州:华南理工大学,2018.

[136] 3D打印世界.揭秘贵金属珠宝首饰3D打印:Cooksongold[EB/OL].(2016-07-15)[2019-08-26]. https://www.i3dpworld.com/observation/view/2114.

[137] 陈超,刘李明,徐江敏.金属增材制造技术在船舶与海工领域中的应用分析[J].中国造船,2016,57(3):215-225.

[138] 魔猴君.荷兰用3D打印造出金属船舶螺旋桨[EB/OL].(2017-04-27)[2019-02-16]. http://www.mohou.com/articles/article-6832.html.

[139] The Maritime Executive. U.S. Navy installs first 3D-printed metal part aboard a warship[EB/OL].(2018-10-12)[2019-02-16]. https://www.maritime-executive.com/article/u-s-navy-installs-first-3d-printed-metal-part-aboard-a-warship.

[140] 3DPrint.com. Mercedes-Benz trucks rolls out first metal 3D printed part [EB/OL].(2017-08-03)[2018-02-12]. https://3dprint.com/182886/3d-printed-truck-thermostat-cover/.

[141] GE Additive. GE Additive customer uses DMLM 3D printing to manufacture blades for medical cutting device[EB/OL].(2018-09-19)[2019-

08-27]. https://3dprint.com/225348/endocupcut-3d-printed-blades/.

[142] RADERMACHER K, PORTHEINE F, ANTON M, et al. Computer assisted or thopaedic surgery with image based individual templates[J]. Clinical Orthopedics & Related Research, 1998, 354(354):28.

[143] BIRNBAUM K, SCHKOMMODAU E, DECKER N, et al. Computer-assisted orthopedic surgery with individual templates and comparison to conventional operation method[J]. Spine, 2001, 26(4):365.

[144] 胡勇,袁振山,董伟鑫,等. 个性化 3D 打印"定点-定向"双导板辅助寰枢椎后路椎弓根螺钉置钉技术的安全性和准确性[J]. 中华创伤杂志,2016,32(1):27-34.

[145] 孙婷婷. 个性化舌侧矫治托槽的选区激光熔化直接成形工艺研究[D]. 广州:华南理工大学,2010.

[146] 王安民. 3D 打印全膝关节假体的个性化设计与验证[D]. 广州:华南理工大学,2018.

[147] 肖然. 个性化多孔下颌骨假体的轻量化设计与激光选区熔化成型研究[D]. 广州:华南理工大学,2018.

[148] CHEN J, YANG Y Q, SONG C H, et al. Interfacial microstructure and mechanical properties of 316L /CuSn10 multi-material bimetallic structure fabricated by selective laser melting[J]. Materials Science and Engineering:A, 2019, 752:75-85.

[149] 孙世杰. 以色列 XJet 有限公司展示首创的可喷射纳米颗粒的 3D 金属打印系统[J]. 粉末冶金工业,2017,27(1):74.

[150] 3D 打印世界. 颠覆激光与电子束,油墨喷射即可 3D 打印金属[EB/OL]. (2016-04-08) [2018-06-26]. http://www.sohu.com/a/68291440_254021.

[151] 电子发烧友. Xjet 采用 NPJ 技术可打印陶瓷零件[EB/OL]. (2016-11-11) [2018-06-26]. http://www.elecfans.com/news/hangye/20161111448075.html.

[152] 兰红波,李涤尘,卢秉恒. 微纳尺度 3D 打印[J]. 中国科学:技术科学,2015,45(9):919-940.

[153] RAJE P V, MURMU N C. A review on electroohydrodynamic-inkjet printing technology[J]. International Journal of Emerging Technology and Advanced Engineering, 2014, 4:174-183.

[154] BARTON K, MISHRA S, ALLEYNE A, et al. Control of high-resolution electrohydrodynamic jet printing. Control Engineering Practice, 2011, 19(11): 1266-1273.

[155] LEE M, KIM H Y. Toward nanoscale three-dimensional printing: Nanowalls built of electrospun nanofibers[J]. The ACS Journal of Surfaces and Colloids, 2014, 30(5): 1210-1204.

[156] CONNELL J L, RITSCHDORFF E T, WHITELEY M, et al. 3D printing of microscopic bacterial communities[J]. Proceedings of the National Academy of Sciences, 2013, 110 (46): 18380-18385.

[157] CHENG D, ZHU H H, KE L. Investigation of plasma spectra during selective laser micro sintering Cu-based metal powder[J]. Rapid Prototyping Journal, 2013, 19 (5): 373-382.

[158] GOEBNER J. A peek into the EOS Lab: Micro laser sintering[DB/OL]. (2015-02-13)[2018-06-26]. https://www.doc88.com/p8176031051679.html.

[159] COHEN A, ZHANG G, TSENG F, et al. EFAB: Rapid, low-cost desktop micromachining of high aspect ratio true 3-D MEMS[C]//IEEE. Technical Digest. IEEE International MEMS 99 Conference. Twelfth IEEE International Conference on Micro Electro Mechanical Systems (Cat. No. 99CH36291). IEEE: Piscataway, 1999: 244-251.

[160] LOTT P, SCHLEIFENBAUM H, MEINERS W, et al. Design of an optical system for the In Situ Process Monitoring of Selective Laser Melting (SLM)[J]. Physics Procedia, 2011, 12: 683-690.

[161] GRASSO M, LAGUZZA V, SEMERARO Q, et al. In-process monitoring of selective laser melting: spatial detection of defects via image data analysis[J]. Journal of Manufacturing Science and Engineering, 2016, 139(5): 051001.

[162] KRAUSS H, ZEUGNER T, ZAEH M F. Layerwise monitoring of the selective laser melting process by thermography[J]. Physics Procedia, 2014, 56: 64-71.

[163] YE D S, HONG G S, ZHANG Y J, et al. Defect detection in selective laser melting technology by acoustic signals with deep belief networks

[J]. The International Journal of Advanced Manufacturing Technology,2018,96(1):2791-2801.

[164] ZHANG K,LIU T T,LIAO W H,et al. Photodiode data collection and processing of molten pool of alumina parts produced through selective laser melting[J]. Optik,2018,156:487-497.

[165] SCIME L,BEUTH J. A multi-scale convolutional neural network for autonomous anomaly detection and classification in a laser powder bed fusion additive manufacturing process[J]. Additive Manufacturing,2018,24:273-286.

[166] REPOSSINI G,LAGUZZA V,GRASSO M,et al. On the use of spatter signature for in-situ monitoring of laser powder bed fusion[J]. Additive Manufacturing,2017,16:35-48.

[167] GRASSO M,COLOSIMO B M. A statistical learning method for image-based monitoring of the plume signature in laser powder bed fusion[J]. Robotics and Computer Integrated Manufacturing,2019,57:103-115.

[168] GARMENDIA I, LEUNDA J,PUJANA J,et al. In-process height control during laser metal deposition based on structured light 3D scanning[J]. Procedia CIRP,2018,68(4):375-380.

[169] 刘灏,何慧,贾云超,等. 4D 打印技术的研究进展[J]. 高分子材料科学与工程,2019,35(7):175-181.

[170] LU H Z ,YANG C ,LUO X,et al. Ultrahigh-performance TiNi shape memory alloy by 4D printing[J]. Materials Science and Engineering: A,2019,763:138166.

[171] SPEIRS M,WANG X,VAN BAELEN S,et al. On the transformation behavior of NiTi shape-memory alloy produced by SLM[J]. Shape Memory and Superelasticity,2016,2(4):310-316.

[172] 孙小明. Ni(Fe)-Mn 基形状记忆合金磁驱动相变及相关功能特性研究[D]. 北京:北京科技大学,2019.